计算机科学与技术专业核心教材体系建设 —— 建议使用时间

课程系列	基础系列	电类系列	程序系列	系统系列	应用系列	选修系列
一年级上	大学计算机基础		计算机程序设计	计算机原理		
一年级下		电子技术基础	面向对象程序设计 程序设计实践	操作系统		
二年级上	离散数学(上) 信息安全导论	数字逻辑设计 数字逻辑设计实验	数据结构	计算机系统综合实践	人工智能导论 数据库原理与技术 嵌入式系统	
二年级下	离散数学(下)					
三年级上			算法设计与分析	计算机网络		
三年级下			软件工程 编译原理	计算机体系结构	计算机图形学	
四年级上			软件工程综合实践			机器学习 物联网导论 大数据分析技术 数字图像技术
四年级下						

离散数学及编程实践

向秀桥 编著

清华大学出版社

北京

内 容 简 介

本书阐述了离散数学中基本而重要的理论,让读者方便、快捷、系统地掌握"离散数学"课程的核心、精髓及程序代码背后的算法原理;同时,本书采用问题驱动或案例式的编写方式,利用 C 或 C++ 程序设计语言,编写出详细的程序代码,将"离散数学"中的抽象知识具体化、实战化、趣味化。

本书主要包括四大部分:①数理逻辑;②集合、二元关系与函数;③代数系统与数论;④图论。每一部分又分理论和程序实践两章,共 8 章。本书将理论知识和编程实践相结合,帮助读者在透彻理解理论知识的同时提高运用离散数学知识解决实际问题的思维水平及编程能力。

本书可作为高等学校相关专业课程的教材或辅导用书,也可作为相关科技工作者的参考用书。

图书在版编目(CIP)数据

离散数学及编程实践 / 向秀桥编著. -- 北京 :清华大学
出版社,2024.11. --(面向新工科专业建设计算机系列教材).
ISBN 978-7-302-67620-1

Ⅰ. O158
中国国家版本馆 CIP 数据核字第 20245VC896 号

责任编辑:白立军 战晓雷
封面设计:刘 键
责任校对:郝美丽
责任印制:宋 林

出版发行:清华大学出版社
  网 址:https://www.tup.com.cn,https://www.wqxuetang.com
  地 址:北京清华大学学研大厦 A 座   邮 编:100084
  社 总 机:010-83470000   邮 购:010-62786544
  投稿与读者服务:010-62776969,c-service@tup.tsinghua.edu.cn
  质量反馈:010-62772015,zhiliang@tup.tsinghua.edu.cn
  课件下载:https://www.tup.com.cn,010-83470236
印 装 者:三河市铭诚印务有限公司
经   销:全国新华书店
开   本:185mm×260mm   印 张:18.5   插 页:1   字 数:452 千字
版   次:2024 年 12 月第 1 版   印 次:2024 年 12 月第 1 次印刷
定   价:69.00 元

产品编号:101940-01

出版说明

一、系列教材背景

人类已经进入智能时代,云计算、大数据、物联网、人工智能、机器人、量子计算等是这个时代最重要的技术热点。为了适应和满足时代发展对人才培养的需要,2017年2月以来,教育部积极推进新工科建设,先后形成了"复旦共识""天大行动"和"北京指南",并发布了《教育部高等教育司关于开展新工科研究与实践的通知》《教育部办公厅关于推荐新工科研究与实践项目的通知》,全力探索形成领跑全球工程教育的中国模式、中国经验,助力高等教育强国建设。新工科有两个内涵:一是新的工科专业;二是传统工科专业的新需求。新工科建设将促进一批新专业的发展,这批新专业有的是依托于现有计算机类专业派生、扩展而成的,有的是多个专业有机整合而成的。由计算机类专业派生、扩展形成的新工科专业有计算机科学与技术、软件工程、网络工程、物联网工程、信息管理与信息系统、数据科学与大数据技术等。由计算机类学科交叉融合形成的新工科专业有网络空间安全、人工智能、机器人工程、数字媒体技术、智能科学与技术等。

在新工科建设的"九个一批"中,明确提出"建设一批体现产业和技术最新发展的新课程""建设一批产业急需的新兴工科专业"。新课程和新专业的持续建设,都需要以适应新工科教育的教材作为支撑。由于各个专业之间的课程相互交叉,但是又不能相互包含,所以在选题方向上,既考虑由计算机类专业派生、扩展形成的新工科专业的选题,又考虑由计算机类专业交叉融合形成的新工科专业的选题,特别是网络空间安全专业、智能科学与技术专业的选题。基于此,清华大学出版社计划出版"面向新工科专业建设计算机系列教材"。

二、教材定位

教材使用对象为"211工程"高校或同等水平及以上高校计算机类专业及相关专业学生。

三、教材编写原则

(1) 借鉴 *Computer Science Curricula* 2013(以下简称 CS2013)。CS2013

的核心知识领域包括算法与复杂度、体系结构与组织、计算科学、离散结构、图形学与可视化、人机交互、信息保障与安全、信息管理、智能系统、网络与通信、操作系统、基于平台的开发、并行与分布式计算、程序设计语言、软件开发基础、软件工程、系统基础、社会问题与专业实践等内容。

（2）处理好理论与技能培养的关系，注重理论与实践相结合，加强对学生思维方式的训练和计算思维的培养。计算机专业学生能力的培养特别强调理论学习、计算思维培养和实践训练。本系列教材以"重视理论，加强计算思维培养，突出案例和实践应用"为主要目标。

（3）为便于教学，在纸质教材的基础上，融合多种形式的教学辅助材料。每本教材可以有主教材、教师用书、习题解答、实验指导等。特别是在数字资源建设方面，可以结合当前出版融合的趋势，做好立体化教材建设，可考虑加上微课、微视频、二维码、MOOC等扩展资源。

四、教材特点

1. 满足新工科专业建设的需要

系列教材涵盖计算机科学与技术、软件工程、物联网工程、数据科学与大数据技术、网络空间安全、人工智能等专业的课程。

2. 案例体现传统工科专业的新需求

编写时，以案例驱动，任务引导，特别是有一些新应用场景的案例。

3. 循序渐进，内容全面

讲解基础知识和实用案例时，由简单到复杂，循序渐进，系统讲解。

4. 资源丰富，立体化建设

除了教学课件外，还可以提供教学大纲、教学计划、微视频等扩展资源，以方便教学。

五、优先出版

1. 精品课程配套教材

主要包括国家级或省级的精品课程和精品资源共享课的配套教材。

2. 传统优秀改版教材

对于已经出版、得到市场认可的优秀教材，由于新技术的发展，计划给图书配上新的教学形式、教学资源的改版教材。

3. 前沿技术与热点教材

反映计算机前沿和当前热点的相关教材，例如云计算、大数据、人工智能、物联网、网络空间安全等方面的教材。

六、联系方式

联系人：白立军

联系电话：010-83470179

联系和投稿邮箱：bailj@tup.tsinghua.edu.cn

面向新工科专业建设计算机系列教材编委会

2019 年 6 月

明　仲	深圳大学计算机与软件学院	院长/教授
彭进业	西北大学信息科学与技术学院	院长/教授
钱德沛	北京航空航天大学计算机学院	中国科学院院士/教授
申恒涛	电子科技大学计算机科学与工程学院	院长/教授
苏　森	北京邮电大学	副校长/教授
汪　萌	合肥工业大学	副校长/教授
王长波	华东师范大学计算机科学与软件工程学院	常务副院长/教授
王劲松	天津理工大学计算机科学与工程学院	院长/教授
王良民	东南大学网络空间安全学院	教授
王　泉	西安电子科技大学	副校长/教授
王晓阳	复旦大学计算机科学技术学院	教授
王　义	东北大学计算机科学与工程学院	院长/教授
魏晓辉	吉林大学计算机科学与技术学院	教授
文继荣	中国人民大学信息学院	院长/教授
翁　健	暨南大学	副校长/教授
吴　迪	中山大学计算机学院	副院长/教授
吴　卿	杭州电子科技大学	教授
武永卫	清华大学计算机科学与技术系	副主任/教授
肖国强	西南大学计算机与信息科学学院	院长/教授
熊盛武	武汉理工大学计算机科学与技术学院	院长/教授
徐　伟	陆军工程大学指挥控制工程学院	院长/副教授
杨　鉴	云南大学信息学院	教授
杨　燕	西南交通大学信息科学与技术学院	副院长/教授
杨　震	北京工业大学信息学部	副主任/教授
姚　力	北京师范大学人工智能学院	执行院长/教授
叶保留	河海大学计算机与信息学院	院长/教授
印桂生	哈尔滨工程大学计算机科学与技术学院	院长/教授
袁晓洁	南开大学计算机学院	院长/教授
张春元	国防科技大学计算机学院	教授
张　强	大连理工大学计算机科学与技术学院	院长/教授
张清华	重庆邮电大学计算机科学与技术学院	执行院长/教授
张艳宁	西北工业大学	副校长/教授
赵建平	长春理工大学计算机科学技术学院	院长/教授
郑新奇	中国地质大学(北京)信息工程学院	院长/教授
仲　红	安徽大学计算机科学与技术学院	院长/教授
周　勇	中国矿业大学计算机科学与技术学院	院长/教授
周志华	南京大学计算机科学与技术系	系主任/教授
邹北骥	中南大学计算机学院	教授

秘书长：

白立军	清华大学出版社	副编审

FOREWORD

前言

党的"二十大"报告指出：教育、科技、人才是全面建设社会主义现代化国家的基础性、战略性支撑。必须坚持科技是第一生产力、人才是第一资源、创新是第一动力，深入实施科教兴国战略、人才强国战略、创新驱动发展战略，这三大战略共同服务于创新型国家的建设。报告同时强调：推动战略性新兴产业融合集群发展，构建新一代信息技术、人工智能、生物技术、新能源、新材料、高端装备、绿色环保等一批新的增长引擎。当前，加强学生创新能力的培养是国家发展、民族复兴的战略需求和各界的普遍共识。而创新能力的培养必须渗透到教学中的每一门课、每一个教学环节。作为开展创新能力培养的一个良好载体和平台，离散数学是计算机科学与技术、电子信息技术、计算及应用数学、信息安全、物联网工程等专业的核心基础课程之一，其课程综合性是其他课程难以比拟的。因此，离散数学的授课内容也必须随着信息技术、人工智能的发展和国家、社会的需求不断地调整、革新。

众所周知，离散数学是研究离散对象及其相互间关系的一门学科，它是随着计算机科学和技术的迅猛发展而逐步建立、发展起来的，它为数据结构、数据库原理、人工智能、计算机网络、数学建模等后续课程的学习打下坚实的数学理论基础，具有广泛的工程应用背景。例如，离散数学中的数理逻辑是人工智能领域（如电路设计、案件的侦查与审理）的基础；离散数学图论中用于传输与通信代价计算的最小生成树、哈夫曼最优树、各种最短路径算法以及二部图、欧拉图等特殊图的判定与解答，在网络控制领域和物流配置领域都有实际的应用；集合运算和专门关系运算的数据库技术是以离散数学中的二元关系为基础的直接应用；离散数学中的代数结构、数论知识是信息安全领域构造数据加密、解密方案的基础知识。总之，离散数学是一门与工程实际紧密联系的课程，它在培养和锻炼学生的抽象思维、系统思维以及针对实际问题的数学建模能力、逻辑推理能力等方面起着非常重要的作用。

离散数学是一门综合了多门数学课程的学科，具有内容多且杂、理论性强、高度抽象等特点。受到专业培养计划和课程设置的制约，目前离散数学的教学方式依然停留在极为传统和典型的"数学课"模式：教师讲述一个个概念、定理、公式和例题；学生在理解的基础上进行记忆，然后在纸上做题目。这种教学模式往往把重心放在理论知识的讲解上，而忽略知识的应用，上机实验课时少，或者完全没有安排，理论与实践严重脱节，离散数学的发现探索活动没有真正开展起来，往往会导致学生在学习过程中出现以下问题：①学习目的不明确，被动地接受知识，不仅感到数学知识抽象难懂，不能很好地吸收，而且还难以在头脑中形成较完整的知识体系，常常"学了后面忘了前面"；②学生难以将丰富的学习内容与具体应用联系起来，有限的学时使得课程理论难度加大，学生无暇思考如何应用理论知识解决实际问题。这样，学生无法意识到离散数学课程的重要性，学起来枯燥、乏味，畏难、厌烦情绪加重，学习效果不佳。上述问题严重削弱了离散数学作为高校理工科核心基础课程的地位。

计算机的普及与蓬勃发展对人们的生活和学习产生了极大的影响。在离散数学课程中引入、增加与计算机编程密切相关的内容,将理论知识与实际应用相结合,是现代化教学的必然趋势。这不仅有助于学生在实践中更直观、深入地理解并综合应用离散数学的抽象知识,增强学生的感性认识,激发学生的学习兴趣和热情,发挥学生的主观能动性,让学生在知识、技能和能力上形成统一性和实用性,也有助于解决学生知识面窄,发现和分析问题能力不强以及动手操作能力弱的问题,开拓其创新思维,实现离散数学知识掌握与计算机编程能力培养的统一。因此,利用计算机进行离散数学编程实验,是开展离散数学研究性学习的一种有效方式,是对课堂理论教学的深化和补充。

目前国内外教师非常重视离散数学课程的理论教学,但很少有人对离散数学实验课程教学进行研究,忽视了离散数学实验课程教学对理论课程教学的辅助与促进作用。目前的离散数学教程要么是纯粹的理论阐述,缺乏实验教学内容,不能让学生充分看到离散数学知识的应用价值;要么是少量程序代码的汇总,不够系统、全面,且缺乏理论知识的介绍,学生为透彻理解程序代码背后的算法原理,需要花费时间和精力查找相关理论书籍或网络资源。总之,目前的离散数学教程在理论知识和编程实践之间还存在鸿沟。在当前各种课程学时被压缩、实操性教学越来越受到重视的教学改革背景下,作者秉承以创新实践能力培养为出发点的"新工科"教学改革理念,编写了本书。本书吸收了国内外众多优秀成果,讲解了离散数学中基本而重要的理论知识、算法原理,让学生很快掌握离散数学课程的核心与精髓。同时,本书运用 C/C++ 程序设计语言编写出详细的代码。本书主要包括 4 部分:①数理逻辑;②集合、二元关系与函数;③代数系统与数论;④图论。每一部分又分理论和程序实践两章,全书共 8 章。本书主要特点如下:

(1) 紧紧围绕学以致用的目标,教学内容进一步优化,让学生学到够用、能用、会用的知识,方便学生从本书中迅速掌握基本而重要的概念、相关知识点及其关联关系,从而夯实基础理论体系。

(2) 问题驱动或案例式内容引导读者如何运用离散数学知识解决实际问题,利用生活实例和程序实现将抽象知识具体化,一改离散数学枯燥、抽象的旧面貌,增强知识的趣味性和实操性,加深学生对理论知识的理解,提高编程能力。

总之,理论知识与实践操作是相辅相成的,将理论知识和编程实践结合,拉近理论与实践的距离,利用编程探究、解决离散数学中的问题,从中获得研究、解决实际问题的过程体验和情感体验,产生成就感,不仅能够有效帮助学生理解和掌握离散数学的相关算法,也能够锻炼学生分析、解决实际问题的能力,进而激发学生的创新潜能,为提高学生的实践能力、工程素质和培养国家需要的创新型复合人才发挥重要的作用。

特别感谢我在中国地质大学(武汉)的领导与同事,以及华中科技大学曾给予我指导、勉励的师长、同学与朋友,你们的宽容与支持不仅是我学术与职业生涯中的宝贵财富,更是我不断前行的动力。最后,衷心感谢我的家人多年来无私的奉献与付出,让我得以全身心投入工作,顺利完成本书。

本书可作为高等学校相关专业课程的教材和辅导用书,也可作为相关科技工作者的参考用书。欢迎读者批评指正。

作　者

2024 年 9 月

CONTENTS

目录

第1章　数理逻辑理论 ……………………………………………… 1

　1.1　命题逻辑的基本概念 ………………………………………… 1

　　1.1.1　命题及联结词 ………………………………………… 1

　　1.1.2　命题公式与解释 ……………………………………… 5

　1.2　命题公式的等值演算及其范式 …………………………… 7

　　1.2.1　命题公式等值的概念及基本等值式 ………………… 7

　　1.2.2　简单析取式与简单合取式 …………………………… 8

　　1.2.3　析取范式与合取范式 ………………………………… 8

　　1.2.4　主析取范式和主合取范式 …………………………… 9

　1.3　命题逻辑的推理理论 ……………………………………… 13

　　1.3.1　基于等值演算的命题逻辑推理 ……………………… 14

　　1.3.2　基于推理规则的命题逻辑推理 ……………………… 14

　1.4　一阶逻辑的基本概念 ……………………………………… 16

　　1.4.1　个体词、量词和谓词 ………………………………… 16

　　1.4.2　一阶逻辑公式及解释 ………………………………… 18

　1.5　一阶逻辑的等值演算 ……………………………………… 20

　　1.5.1　一阶逻辑的等值概念及基本等值式 ………………… 20

　　1.5.2　一阶逻辑的前束范式 ………………………………… 22

　1.6　一阶逻辑的推理与应用 …………………………………… 23

　　1.6.1　一阶逻辑的自然演绎推理 …………………………… 24

　　1.6.2　一阶逻辑的归结反演推理 …………………………… 25

　习题 …………………………………………………………… 28

第2章　数理逻辑程序实践 …………………………………… 30

　实验1　命题逻辑联结词 ……………………………………… 30

　实验2　公式合法性判断 ……………………………………… 33

　实验3　命题公式真值表生成 ………………………………… 41

　实验4　基于真值表的主析取(合取)范式获取 ……………… 48

　实验5　命题逻辑推理——电路开关表决 …………………… 51

实验 6　命题逻辑推理——谁是作案者 ·· 52

实验 7　命题逻辑推理——某件事是谁干的 ··· 53

实验 8　命题逻辑推理——王教授是哪里人 ··· 54

实验 9　命题逻辑推理——班委会选举 ··· 55

实验 10　命题逻辑推理——谁在说谎 ·· 57

实验 11　基于一阶逻辑的自然演绎推理 ··· 57

实验 12　基于一阶逻辑的归结反演推理 ··· 64

第 3 章　集合、二元关系与函数 ··· 79

3.1　集合的基本概念 ··· 79

3.2　并查集 ··· 81

3.3　关系的定义与表示 ·· 82

3.3.1　序偶、笛卡儿积的概念 ··· 82

3.3.2　二元关系的定义 ··· 82

3.3.3　二元关系的表示 ··· 83

3.4　关系的运算 ··· 84

3.5　关系的性质 ··· 86

3.6　关系的闭包 ··· 87

3.7　关系的应用 ··· 91

3.8　相容关系 ·· 93

3.9　等价关系 ·· 93

3.9.1　等价关系的定义 ··· 93

3.9.2　等价关系的应用 ··· 95

3.10　偏序关系 ·· 95

3.10.1　偏序关系的定义 ··· 95

3.10.2　偏序关系的哈斯图 ·· 96

3.10.3　偏序集中的特殊元素 ··· 96

3.10.4　偏序关系图在课程设置中的应用 ···································· 97

3.11　格的概念 ·· 98

3.12　特殊的二元关系——函数 ·· 99

3.12.1　函数的概念与分类 ·· 99

3.12.2　函数应用——哈希函数 ·· 100

3.13　计数问题 ·· 101

3.13.1　包含排斥原理 ·· 102

3.13.2　鸽笼原理 ·· 104

3.13.3　排列与组合 ·· 105

3.13.4　二项式定理 ·· 108

3.13.5　母函数及其应用 ··· 108

习题 ·· 112

第4章 集合、二元关系与函数程序实践 ··········· 115

实验1 集合运算 ··········· 115

实验2 元素归属合并——并查集算法 ··········· 118

实验3 笛卡儿积及关系的复合 ··········· 119

实验4 二元关系及其性质 ··········· 123

实验5 二元关系的闭包运算 ··········· 124

实验6 等价关系判定 ··········· 130

实验7 偏序关系上的特异元素 ··········· 132

实验8 求函数的定义域和值域 ··········· 134

实验9 函数中单射、满射、双射判断 ··········· 137

实验10 集合计数——容斥原理 ··········· 140

实验11 组合计数 ··········· 142

实验12 排列计数 ··········· 143

实验13 母函数组合计数 ··········· 145

实验14 指母函数排列计数 ··········· 146

第5章 代数系统与数论 ··········· 148

5.1 代数系统的概念 ··········· 148

5.2 代数系统的运算及其性质 ··········· 150

5.3 半群与含幺半群 ··········· 155

5.4 群与子群 ··········· 157

5.5 交换群与循环群 ··········· 160

5.6 陪集与拉格朗日定理 ··········· 162

5.7 数论基础知识 ··········· 164

5.7.1 素数 ··········· 164

5.7.2 辗转相除法 ··········· 165

5.7.3 同余及同余方程 ··········· 166

5.7.4 欧拉函数及欧拉定理 ··········· 168

5.7.5 中国剩余定理 ··········· 169

5.8 数论与密码学 ··········· 170

习题 ··········· 173

第6章 代数系统与数论程序实践 ··········· 175

实验1 判断二元运算是否满足结合律 ··········· 175

实验2 判断代数系统是否为群 ··········· 176

实验3 判断整数能否被给定数整除 ··········· 178

实验4 利用埃氏筛选法筛选素数 ··········· 179

实验5 求一个数的所有因子及因子数目 ··········· 181

实验 6　算术基本定理——正整数唯一分解定理 ································ 183

实验 7　利用辗转相除法求两个数的最大公约数和最小公倍数 ·············· 184

实验 8　线性同余方程求解 ·· 185

实验 9　利用中国剩余定理求解线性同余方程组 ···························· 187

实验 10　利用中国剩余定理加快 RSA 加密解密 ·························· 190

第 7 章　图论理论 ·· 195

7.1　图的基本概念 ·· 195

7.2　通路、回路、图的连通性 ·· 200

7.3　点割集、割点、边割集、桥 ·· 202

7.4　图的矩阵表示 ·· 202

　　7.4.1　关联矩阵 ·· 202

　　7.4.2　邻接矩阵 ·· 203

　　7.4.3　可达矩阵 ·· 204

7.5　最短路径和关键路径 ·· 205

　　7.5.1　迪杰斯特拉算法 ·· 205

　　7.5.2　弗洛伊德算法 ·· 207

7.6　最小生成树及其求法 ·· 210

　　7.6.1　最小生成树定义 ·· 211

　　7.6.2　普里姆算法 ·· 212

　　7.6.3　克鲁斯卡尔算法 ·· 213

7.7　二叉树及哈夫曼编码 ·· 215

　　7.7.1　二叉树的定义及性质 ······································ 215

　　7.7.2　哈夫曼树的概念及构造 ···································· 216

　　7.7.3　哈夫曼编码 ·· 218

7.8　欧拉图与哈密顿图 ·· 219

　　7.8.1　欧拉图 ·· 219

　　7.8.2　哈密顿图 ·· 220

7.9　着色及其应用 ·· 222

7.10　匹配及其应用 ·· 225

习题 ·· 228

第 8 章　图论程序实践 ·· 231

实验 1　图的度和可达矩阵计算以及连通性判断 ·························· 231

实验 2　求图的所有割点 ·· 236

实验 3　求图的所有割边 ·· 237

实验 4　可图化、可简单图化、连通图和欧拉图的判断 ···················· 239

实验 5　哈密顿图的判断 ·· 245

实验 6　图中两个顶点间通路数计算 ···································· 250

实验 7　利用迪杰斯特拉算法求最短路径 ·· 252

实验 8　利用弗洛伊德算法求最短路径 ··· 254

实验 9　图是否为树的判断 ·· 255

实验 10　利用普里姆算法构造最小生成树 ·· 257

实验 11　利用克鲁斯卡尔算法构造最小生成树 ································· 260

实验 12　哈夫曼编码与解码 ·· 262

实验 13　图的颜色分配方案判断 ··· 267

实验 14　图的点着色 ··· 269

实验 15　二部图判断 ··· 272

实验 16　二部图的最大匹配 ·· 274

参考文献 ·· 278

第1章

数理逻辑理论

数理逻辑是用数学方法研究推理的形式结构和规律的数学学科,所谓数学方法就是用一套有严格定义的符号(即建立一种形式语言)研究推理问题,因而数理逻辑也称为符号逻辑。众所周知,信息在计算机内都表示为 0 和 1 构成的位串,通过对位串的运算可以对信息进行处理,而计算机字位的运算与数理逻辑中联结词的运算规则是一致的。因此,离散数学中的数理逻辑为计算机信息处理提供了很好的知识基础,数理逻辑中的联结词广泛应用于信息检索、逻辑运算、逻辑推理等领域。例如,目前大部分网页都支持使用 NOT、AND、OR 等联结词进行布尔检索,这有助于快速找到特定主题的网页,关系数据库中表数据的查询、插入、删除和修改等操作都需要用到离散数学中的数理逻辑知识;数理逻辑在计算机硬件设计中的应用尤为突出,利用数理逻辑中各联结词的运算规律把由高低电平表示的各信号之间的运算与二进制数之间的运算联系起来,基于联结词的与非门、或非门使得整个电路设计过程和逻辑线路变得更加直观和系统化。此外,数理逻辑是所有数学推理的基础,逻辑推理是人工智能研究与应用中最持久的子领域之一。

◆ 1.1 命题逻辑的基本概念

数理逻辑研究的中心问题是推理,而推理就必然包含前提和结论,前提和结论都是表达判断的陈述句,因而表达判断的陈述句就成为推理的基本要素。

1.1.1 命题及联结词

定义 1.1(命题) 在数理逻辑中,将能够判断真假的陈述句称为命题。命题的判断结果称为命题的真值,常用 T(True)或 1 表示真,F(False)或 0 表示假。

真值为真的命题称为真命题,真值为假的命题称为假命题。

感叹句、疑问句、祈使句都不是命题。

命题分为原子命题和复合命题。

定义 1.2(原子命题和复合命题) 不能被分解为更简单的陈述语句的命题称为原子命题,又称为简单命题。通过逻辑联结词将两个或两个以上原子命题组合而成的命题称为复合命题。

说明:通常用大写字母 $A,B,\cdots,Z$ 等表示命题,如命题"P:今天下雨"。

例 1.1   判断下列句子是否为命题。

(1) 4 是素数。

(2) $\sqrt{2}$ 是无理数。

(3) x 大于 y。

(4) 充分大的偶数等于两个素数之和。

(5) 今天是星期二。

(6) π 大于 $\sqrt{2}$ 吗?

(7) 请不要吸烟!

(8) 这朵花真美丽啊!

(9) 我正在说假话。

解:

(1) 是,假命题。

(2) 是,真命题。

(3) 不是,无确定的真值。

(4) 是,真值客观存在。

(5) 是,真值根据具体情况而定。

(6) 不是,疑问句。

(7) 不是,祈使句。

(8) 不是,感叹句。

(9) 不是,悖论(真值不唯一确定)。

本节主要介绍 5 种常用的逻辑联结词,分别是否定联结词、合取联结词、析取联结词、蕴涵联结词、等价联结词,通过这些联结词可以把多个原子命题组合成一个复合命题。

定义 1.3(否定联结词)   设 P 为一个命题,P 的否定是一个新的命题,记为 $\neg P$(读作非 P)。规定:若 P 为真,则 $\neg P$ 为假;若 P 为假,则 $\neg P$ 为真。

$\neg P$ 的取值情况依赖于 P 的取值情况。否定联结词的真值表如表 1.1 所示。

表 1.1   否定联结词的真值表

P	$\neg P$
1	0
0	1

在自然语言中,常用"非""不""没有""无""并非"等表示否定。

例 1.2 P:上海是中国的城市。$\neg P$:上海不是中国的城市。

P 是真命题,$\neg P$ 是假命题。

Q:所有的海洋动物都是哺乳动物。$\neg Q$:不是所有的海洋动物都是哺乳动物。

Q 是假命题,$\neg Q$ 是真命题。

定义 1.4(合取联结词)   设 P、Q 为两个命题,P 和 Q 的合取是一个复合命题,记为 $P \wedge Q$(读作 P 与 Q),称为 P 与 Q 的合取式。规定:P 与 Q 同时为真时,$P \wedge Q$ 为真;其余情况下,$P \wedge Q$ 均为假。合取联结词的真值表如表 1.2 所示。

表 1.2　合取联结词的真值表

P	Q	P∧Q
0	0	0
0	1	0
1	0	0
1	1	1

显然 $P \wedge \neg P$ 的真值永远是假,称为矛盾式。

在自然语言中,常用"既……又……""不但……而且……""虽然……但是……""一边……一边……""一面……一面……""……都……"等表示合取。

例 1.3　将下列命题符号化。

(1) 今天下雨又刮风。

(2) 猫吃鱼且太阳从西方降落。

(3) 李四虽然聪明但不用功。

(4) 张明与王芳都是三好学生。

解:

(1) 设 P 为"今天下雨",Q 为"今天刮风",则该命题可表示为 $P \wedge Q$。

(2) 设 P 为"猫吃鱼",Q 为"太阳从西方降落",则该命题可表示为 $P \wedge Q$。

(3) 设 P 为"李四聪明",Q 为"李四用功",则该命题可表示为 $P \wedge \neg Q$。

(4) 设 P 为"张明是三好学生",Q 为"王芳是三好学生",则该命题可表示为 $P \wedge Q$。

说明:在自然语言中,命题(2)是没有实际意义的,因为 P 与 Q 两个命题互不相干。但这在数理逻辑中是允许的,因为数理逻辑只关注复合命题的真值情况,并不关注原子命题之间是否存在内在联系。

定义 1.5(析取联结词)　设 P、Q 为两个命题,P 和 Q 的析取是一个复合命题,记为 $P \vee Q$(读作 P 或 Q),称为 P 与 Q 的析取式。规定:当且仅当 P 与 Q 同时为假时,$P \vee Q$ 为假;否则 $P \vee Q$ 均为真。析取联结词的真值表如表 1.3 所示。

表 1.3　析取联结词的真值表

P	Q	P∨Q
0	0	0
0	1	1
1	0	1
1	1	1

显然 $P \vee \neg P$ 的真值永远为真,称为永真式。

说明:析取联结词与汉语中的"或"表达的意义不完全相同。汉语中的"或"可表达"相容或",也可以表达"排斥或";而析取联结词要表达"排斥或"时形式较为复杂,具体见例 1.4。

例 1.4　将下列命题符号化。

（1）张小刚爱打球或爱跑步。

（2）他身高 1.7m 或 1.75m。

解：

（1）为相容或。两个爱好可以同时具有，不冲突。设 P 为"张小刚爱打球"，Q 为"张小刚爱跑步"，则该命题可表示为 $P \vee Q$。

（2）为排斥或。一个人的身高不可能同时满足 1.7m、1.75m，要么 1.7m，要么 1.75m，只能满足其一。设 P 为"他身高 1.7m"，Q 为"他身高 1.75m"，则该命题可表示为 $(P \wedge \neg Q) \vee (\neg P \wedge Q)$。

定义 1.6（蕴涵联结词）　设 P、Q 为两个命题，P 和 Q 的蕴涵命题是一个复合命题，记为 $P \rightarrow Q$（读作若 P 则 Q），其中 P 称为蕴涵式的前件，Q 称为蕴涵式的后件。规定：当且仅当前件 P 为真、后件 Q 为假时，$P \rightarrow Q$ 为假；否则 $P \rightarrow Q$ 均为真。

蕴涵联结词的真值表如表 1.4 所示。

表 1.4　蕴涵联结词的真值表

P	Q	$P \rightarrow Q$
0	0	1
0	1	1
1	0	0
1	1	1

自然语言中常出现的"只要 P 就 Q""因为 P 所以 Q""P 仅当 Q""只有 Q 才 P""除非 Q 才 P"等语句都可以表示为 $P \rightarrow Q$ 的形式。

例 1.5　将下列命题符号化。

（1）如果雪是黑色的，则太阳从西方升起。

（2）仅当天气好，我才去公园。

解：

（1）设 P 为"雪是黑色的"，Q 为"太阳从西方升起"，则该命题可表示为 $P \rightarrow Q$。

（2）设 R 为"天气好"，S 为"我去公园"，则该命题可表示为 $S \rightarrow R$。

定义 1.7（等价联结词）　设 P、Q 为两个命题，其复合命题 $P \leftrightarrow Q$ 称为等价命题，$P \leftrightarrow Q$ 读作 P 当且仅当 Q。规定：当且仅当 P 与 Q 真值相同时，$P \leftrightarrow Q$ 为真；否则 $P \leftrightarrow Q$ 为假。等价联结词的真值表如表 1.5 所示。

表 1.5　等价联结词的真值表

P	Q	$P \leftrightarrow Q$
0	0	1
0	1	0
1	0	0
1	1	1

例 1.6　将下列命题符号化。

(1) 雪是黑色的当且仅当 $2+2>4$。

(2) $2+3=5$ 的充要条件是 π 是无理数。

解：

(1) 设 P 为"雪是黑色的"，Q 为"$2+2>4$"，则该命题可表示为 $P \leftrightarrow Q$，其真值为真。

(2) 设 P 为"$2+3=5$"，Q 为"π 是无理数"，则该命题可表示为 $P \leftrightarrow Q$，其真值为真。

与前面的联结词一样，蕴涵联结词和等价联结词连接的两个命题之间可以没有任何因果联系，只要能确定复合命题的真值即可。

1.1.2　命题公式与解释

命题逻辑中简单命题是真值唯一确定的最基本的研究单位。因此，也称简单命题为命题常项或命题常元，可以用标识符 P、Q、R 等表示；称真值可以变化的陈述句为命题变项或命题变元，或者说没有指定具体内容的命题标识符为命题变项或命题变元，也可以用标识符 P、Q、R 等表示。当用标识符 P、Q、R 等表示命题变项时，它们就成了取值 0 或 1 的变项，因而命题变项的真值情况不确定，已不是命题。对于较为复杂的命题，利用 1.1.1 节介绍的 5 种常用逻辑联结词可将具体的命题经过各种组合表示成符号串的形式。

定义 1.8（命题公式）　将命题变项用联结词和括号按一定的逻辑关系联结起来的符号串称为命题公式或合式公式，简称为公式。

(1) 单个的命题变项是命题公式。

(2) 如果 A 是命题公式，那么 $\neg A$ 也是命题公式。

(3) 如果 A、B 是命题公式，那么 $A \wedge B$、$A \vee B$、$A \rightarrow B$ 和 $A \leftrightarrow B$ 也是命题公式。

(4) 当且仅当能够有限次地应用 (1)、(2)、(3) 所得到的包含命题变项、联结词和括号的符号串是命题公式。

定义 1.8 是以递归的形式给出的。由定义 1.8 可知，命题公式是没有真假的，仅当一个命题公式中的命题变项被赋予确定的真值时，才得到一个命题。

例 1.7　在命题公式 $P \rightarrow Q$ 中，把命题"雪是白色的"赋予 P，把命题"$2+2>4$"赋予 Q，则命题公式 $P \rightarrow Q$ 被解释为假命题；若 P 的赋值不变，而把命题"$2+2=4$"赋予 Q，则命题公式 $P \rightarrow Q$ 被解释为真命题。

定义 1.9（成真赋值和成假赋值）　设 $P_1, P_2, \cdots, P_n$ 是出现在命题公式 A 中的全部命题变项，给 $P_1, P_2, \cdots, P_n$ 各指定一个真值，称为对公式 A 的一个赋值（或解释或真值指派）。若指定的一组值使命题公式 A 的真值为 1，则这组值称为公式 A 的成真赋值；若指定的一组值使命题公式 A 的真值为 0，则这组值称为命题公式 A 的成假赋值。

例 1.8　对命题公式 $(P \rightarrow Q) \wedge R$，赋值 011（即令 $P=0, Q=1, R=1$），则其真值为 1；若赋值 000，则其真值为 0。因此，011 为该命题公式的一个成真赋值，000 为该命题公式的一个成假赋值。

定义 1.10（真值表）　将命题公式 A 在所有赋值下的取值情况列成表，称为公式 A 的真值表。

真值表是命题逻辑中一个十分重要的概念，利用它几乎可以解决命题逻辑中的所有问题。构造真值表的基本步骤如下：

（1）找出命题公式中所有的命题变项 $P_1, P_2, \cdots, P_n$，按二进制从小到大的顺序列出 2^n 种赋值。本书规定，赋值从 $00\cdots0$ 开始，直到 $11\cdots1$ 为止。

（2）当命题公式较为复杂时，按照运算的顺序列出各个子公式的真值。

（3）计算整个命题公式的真值。

例 1.9　写出下列命题公式的真值表，并求其成真赋值和成假赋值。

（1）$\neg P \vee Q$。

（2）$\neg(P \rightarrow Q) \wedge Q$。

（3）$\neg(P \wedge Q) \leftrightarrow (\neg P \vee \neg Q)$。

解：

（1）的真值表见表 1.6。

表 1.6　$\neg P \vee Q$ 的真值表

P	Q	$\neg P$	$\neg P \vee Q$
0	0	1	1
0	1	1	1
1	0	0	0
1	1	0	1

成真赋值为 00、01、11，成假赋值为 10。

（2）的真值表见表 1.7。

表 1.7　$\neg(P \rightarrow Q) \wedge Q$ 的真值表

P	Q	$P \rightarrow Q$	$\neg(P \rightarrow Q)$	$\neg(P \rightarrow Q) \wedge Q$
0	0	1	0	0
0	1	1	0	0
1	0	0	1	0
1	1	1	0	0

无成真赋值，成假赋值为 00、01、10、11。

（3）的真值表见表 1.8。

表 1.8　$\neg(P \wedge Q) \leftrightarrow (\neg P \vee \neg Q)$ 的真值表

P	Q	$P \wedge Q$	$\neg(P \wedge Q)$	$\neg P \vee \neg Q$	$\neg(P \wedge Q) \leftrightarrow (\neg P \vee \neg Q)$
0	0	0	1	1	1
0	1	0	1	1	1
1	0	0	1	1	1
1	1	1	0	0	1

成真赋值为 00、01、10、11，无成假赋值。

说明：一般来说，含有 n 个命题变项的命题公式共有 2^n 种赋值。无论 n 个命题变项怎么变化（某个或某些命题变项出现或不出现或者以不同的形式出现），含有 n 个命题变项的公式怎么不同，其对应的真值表只有 2^{2^n} 种不同情况（该结论可从第 3 章的排列组合原理知识得到）。

从前面的真值表中可以看到，有的命题公式无论对命题变项作何种赋值，其对应的真值恒为真或恒为假，而有的命题公式对应的真值则有真有假。根据命题公式在不同赋值下的真值情况，可以对命题公式进行分类。

定义 1.11（命题公式的分类） 设 A 为一个命题公式，对 A 所有可能的赋值：

（1）若 A 的真值永为真，则称 A 为重言式或永真式。

（2）若 A 的真值永为假，则称 A 为矛盾式或永假式。

（3）若至少存在一种赋值使得 A 的真值为真，则称 A 为可满足式。

由定义 1.11 可知，重言式一定是可满足式，但反之不成立。

说明：用真值表法可以判定命题公式的类型。若真值表的最后一列全为 1，则公式为重言式；若最后一列全为 0，则命题公式为矛盾式；若最后一列至少有一个 1，则命题公式为可满足式。例 1.9 中的命题公式（1）是可满足式，命题公式（2）是永假式，命题公式（3）是永真式。

◆ 1.2 命题公式的等值演算及其范式

从 1.1 节的讨论可知，存在大量形式互不相同的命题公式，这些命题公式在所有赋值情况下具有相同的真值，因此，有必要引入命题公式的标准形式，这对命题公式的简化和推导是十分有益的。

1.2.1 命题公式等值的概念及基本等值式

定义 1.12（等值） 给定两个命题公式 A、B，设 $P_1, P_2, \cdots, P_n$ 是出现在命题公式 A、B 中的全部命题变项，若给 $P_1, P_2, \cdots, P_n$ 任意一组赋值，A 和 B 对应的真值都相同，则称 A 和 B 等值，记作 $A \Leftrightarrow B$。

下面给出 15 组常用的等值公式，它们是进一步推理的基础。牢记并熟练运用这些公式是学好数理逻辑的关键之一。

（1）双重否定律：$\neg \neg A \Leftrightarrow A$。

（2）结合律：$(A \vee B) \vee C \Leftrightarrow A \vee (B \vee C)$，$(A \wedge B) \wedge C \Leftrightarrow A \wedge (B \wedge C)$，
$(A \leftrightarrow B) \leftrightarrow C \Leftrightarrow A \leftrightarrow (B \leftrightarrow C)$。

（3）交换律：$A \wedge B \Leftrightarrow B \wedge A$，$A \vee B \Leftrightarrow B \vee A$，$A \leftrightarrow B \Leftrightarrow B \leftrightarrow A$。

（4）分配律：$A \vee (B \wedge C) \Leftrightarrow (A \vee B) \wedge (A \vee C)$，
$A \wedge (B \vee C) \Leftrightarrow (A \wedge B) \vee (A \wedge C)$。

（5）幂等律：$A \vee A \Leftrightarrow A$，$A \wedge A \Leftrightarrow A$。

（6）吸收律：$A \vee (A \wedge B) \Leftrightarrow A$，$A \wedge (A \vee B) \Leftrightarrow A$。

（7）德摩根律：$\neg (A \vee B) \Leftrightarrow \neg A \wedge \neg B$，$\neg (A \wedge B) \Leftrightarrow \neg A \vee \neg B$。

（8）同一律：$A \vee F \Leftrightarrow A$，$A \wedge T \Leftrightarrow A$。

（9）零律：$A \vee T \Leftrightarrow T, A \wedge F \Leftrightarrow F$。

（10）否定律：$A \vee \neg A \Leftrightarrow T, A \wedge \neg A \Leftrightarrow F$。

（11）蕴涵等值式：$A \rightarrow B \Leftrightarrow \neg A \vee B \Leftrightarrow \neg B \rightarrow \neg A$。

（12）等价等值式：$A \leftrightarrow B \Leftrightarrow (A \rightarrow B) \wedge (B \rightarrow A) \Leftrightarrow \neg A \leftrightarrow \neg B$。

（13）假言易位：$A \rightarrow B \Leftrightarrow \neg B \rightarrow \neg A$。

（14）等价否定等值式：$A \leftrightarrow B \Leftrightarrow \neg A \leftrightarrow \neg B$。

（15）归谬论：$(A \rightarrow B) \wedge (A \rightarrow \neg B) \Leftrightarrow \neg A$。

上述 15 组等值公式均可以通过构造真值表法来证明，其中 F 表示永假式，T 表示永真式。

定理 1.1（代入规则）   在一个永真式 A 中，任何一个原子命题变项 R 出现的每一处用另一个命题公式代入，所得的命题公式 B 仍为永真式。

证明：因为永真式对于任何指派，其真值都是 1，与每个命题变项指派的真假无关，所以用一个命题公式代入原子命题变项 R 出现的每一处，所得到的命题公式的真值仍为 1。

例 1.10 $R \vee \neg R$ 是永真式，将原子命题变项 R 用 $P \rightarrow Q$ 代入后得到的命题公式 $(P \rightarrow Q) \vee \neg (P \rightarrow Q)$ 仍为永真式。

定理 1.2（置换规则）   设 $X \Leftrightarrow Y$，如果将命题公式 A 中的 X 用 Y 置换，则所得到的命题公式 B 与 A 等值，即 $A \Leftrightarrow B$。

证明：因为 $X \Leftrightarrow Y$，所以在相应变项的任意一种指派情况下，X 与 Y 的真值都相同，故以 Y 取代 X 后，命题公式 A 与 B 在相应的指派情况下真值也必然相同，因此 $A \Leftrightarrow B$。

1.2.2   简单析取式与简单合取式

定义 1.13（文字）   单个的命题变项及其否定形式称为文字，如 P、$\neg Q$ 等。

定义 1.14（简单析取式和简单合取式）   仅由有限个文字组成的析取式称为简单析取式。例如，$\neg P \vee Q$、$P \vee \neg Q \vee R$、$\neg P$、Q 等都是简单析取式；仅由有限个文字组成的合取式称为简单合取式。例如，$P \wedge Q$、$\neg P \wedge Q \wedge R$、$\neg P$、Q 等都是简单合取式。

一个文字既是简单析取式，又是简单合取式。

定理 1.3   简单析取式是重言式当且仅当它同时含有某个命题变项及其否定形式。

证明：设命题公式 A 为简单析取式，含有命题变项 $P_1, P_2, \cdots, P_n$。若 A 同时含有 P_i 及 $\neg P_i$，显然 A 为重言式。若 A 为重言式但不同时含有某个命题变项及其否定形式，不妨设 $A \Leftrightarrow P_1 \vee P_2 \vee \cdots \vee P_i \vee \neg P_{i+1} \vee \cdots \vee \neg P_n$，若 $P_1, P_2, \cdots, P_i$ 的真值均为 0，而 $P_{i+1}, \cdots, P_n$ 的真值均为 1，则 A 的真值为 0，这与 A 为重言式矛盾。

对于简单合取式也有类似的性质。

定理 1.4   简单合取式是矛盾式当且仅当它同时含有某个命题变项及其否定形式。

证明同定理 1.3。

1.2.3   析取范式与合取范式

定义 1.15（析取范式和合取范式）   由有限个简单合取式组成的析取式称为析取范式。由有限个简单析取式组成的合取式称为合取范式。

析取范式与合取范式统称为范式。

例 1.11　$(P \wedge Q) \vee (P \wedge \neg Q \wedge R)$、$P \vee Q$ 等是析取范式，$(P \vee Q) \wedge (P \vee \neg Q \vee R)$、$P \wedge Q$ 等是合取范式。

说明：对于单独的一个命题变项 P 或其否定 $\neg P$ 既可以看成析取范式，又可看成合取范式。当然既可以看成简单析取式，又可以看成简单合取式。至于 $P \vee Q$，若把它看成简单合取式的析取，则它是析取范式；若把它看成文字的析取，则它是合取范式。同理，$P \wedge \neg Q$、$P \wedge Q$ 等既是析取范式，又是合取范式。

定理 1.5（范式存在定理）　任何一个命题公式都存在着与之等值的析取范式和合取范式。

从析取范式和合取范式的定义可知，范式中不存在除了 $\neg$、$\wedge$、$\vee$ 以外的逻辑联结词。下面给出求命题公式的范式的步骤：

(1) 消去命题公式中除 $\neg$、$\wedge$、$\vee$ 以外的所有逻辑联结词。

(2) 将否定联结词消去或内移到各命题变项之前。例如：

$$\neg \neg A \rightarrow B \Leftrightarrow A \rightarrow B \Leftrightarrow \neg A \vee B$$
$$\neg (A \vee B) \Leftrightarrow \neg A \wedge \neg B$$
$$\neg (A \wedge B) \Leftrightarrow \neg A \vee \neg B$$

(3) 利用分配律、结合律将命题公式转换为合取范式或析取范式。例如：

$$P \wedge (Q \vee R) \Leftrightarrow (P \wedge Q) \vee (P \wedge R)$$
$$P \vee (Q \wedge R) \Leftrightarrow (P \vee Q) \wedge (P \vee R)$$

例 1.12　求 $(P \rightarrow Q) \rightarrow R$ 的析取范式和合取范式。

解：$(P \rightarrow Q) \rightarrow R \Leftrightarrow (\neg P \vee Q) \rightarrow R \Leftrightarrow \neg (\neg P \vee Q) \vee R$

$\qquad \Leftrightarrow (P \wedge \neg Q) \vee R$　（析取范式）

$\qquad \Leftrightarrow (P \vee R) \wedge (\neg Q \vee R)$　（合取范式）

1.2.4　主析取范式和主合取范式

由于一个命题公式的范式不唯一，这就使得范式的应用受到了一定的限制。为了使任意命题公式化为唯一的标准形式，下面引入主析取范式和主合取范式的概念。

1. 主析取范式

定义 1.16（极小项）　在含有 n 个命题变项的简单合取式中，若每个命题变项及其否定不同时出现，而二者之一必出现且仅出现一次，且第 i 个命题变项或它的否定式出现在从左算起的第 i 个位置上（若命题变项无角标，就按字典顺序排列），则称该简单合取式为极小项。一般说来，n 个命题变项共有 2^n 个极小项。

例 1.13　两个命题变项 P 和 Q 生成的 4 个极小项为 $P \wedge Q$、$P \wedge \neg Q$、$\neg P \wedge Q$、$\neg P \wedge \neg Q$。3 个命题变项 P、Q 和 R 生成的 8 个极小项为 $P \wedge Q \wedge R$、$P \wedge Q \wedge \neg R$、$P \wedge \neg Q \wedge R$、$P \wedge \neg Q \wedge \neg R$、$\neg P \wedge Q \wedge R$、$\neg P \wedge Q \wedge \neg R$、$\neg P \wedge \neg Q \wedge R$、$\neg P \wedge \neg Q \wedge \neg R$。

说明：极小项记为 m_i，其下标 i 是由二进制编码转换的十进制数。二进制编码规则为：命题变项按字母顺序排列，命题变项的肯定与 1 对应，命题变项的否定与 0 对应，则得到极小项的二进制编码。n 个命题变项形成 2^n 个极小项，记为 $m_0, m_1, \cdots, m_{2^n-1}$。表 1.9 列出了两个命题变项 P 和 Q 生成的 4 个极小项的真值表。

表 1.9　两个命题变项 P 和 Q 生成的 4 个极小项的真值表

| P | Q | $m_{00}(m_0)$ | $m_{01}(m_1)$ | $m_{10}(m_2)$ | $m_{11}(m_3)$ |
		$\neg P \wedge \neg Q$	$\neg P \wedge Q$	$P \wedge \neg Q$	$P \wedge Q$
0	0	1	0	0	0
0	1	0	1	0	0
1	0	0	0	1	0
1	1	0	0	0	1

定义 1.17(主析取范式)　由若干不同的极小项组成的析取式称为主析取范式。与命题公式 A 等值的主析取范式称为 A 的主析取范式。

定理 1.6　任意含 n 个命题变项的非永假式命题公式都存在着与之等值的主析取范式,并且其主析取范式是唯一的。

一个命题公式的主析取范式可通过两种方法求得:一是由命题公式的真值表得出,即真值表法;二是等值演算法。

1)真值表法

定理 1.7　在真值表中,命题公式 A 的真值为真的赋值所对应的极小项的析取式即为命题公式 A 的主析取范式。

利用真值表法求主析取范式的基本步骤如下:

(1)列出公式的真值表。

(2)将真值表最后一列中的 1 值所对应的极小项写出。

(3)对这些极小项进行析取。

例 1.14　用真值表法求 $(P \wedge Q) \vee R$ 的主析取范式。

解:$(P \wedge Q) \vee R$ 的真值表见表 1.10。

表 1.10　$(P \wedge Q) \vee R$ 的真值表

P	Q	R	$P \wedge Q$	$(P \wedge Q) \vee R$
0	0	0	0	0
0	0	1	0	1
0	1	0	0	0
0	1	1	0	1
1	0	0	0	0
1	0	1	0	1
1	1	0	1	1
1	1	1	1	1

从表 1.10 中可以看出,该公式在其真值表的 001 行、011 行、101 行、110 行和 111 行处取真值 1,所以

$$(P \wedge Q) \vee R \Leftrightarrow m_1 \vee m_3 \vee m_5 \vee m_6 \vee m_7$$

$$\Leftrightarrow(\neg P \wedge \neg Q \wedge R) \vee (\neg P \wedge Q \wedge R) \vee (P \wedge \neg Q \wedge R)$$
$$\vee (P \wedge Q \wedge \neg R) \vee (P \wedge Q \wedge R)$$

2) 等值演算法

利用等值演算法求主析取范式的基本步骤如下:

(1) 求命题公式 A 的析取范式 A'。

(2) 除去析取范式 A' 中所有永假的析取项。

(3) 若 A' 的某个简单合取式 B 中不含有某个命题变项 P,也不含 $\neg P$,则将 B 展开成以下形式:

$$B \Leftrightarrow B \wedge 1 \Leftrightarrow B \wedge (P \vee \neg P) \Leftrightarrow (B \wedge P) \vee (B \wedge \neg P)$$

(4) 将重复出现的命题变项、永假式及极小项都消去。

(5) 将极小项按顺序排列。

2. 主合取范式

定义 1.18(极大项)　在含有 n 个命题变项的简单析取式中,若每个命题变项及其否定形式不同时出现,但二者之一必出现且仅出现一次,且第 i 个命题变项或它的否定式出现在左起第 i 个位置上(若命题变项无角标,就按字典顺序排列),则称该简单析取式为极大项。

例 1.15　两个命题变项 P 和 Q 生成的 4 个极大项为 $P \vee Q$、$P \vee \neg Q$、$\neg P \vee Q$、$\neg P \vee \neg Q$。3 个命题变项 P、Q 和 R 生成的 8 个极大项为 $P \vee Q \vee R$、$P \vee Q \vee \neg R$、$P \vee \neg Q \vee R$、$P \vee \neg Q \vee \neg R$、$\neg P \vee Q \vee R$、$\neg P \vee Q \vee \neg R$、$\neg P \vee \neg Q \vee R$、$\neg P \vee \neg Q \vee \neg R$。表 1.11 列出了两个命题变项 P 和 Q 生成的 4 个极大项的真值表。

表 1.11　两个命题变项 P 和 Q 生成的 4 个极大项的真值表

P	Q	$M_{00}(M_0)$	$M_{01}(M_1)$	$M_{10}(M_2)$	$M_{11}(M_3)$
		$P \vee Q$	$P \vee \neg Q$	$\neg P \vee Q$	$\neg P \vee \neg Q$
0	0	0	1	1	1
0	1	1	0	1	1
1	0	1	1	0	1
1	1	1	1	1	0

从这个真值表可以看出,没有两个极大项是等值的,且每个极大项都只对应一组成假赋值,这个结论可以推广到 3 个及 3 个以上命题变项的情况。另外,极大项记为 M_i,其下标 i 是由二进制编码转化的十进制数,极大项的二进制编码为:命题变项按字母顺序排列,命题变项的肯定与 0 对应,命题变项的否定与 1 对应。一般来说,n 个命题变项共有 2^n 个极大项,分别记为 $M_0,M_1,\cdots,M_{2^n-1}$。

由真值表可得到极大项的如下性质:

(1) 各极大项的真值表都不相同。

(2) 每个极大项,当其真值指派与对应的二进制编码相同时,其真值为假;在其余 2^n-1 种指派情况下,其真值均为真。

(3) 任意两个不同极大项的析取式是永真式。例如:

$$M_{00} \vee M_{10} = (P \vee Q) \vee (\neg P \vee Q) \Leftrightarrow P \vee \neg P \vee Q \Leftrightarrow 1$$

（4）全体极大项的合取式必为永假式。

定义 1.19（主合取范式） 由若干不同的极大项组成的合取式称为主合取范式。与命题公式 A 等值的主合取范式称为 A 的主合取范式。

定理 1.8 任意含 n 个命题变项的非永真式命题公式都存在着与之等值的主合取范式，并且其主合取范式是唯一的。

与主析取范式的求解方法相类似，主合取范式同样可通过真值表法或等值演算法求得。

1）真值表法

定理 1.9 在真值表中，命题公式 A 真值为假的赋值所对应的极大项的合取式即为命题公式 A 的主合取范式。

利用真值表法求主合取范式的基本步骤如下：

（1）列出命题公式的真值表。

（2）将真值表的最后一列中的 0 值所对应的极大项写出。

（3）对这些极大项进行合取。

例 1.16 求 $(P{\rightarrow}Q){\wedge}Q$ 的主合取范式。

解：$(P{\rightarrow}Q){\wedge}Q$ 的真值表见表 1.12。

表 1.12 $(P{\rightarrow}Q){\wedge}Q$ 的真值表

P	Q	$P{\rightarrow}Q$	$(P{\rightarrow}Q){\wedge}Q$
0	0	1	0
0	1	1	1
1	0	0	0
1	1	1	1

从表 1.12 可看出，命题公式 $(P{\rightarrow}Q){\wedge}Q$ 在 00 行、10 行处取真值 0，所以

$$(P{\rightarrow}Q){\wedge}Q{\Leftrightarrow}(P{\vee}Q){\wedge}({\neg}P{\vee}Q){\Leftrightarrow}M_0{\wedge}M_2$$

2）等值演算法

利用等值演算法求主合取范式的基本步骤如下：

（1）求命题公式 A 的合取范式 A'。

（2）除去 A' 中所有永真的合取项。

（3）若 A' 的某个简单析取式 B 中不含有某个命题变项 P，也不含 ${\neg}P$，则将 B 展开成以下形式：

$$B{\Leftrightarrow}B{\vee}0{\Leftrightarrow}B{\vee}(P{\wedge}{\neg}P){\Leftrightarrow}(B{\vee}P){\wedge}(B{\vee}{\neg}P)$$

（4）将重复出现的命题变项、永真式及极大项都消去。

（5）将极大项按顺序排列。

例 1.17 求 $(P{\wedge}Q){\vee}({\neg}P{\wedge}R)$ 的主合取范式。

解：

$$(P{\wedge}Q){\vee}({\neg}P{\wedge}R){\Leftrightarrow}((P{\wedge}Q){\vee}{\neg}P){\wedge}((P{\wedge}Q){\vee}R)$$
$${\Leftrightarrow}(P{\vee}{\neg}P){\wedge}(Q{\vee}{\neg}P){\wedge}(P{\vee}R){\wedge}(Q{\vee}R)$$
$${\Leftrightarrow}({\neg}P{\vee}Q){\wedge}(P{\vee}R){\wedge}(Q{\vee}R)$$

$$\Leftrightarrow((\neg P\vee Q)\vee(R\wedge\neg R))\wedge(P\vee(Q\wedge\neg Q)\vee R)$$
$$\wedge((P\wedge\neg P)\vee Q\vee R)$$
$$\Leftrightarrow(\neg P\vee Q\vee R)\wedge(\neg P\vee Q\vee\neg R)\wedge(P\vee Q\vee R)$$
$$\wedge(P\vee\neg Q\vee R)\wedge(P\vee Q\vee R)\wedge(\neg P\vee Q\vee R)$$
$$\Leftrightarrow(\neg P\vee Q\vee R)\wedge(\neg P\vee Q\vee\neg R)\wedge(P\vee Q\vee R)$$
$$\wedge(P\vee\neg Q\vee R)$$
$$\Leftrightarrow M_0\wedge M_2\wedge M_4\wedge M_5$$

说明：一般来说，n 个命题变项共有 2^n 个极小项（极大项），由此可以产生的主析取范式（主合取范式）数目为

$$C_{2^n}^0+C_{2^n}^1+\cdots+C_{2^n}^{2^n}=2^{2^n}$$

3. 主析取范式和主合取范式的关系

设 Z 为命题公式 A 的主析取范式中所有极小项的下标集合，R 为命题公式 A 的主合取范式中所有极大项的下标集合，则有

$$R=\{0,1,2,\cdots,2^n-1\}-Z\quad\text{或}\quad Z=\{0,1,2,\cdots,2^n-1\}-R$$

故已知命题公式 A 的主析取范式，可求得其主合取范式；反之亦然。

事实上，根据极小项、极大项的定义与性质，极小项 m_i 与极大项 M_i 具有以下关系：

$$\neg m_i\Leftrightarrow M_i,\ \neg M_i\Leftrightarrow m_i$$

例 1.18　证明：已知命题公式 A 的主析取范式，可求得其主合取范式。

设公式 A 含 n 个命题变项，A 的主析取范式含 $s(0<s<2^n)$ 个极小项，即

$$A\Leftrightarrow m_{i_1}\vee m_{i_2}\vee\cdots\vee m_{i_s},0\leqslant i_j\leqslant 2^n-1,j=1,2,\cdots,s$$

没有出现的极小项设为 $m_{j_1},m_{j_2},\cdots,m_{j_{2^n-s}}$。它们的角标的二进制表示为 $\neg A$ 的成真赋值，因而 $\neg A$ 的主析取范式为

$$\neg A=m_{j_1}\vee m_{j_2}\vee\cdots\vee m_{j_{2^n-s}}$$
$$A\Leftrightarrow\neg\neg A\Leftrightarrow\neg(m_{j_1}\vee m_{j_2}\vee\cdots\vee m_{j_{2^n-s}})\Leftrightarrow\neg m_{j_1}\wedge\neg m_{j_2}\wedge\cdots\wedge\neg m_{j_{2^n-s}}$$
$$\Leftrightarrow M_{j_1}\wedge M_{j_2}\wedge\cdots\wedge M_{j_{2^n-s}}$$

因此，若极小项 m_5 为 $P\wedge\neg Q\wedge R$，则极大项 M_5 为 $\neg P\vee Q\vee\neg R$。

◆ 1.3　命题逻辑的推理理论

数理逻辑的主要任务是用数学方法研究数学中的推理。推理是指从前提出发推出结论的思维过程。前提是已知命题公式集合。结论是从前提出发应用推理规则推出的命题公式。要研究推理，首先应该明确什么样的推理是有效的或正确的。

定义 1.20（推理有效）　设 $A_1,A_2,\cdots,A_k$ 和 B 都是命题公式，若对于 $A_1,A_2,\cdots,A_k$ 和 B 中出现的命题变项的任意一组赋值，或者 $A_1\wedge A_2\wedge\cdots\wedge A_k$ 为假，或者当 $A_1\wedge A_2\wedge\cdots\wedge A_k$ 为真时 B 也为真，则称由前提 $A_1,A_2,\cdots,A_k$ 推出 B 的推理是有效的或正确的，并称 B 是有效结论。

推理的形式结构有如下 3 种：

(1) 设 $\Gamma=\{A_1,A_2,\cdots,A_k\}$，记为 $\Gamma\vdash B$。

(2) $(A_1,A_2,\cdots,A_k)\rightarrow B$。

（3）前提：$A_1, A_2, \cdots, A_k$。

结论：B。

当推理正确时，形式（1）记为 $\Gamma \vDash B$；形式（2）记为 $(A_1 \wedge A_2 \wedge \cdots \wedge A_k) \Rightarrow B$，其中 $\Rightarrow$ 表示蕴涵式为重言式。

1.3.1　基于等值演算的命题逻辑推理

基于等值演算，可以进行命题逻辑的推理。

定理 1.10　命题公式 $A_1, A_2, \cdots, A_k$ 推出 B 的推理正确当且仅当 $(A_1, A_2, \cdots, A_k) \rightarrow B$ 为重言式。

例 1.19　用等值演算法判断下列推理是否正确。

下午马芳或去看电影或去游泳。她没去看电影，所以，她去游泳了。

解：符号化。设 P 为"马芳下午去看电影"，Q 为"马芳下午去游泳"，则推理的形式结构为 $((P \vee Q) \wedge \neg P) \rightarrow Q$。由于

$$((P \vee Q) \wedge \neg P) \rightarrow Q \Leftrightarrow \neg ((P \vee Q) \wedge \neg P) \vee Q \Leftrightarrow ((\neg P \wedge \neg Q) \vee P) \vee Q$$
$$\Leftrightarrow ((\neg P \vee P) \wedge (\neg Q) \vee P) \vee Q$$
$$\Leftrightarrow ((\neg Q) \vee P) \vee Q \Leftrightarrow 1$$

为永真式，故推理正确。

在推理过程中，会用到一些推理定律，形式如下：

（1）附加律：$A \Rightarrow (A \vee B)$。

（2）化简律：$(A \wedge B) \Rightarrow A$。

（3）假言推理：$(A \rightarrow B) \wedge A \Rightarrow B$。

（4）拒取式：$(A \rightarrow B) \wedge \neg B \Rightarrow \neg A$。

（5）析取三段论：$(A \vee B) \wedge \neg B \Rightarrow A$。

（6）假言三段论：$(A \rightarrow B) \wedge (B \rightarrow C) \Rightarrow (A \rightarrow C)$。

（7）等价三段论：$(A \leftrightarrow B) \wedge (B \leftrightarrow C) \Rightarrow (A \leftrightarrow C)$。

（8）构造性二难：$(A \rightarrow B) \wedge (C \rightarrow D) \wedge (A \vee C) \Rightarrow (B \vee D)$，$(A \rightarrow B) \wedge (\neg A \rightarrow B) \wedge (A \vee \neg A) \Rightarrow B$　（特殊形式）。

（9）破坏性二难：$(A \rightarrow B) \wedge (C \rightarrow D) \wedge (\neg B \vee \neg D) \Rightarrow (\neg A \vee \neg C)$。

说明：

（1）以上 A、B、C 为元语言符号，代表任意的命题公式。

（2）若一个推理的形式结构与某条推理定律对应的蕴涵式一致，则不用证明就可断定这个推理是正确的。

1.3.2　基于推理规则的命题逻辑推理

当推理中包含的命题变项较多时，上述方法演算量太大。自然推理系统 P 是另一种有效的推理方法。自然推理系统 P 由以下几部分组成：

（1）字母表。

① 命题变项符号：$p, q, r, \cdots, p_i, q_i, r_i, \cdots$。

② 联结词 $\neg$、$\wedge$、$\vee$、$\rightarrow$、$\leftrightarrow$。

③ 括号与逗号。

（2）合式公式。在自然推理系统 P 中，由 k 个前提 $A_1,A_2,\cdots,A_k$ 推出结论 B（形式结构 $A_1 \wedge A_2 \wedge \cdots \wedge A_k \rightarrow B$）的书写方法如下：

前提：$A_1,A_2,\cdots,A_k$。

结论：B。

其中，前提 $A_1,A_2,\cdots,A_k$ 和结论 B 都是合式公式。

（3）推理规则。

① 前提引入规则。

② 结论引入规则。

③ 置换规则。

由 1.3.1 节给出的 9 条推理定律可以产生 9 条推理规则，它们构成了推理系统中的推理规则。

（4）由 1.2.1 节给出的 15 组等值式中的每一个等值式都派生出两条推理定律。例如，双重否定律产生两条推理定律：$A \Rightarrow \neg\neg A$ 和 $\neg\neg A \Rightarrow A$，由此产生两条推理规则。

（5）假言推理规则：

$A \rightarrow B$

A

所以 B

（6）附加规则：

A

所以 $A \vee B$

（7）化简规则：

$A \wedge B$

所以 A

（8）拒取式规则：

$A \rightarrow B$

$\neg B$

所以 $\neg A$

（9）假言三段论规则：

$A \rightarrow B$

$B \rightarrow C$

所以 $A \rightarrow C$

（10）析取三段论规则：

$A \vee B$

$\neg B$

所以 A

（11）构造性二难推理规则：

$A \rightarrow B$

$C \rightarrow D$

$A \lor C$

所以 $B \lor D$

(12) 破坏性二难推理规则：

$A \to B$

$C \to D$

$\neg B \lor \neg D$

所以 $\neg A \lor \neg C$

(13) 合取引入规则：

A

B

所以 $A \land B$

例 1.20   在自然推理系统 P 中构造下面的推理证明。如果小张和小王去看电影，则小李去看电影；小赵不去看电影或小张去看电影；小王去看电影。因此，当小赵去看电影时，小李也去看电影。

证明：

将简单命题符号化。设 p 为"小张去看电影"，q 为"小王去看电影"，r 为"小李去看电影"，s 为"小赵去看电影"。

形式结构如下：

前提：$(p \land q) \to r, \neg s \lor p, q$。

结论：$s \to r$。

用附加前提证明。

(1) s	附加前提引入
(2) $\neg s \lor p$	前提引入
(3) p	(1)、(2) 析取三段论
(4) $(p \land q) \to r$	前提引入
(5) q	前提引入
(6) $p \land q$	(3)、(5) 合取
(7) r	(4)、(6) 假言推理

◆ 1.4   一阶逻辑的基本概念

在 1.1 节～1.3 节讲述的命题逻辑中，每个陈述句都是一个原子命题，原子命题无法进一步分解。但是，无论是在生活中还是在人工智能应用场景中，面对的都是较为复杂的环境，在这样的情况下很多问题无法用命题逻辑描述局部和整体、一般和个别的关系，为此，从本节开始引入谓词逻辑以表述更复杂的命题，以此揭示蕴含在陈述句中的个体、群体和关系等内在的丰富语义。

1.4.1   个体词、量词和谓词

在谓词逻辑中，将原子命题分解为个体词、量词和谓词，以表达个体与总体之间的内在

联系和数量关系。

定义 1.21（个体词） 研究领域中可以独立存在的具体或抽象的概念称为个体词。个体词一般充当主语的名词或代词。

例 1.21 在命题"电子计算机是科学技术的工具"中，个体词是"电子计算机"。

在命题"他是三好学生"中，个体词是"他"。

定义 1.22（个体常项） 表示具体或特定的客体的个体词称为个体常项，用 a、b、c 表示。

定义 1.23（个体变项） 表示抽象或泛指的客体的个体词称为个体变项，用 x,y,z 表示。

定义 1.24（个体域） 由个体组成的集合称为个体域或论域，也可以指个体变项的取值范围。个体域可以是有穷集合，如 $\{a,b,c\}$、$\{1,2\}$；也可以是无穷集合，如 $\mathbf{N}$、$\mathbf{Z}$、$\mathbf{R}$。

定义 1.25（全总个体域） 所有个体组成的个体域称为全总个体域，全总个体域包括宇宙间一切事物。

定义 1.26（量词） 量词分为全称量词和存在量词。全称量词用符号 $\forall$ 表示，其含义为"一切""凡是""所有""每一个"等；存在量词用符号 $\exists$ 表示，其含义为"存在""有一个""某些"等。

例 1.22 $\forall x$ 表示个体域中的所有个体，$\forall xP(x)$ 表示个体域中的所有个体具有性质 P。$\exists x$ 表示个体域中存在一个或若干个体，$\exists xP(x)$ 表示个体域中存在一个个体或若干个体具有性质 P。

说明：多个量词同时出现时，按从左到右的顺序阅读。另外，量词对变项的约束常与量词的次序有关，不同的量词次序可以产生不同的真值，不能随意改变量词的顺序。

例 1.23 考虑个体域为实数集，$H(x,y)$ 表示 $x+y=10$，则命题"对于任意的 x，都存在 y，使得 $x+y=10$"的符号化形式为 $\forall x\exists yH(x,y)$，为真命题。如果改变两个量词的顺序，即 $\exists y\forall xH(x,y)$，为假命题。

说明：个体变项在不同的个体域中取值对是否成为命题及命题的真值有很大的影响。

例 1.24 语句 $(\exists x)(x+6=5)$ 可表示为"有一些 x，使得 $x+6=5$"。该语句在下面两种个体域下有不同的真值。在实数域内确有 $x=-1$ 使得 $x+6=5$，因此，$(\exists x)(x+6=5)$ 为真；在正整数域内，则找不到任何 x 使得 $x+6=5$ 为真，所以 $(\exists x)(x+6=5)$ 为假。

定义 1.27（谓词） 谓词是用来刻画个体属性或者描述个体之间关系的元素，其值为真或为假。包含一个参数的谓词称为一元谓词，包含多个参数的谓词称为多元谓词。

例 1.25

(1)"π 是无理数"。π 是个体常项；"……是无理数"是谓词，记为 F。命题符号化为 $F(\pi)$。

(2)"x 是有理数"。x 是个体变项；"……是有理数"是谓词，记为 G。命题符号化为 $G(x)$。

(3)"小王与小李同岁"。"小王""小李"都是个体常项；"……与……同岁"是谓词，记为 H。命题符号化为 $H(a,b)$。其中，a 为"小王"，b 为"小李"。

(4)"x 与 y 具有关系 L"。x、y 都是个体变项，谓词为 L。命题符号化为 $L(x,y)$。

说明：谓词中个体词的顺序是十分重要的，不能随意变更。例如，当谓词 $F(a,b)$ 表示 a 大于 b 时，命题 $F(5,4)$ 为真，但命题 $F(4,5)$ 为假。

定义 1.28（谓词常项） 谓词常项是表示具体的或特定的谓词，用大写字母表示，如例 1.25 中的谓词 F、G、H。

定义 1.29（谓词变项） 谓词变项是表示抽象的、泛指的性质或关系的谓词,用大写字母表示,如例 1.25 中的谓词 L。

n 元谓词：$P(x_1, x_2, \cdots, x_n)$ 表示含 n 个个体变项的 n 元谓词,其中 $n \geqslant 1$。

$n = 1$ 时为一元谓词,表示 x_i 具有性质 P。

$n \geqslant 2$ 时为多元谓词,表示 $x_1, x_2, \cdots, x_n$ 具有关系 P。

说明：一元谓词用以描述某一个个体的某种性质,而 n 元谓词用以描述 n 个个体之间的关系。零元谓词是不含个体变项的谓词,如 $F(a)$、$G(a,b)$、$P(a_1, a_2, \cdots, a_n)$。

说明：n 元谓词不是命题,只有用谓词常项取代谓词变项 P,用个体常项取代个体变项 $x_1, x_2, \cdots, x_n$ 时,才能使 n 元谓词变为命题。

定义 1.30（特性谓词） 在使用全总个体域时,要对每一个句子中个体变项与其他个体变项(事物)加以区分,为此引进了谓词 $M(x)$,称为特性谓词。

说明：特性谓词在加入命题函数中时必须遵循如下原则：

(1) 对于全称量词,刻画其对应个体域的特性谓词作为蕴涵式的前件加入。

(2) 对于存在量词,刻画其对应个体域的特性谓词作为合取式的合取项加入。

例 1.26 设：(a)个体域 D_1 为人类集合；(b)个体域 D_2 为全总个体域。在个体域分别限制为(a)和(b)条件时,将下面两个命题符号化。

(1) 凡人都呼吸。

(2) 有的人用左手写字。

解：当个体域为人类集合时,令 $F(x)$ 为“x 呼吸”,$G(x)$ 为“x 用左手写字”。

(1) 在个体域中除了人外再别的东西,因而“凡人都呼吸”符号化为 $\forall x F(x)$。

(2) 在个体域中除了人外再别的东西,因而“有的人用左手写字”符号化为 $\exists x G(x)$。

当个体域为全总个体域时,除了人外,还有万物,所以必须将人先分离出来。

令 $F(x)$ 为“x 呼吸”,$G(x)$ 为“x 用左手写字”,$M(x)$ 为“x 是人”。

(1) “凡人都呼吸”符号化为 $\forall x(M(x) \rightarrow F(x))$。不能符号化为 $\forall x(M(x) \wedge F(x))$,否则含义发生改变。

(2) “有的人用左手写字”符号化为 $\exists x(M(x) \wedge G(x))$。不能符号化为 $\forall x(M(x) \rightarrow G(x))$,否则含义发生改变。

说明：同一命题在不同的个体域中符号化的形式可能不同,如例 1.26 所示。另外,有些命题在进行符号化时形式可不止一种,但它们表示的含义是相同的。

例 1.27 “并不是所有的兔子都比乌龟跑得快”。该命题可以符号化为以下两种形式不同但含义完全相同的一阶逻辑公式：

$$\neg \forall x \forall y (F(x) \wedge G(y) \rightarrow H(x,y))$$
$$\exists x \exists y (F(x) \wedge G(y) \rightarrow \neg H(x,y))$$

1.4.2 一阶逻辑公式及解释

同在命题逻辑中一样,在一阶逻辑中进行演算和推理时,必须给出一阶逻辑公式的定义、解释及其公式类型。

定义 1.31（一阶语言） 一阶语言 F 的字母表定义如下：

（1）个体常项：$a,b,c,\cdots,a_i,b_i,c_i,\cdots,i\geqslant1$。

（2）个体变项：$x,y,z,\cdots,x_i,y_i,z_i,\cdots,i\geqslant1$。

（3）函数符号：$f,g,h,\cdots,f_i,g_i,h_i,\cdots,i\geqslant1$。

（4）谓词符号：$F,G,H,\cdots,F_i,G_i,H_i,\cdots,i\geqslant1$。

（5）量词符号：$\exists,\forall$。

（6）联结词符号：$\neg,\wedge,\vee,\rightarrow,\leftrightarrow$。

（7）括号与逗号。

定义 1.32（项）　项由以下规则定义：

（1）个体常项和个体变项是项。

（2）若 $\varphi(x_1,x_2,\cdots,x_n)$ 是任意的 n 元函数，$t_1,t_2,\cdots,t_n$ 是任意的 n 个项，则 $\varphi(t_1,t_2,\cdots,t_n)$ 是项。

有限次地使用上述规则产生的符号串是项。

定义 1.33（原子谓词公式）　若 $P(x_1,x_2,\cdots,x_n)$ 是 L 的任意 n 元谓词，$t_1,t_2,\cdots,t_n$ 是 L 的任意 n 个项，则称 $P(t_1,t_2,\cdots,t_n)$ 是原子谓词公式，简称原子公式。

定义 1.34（合式公式）　由逻辑联结词和原子公式构成的用于陈述事实的复杂语句称为合式公式，又称谓词公式。它由以下规则定义：

（1）命题常项、命题变项、原子谓词公式是合式公式。

（2）如果 A 是合式公式，则 $\neg A$ 也是合式公式。

（3）如果 A 和 B 是合式公式，则 $A\wedge B$、$A\vee B$、$A\rightarrow B$、$B\rightarrow A$、$B\leftrightarrow A$ 都是合式公式。

（4）如果 A 是合式公式，x 是个体变项，则 $(\exists x)A(x)$ 和 $(\forall x)A(x)$ 也是合式公式。

有限次地使用上述规则构成的表达式是合式公式，也称一阶谓词逻辑公式。

说明：由以上定义可见，本章 1.1 节～1.3 节所述命题逻辑公式是谓词逻辑公式的特例。这里之所以称为一阶谓词逻辑，是因为量词只作用在个体变项上。如果量词可以作用在谓词或函数符号上，那就是二阶谓词逻辑，如 $\forall p\forall x(p(x))$ 就是二阶谓词逻辑。限于篇幅，本书只讨论一阶谓词逻辑公式，简称一阶逻辑公式。

定义 1.35（辖域）　量词的约束范围称为量词的辖域。

定义 1.36（约束变项和自由变项）　在全称量词或存在量词的约束条件下的变量符号称为约束变项。不受全称量词或存在量词约束的变量符号称为自由变项。

例 1.28　在 $\forall x(F(x,y)\rightarrow\exists yG(x,y,z))$ 中，$\forall x$ 的辖域为 $(F(x,y)\rightarrow\exists yG(x,y,z))$，指导变项为 x；$\exists y$ 的辖域为 $G(x,y,z)$，指导变项为 y。x 的两次出现均为约束出现；y 的第一次出现为自由出现，第二次出现为约束出现；z 为自由出现。

定义 1.37（解释）　将公式中的个体、谓词以及函数都替换为特定的、具体的值（赋值），称为解释。设一阶语言 L 的个体常项集为 $\{a_i|i\geqslant1\}$，函数符号集为 $\{f_i|i\geqslant1\}$，谓词符号集为 $\{F_i|i\geqslant1\}$，L 的解释 I 由下面 4 部分组成：

（1）非空个体域 D_I。

（2）每一个个体常项 $a_i\in D$ 称作在 I 中的解释。

（3）对每一个函数符号 f_i，设其为 m 元的，$\bar{a}_i$ 是 D_I 上的 m 元函数，称作 f_i 在 I 中的解释。

（4）对每一个谓词符号 F_i，设其为 n 元的，$\overline{F_i}$ 是一个 n 元谓词，称作 F_i 在 I 中的解释。

定义 1.38（闭式）   不含自由出现的个体变项的公式称为闭式。

用 $A(x_1, x_2, \cdots, x_n)$ 表示含 $x_1, x_2, \cdots, x_n$ 自由出现的公式，用 △ 表示任意量词（∀ 或 ∃），则 $\triangle x_n \cdots \triangle x_2 \triangle x_1 A(x_1, x_2, \cdots, x_n)$ 为不含自由出现的个体变项的公式，即闭式。

定理 1.11   封闭的公式在任何解释下都变成命题。

与命题公式类似，一阶逻辑公式也分为永真式、永假式和可满足式。

定义 1.39（永真式、永假式、可满足式）

设 A 为一个公式，若 A 在任何解释下均为真，则称 A 为永真式（或称逻辑有效式）。

设 A 为一个公式，若 A 在任何解释下均为假，则称 A 为永假式（或矛盾式）。

设 A 为一个公式，若至少存在一个解释使 A 为真，则称 A 为可满足式。

例 1.29   下列公式中，哪些是永真式，哪些是永假式？

(1) $\forall x(F(x) \rightarrow G(x))$。

(2) $\forall xF(x) \rightarrow (\exists x \exists yG(x,y) \rightarrow \forall xF(x))$。

(3) $\neg(\forall xF(x) \rightarrow \exists yG(y)) \wedge \exists yG(y)$。

解：

(1) $\forall x(F(x) \rightarrow G(x))$ 有以下两种解释：

① 个体域为实数集合 **R**，$F(x)$ 为"x 是整数"，$G(x)$ 为"x 是有理数"，公式真值为真。

② 个体域为实数集合 **R**，$F(x)$ 为"x 是无理数"，$G(x)$ 为"x 能表示成分数"，公式真值为假。

所以该公式为可满足式。

(2) $\forall xF(x) \rightarrow (\exists x \exists yG(x,y) \rightarrow \forall xF(x))$ 为 $p \rightarrow (q \rightarrow p)$（重言式）的代换实例，故为永真式。

(3) $\neg(\forall xF(x) \rightarrow \exists yG(y)) \wedge \exists yG(y)$ 为 $\neg(p \rightarrow q) \wedge q$（矛盾式）的代换实例，故为永假式。

◇ 1.5   一阶逻辑的等值演算

在实际应用中，同一含义的某些一阶逻辑公式可以有不同的符号化形式。

例 1.30   "没有不犯错误的人"。

令 $M(x)$ 为"x 是人"，$F(x)$ 为"x 犯错误"，则上述语句有以下两种正确的符号化形式：

(1) $\neg \exists x(M(x) \wedge \neg F(x))$。

(2) $\forall x(M(x) \rightarrow F(x))$。

这两个一阶逻辑公式是等值的。

1.5.1   一阶逻辑的等值概念及基本等值式

定义 1.40（等值）   设 A、B 是一阶逻辑中的任意两个公式，若 $A \leftrightarrow B$ 是永真式，则称 A 与 B 是等值的，记为 $A \Leftrightarrow B$，称 $A \Leftrightarrow B$ 是等值式。

判断公式 A 与 B 是否等值，等价于判断公式 $A \leftrightarrow B$ 是否为永真式。谓词逻辑中的等值式与命题逻辑中的相关等值式类似。

1. 谓词逻辑中的基本等值式

1）代换实例

由于命题逻辑中的重言式的代换实例都是一阶逻辑中的永真式,因而基于 1.2.1 节给出的 15 组等值式模式给出的代换实例都是一阶逻辑等值式。

例 1.31　基于命题逻辑的代换实例如下:

$$\forall xF(x) \Leftrightarrow \neg\neg\forall xF(x)$$　　　　　　　　　　（双重否定律）

$$F(x) \rightarrow G(y) \Leftrightarrow \neg F(x) \vee G(y)$$　　　　　　　　　　（蕴涵等值式）

$$\forall x(F(x) \rightarrow G(y)) \rightarrow \exists zH(z) \Leftrightarrow \neg\forall x(F(x) \rightarrow G(y)) \vee \exists zH(z)$$　　（蕴涵等值式）

2）消去量词等值式

设个体域为有限集 $D = \{a_1, a_2, \cdots, a_n\}$,则有

$$\forall xA(x) \Leftrightarrow A(a_1) \wedge A(a_2) \wedge \cdots \wedge A(a_n)$$

$$\exists xA(x) \Leftrightarrow A(a_1) \vee A(a_2) \vee \cdots \vee A(a_n)$$

3）量词否定等值式

设 $A(x)$ 是含自由出现个体变项 x 的任意公式,则

$$\neg\forall xA(x) \Leftrightarrow \exists x\neg A(x)$$

即"并不是所有的 x 都有性质 A"与"存在 x 没有性质 A"是一回事。

$$\neg\exists xA(x) \Leftrightarrow \forall x\neg A(x)$$

即"不存在有性质 A 的 x"与"所有 x 都没有性质 A"是一回事。

4）量词辖域收缩与扩张等值式

设 $A(x)$ 是含自由出现个体变项 x 的任意公式,B 中不含 x 的出现,则

$$\forall x(A(x) \vee B) \Leftrightarrow \forall xA(x) \vee B$$

$$\forall x(A(x) \wedge B) \Leftrightarrow \forall xA(x) \wedge B$$

$$\forall x(A(x) \rightarrow B) \Leftrightarrow \exists xA(x) \rightarrow B$$

$$\forall x(B \rightarrow A(x)) \Leftrightarrow B \rightarrow \forall xA(x)$$

$$\exists x(A(x) \vee B) \Leftrightarrow \exists xA(x) \vee B$$

$$\exists x(A(x) \wedge B) \Leftrightarrow \exists xA(x) \wedge B$$

$$\exists x(A(x) \rightarrow B) \Leftrightarrow \forall xA(x) \rightarrow B$$

$$\exists x(B \rightarrow A(x)) \Leftrightarrow B \rightarrow \exists xA(x)$$

5）量词分配等值式

设 $A(x)$、$B(x)$ 是含自由出现个体变项 x 的任意公式,则

$$\forall x(A(x) \wedge B(x)) \Leftrightarrow \forall xA(x) \wedge \forall xB(x)$$

$$\exists x(A(x) \vee B(x)) \Leftrightarrow \exists xA(x) \vee \exists xB(x)$$

说明:在约束变项相同的情况下,量词的运算满足分配律。但全称量词 $\forall$ 对 $\vee$ 无分配律,存在量词 $\exists$ 对 $\wedge$ 无分配律。

例 1.32　证明:全称量词 $\forall$ 对 $\vee$ 没有分配律,存在量词 $\exists$ 对 $\wedge$ 没有分配律。即

$$\forall x(A(x) \vee B(x)) \not\Leftrightarrow \forall xA(x) \vee \forall xB(x)$$

$$\exists x(A(x) \wedge B(x)) \not\Leftrightarrow \exists xA(x) \wedge \exists xB(x)$$

其中 $A(x)$、$B(x)$ 为含 x 自由出现的公式。

证明:只要证明在某个解释下两边的公式不等值。取解释 I:个体域为自然数集合 **N**。

（1）取 $F(x)$ 为"x 是奇数"，代替 $A(x)$；取 $G(x)$ 为"x 是偶数"，代替 $B(x)$。则 $\forall x(A(x) \vee G(x))$ 为真命题，而 $\forall xA(x) \vee \forall xG(x)$ 为假命题，两边不等值。

（2）$\exists x(A(x) \wedge G(x))$ 表示"有些 x 既是奇数又是偶数"，为假命题；而 $\exists xA(x) \wedge \exists xG(x)$ 表示"有些 x 是奇数并且有些 x 是偶数"，为真命题。两边不等值。

当 $B(x)$ 换成没有 x 出现的 B 时，则有

$$\forall x(A(x) \vee B) \Leftrightarrow \forall xA(x) \vee B$$
$$\exists x(A(x) \wedge B) \Leftrightarrow \exists xA(x) \wedge B$$

2. 一阶逻辑等值演算的规则

置换规则：设 $\Phi(A)$ 是含公式 A 的公式，$\Phi(B)$ 是用公式 B 取代 $\Phi(A)$ 中所有的 A 之后的公式。若 $A \Leftrightarrow B$，则 $\Phi(A) \Leftrightarrow \Phi(B)$。

换名规则：设 A 为一个公式，将 A 中某量词辖域中某约束变项的所有出现及相应的指导变项改成该量词辖域中未曾出现过的某个体变项符号，A 中其余部分不变，设所得公式为 A'，则 $A' \Leftrightarrow A$。

代替规则：设 A 为一个公式，将 A 中某个自由出现的个体变项的所有出现用 A 中未曾出现过的个体变项符号代替，A 中其余部分不变，设所得公式为 A'，则 $A' \Leftrightarrow A$。

当公式中存在多个量词时，若所有量词都是全称量词或者都是存在量词，则量词的位置可以互换；若这些量词中既有全称量词又有存在量词，则量词的位置不可以互换。

例 1.33 设个体域为 $D = \{a, b, c\}$，将下面各公式的量词消去：

（1）$\forall x(F(x \rightarrow G(x)))$。

（2）$\forall x(F(x) \vee \exists yG(y))$。

（3）$\exists x \forall y(F(x, y))$。

解：

（1）$\forall x(F(x \rightarrow G(x))) \Leftrightarrow (F(a) \rightarrow G(a)) \wedge (F(b) \rightarrow G(b)) \wedge (F(c) \rightarrow G(c))$

（2）$\forall x(F(x) \vee \exists yG(y)) \Leftrightarrow \forall xF(x) \vee \exists yG(y) \Leftrightarrow (F(a) \wedge F(b) \wedge F(c)) \vee (G(a) \vee G(b) \vee G(c))$

（3）$\exists x \forall y(F(x, y)) \Leftrightarrow \exists x(F(x, a) \wedge F(x, b) \wedge F(x, c))$
$\Leftrightarrow (F(a, a) \wedge F(a, b) \wedge F(a, c)) \vee (F(b, a) \wedge F(b, b) \wedge F(b, c)) \vee (F(c, a) \wedge F(c, b) \wedge F(c, c))$

在演算中先消去存在量词也可以，得到的结果是等值的：

$$\exists x \forall y(F(x, y)) \Leftrightarrow \forall yF(a, y) \vee \forall yF(b, y) \vee \forall yF(c, y)$$
$$\Leftrightarrow (F(a, a) \wedge F(a, b) \wedge F(a, c)) \vee (F(b, a) \wedge F(b, b)$$
$$\wedge F(b, c)) \vee (F(c, a) \wedge F(c, b) \wedge F(c, c))$$

1.5.2 一阶逻辑的前束范式

某些一阶逻辑公式千变万化，但这些形式是彼此等值的。为了统一形式及后面推理方便，本节引入公式的前束范式概念。

定义 1.41（前束范式） 设 A 为一个一阶逻辑公式，若 A 具有如下形式

$$Q_1x_1Q_2x_2 \cdots Q_kx_kB$$

则称公式 A 为前束范式，其中 $Q_i(1 \leqslant i \leqslant k)$ 为 $\forall$ 或 $\exists$ 量词，B 为不含量词的公式。

由定义 1.41 可知,前束范式把原逻辑公式所有的量词都提到了公式前面。

前束范式的例子:

$$\forall x \forall y (F(x) \wedge G(y) \rightarrow H(x,y))$$
$$\forall x \forall y \exists z (F(x) \wedge G(y) \wedge H(z) \rightarrow L(x,y,z))$$

不是前束范式的例子:

$$\forall x (F(x) \rightarrow \forall y (G(y) \wedge H(x,y)))$$
$$\exists x (F(x) \wedge \forall y (G(y) \rightarrow H(x,y)))$$

定理 1.12 一阶逻辑中的任何公式都存在与之等值的前束范式。

求一阶逻辑公式的前束范式有以下几点说明:

(1) 利用量词转化公式,把否定深入到指导变项的后面。

$$\forall x A(x) \Leftrightarrow \exists x \neg A(x)$$
$$\neg \exists x A(x) \Leftrightarrow \forall x \neg A(x)$$

(2) 利用 $\forall x(A(x) \vee B) \Leftrightarrow \exists x A(x) \vee B$ 和 $\exists x(A(x) \wedge B) \Leftrightarrow \exists x A(x) \wedge B$ 把量词移到全式的最前面,这样便得到前束范式。

(3) 求前束范式的过程就是量词辖域不断扩大的过程。

(4) 任何谓词逻辑公式都可以化为(都存在)与之等值的前束范式,但一般说来,其前束范式并不唯一。

例 1.34 求公式 $\forall x F(x) \wedge \neg \exists x G(x)$ 的前束范式。

(1) $\quad \forall x F(x) \wedge \neg \exists x G(x) \Leftrightarrow \forall x F(x) \wedge \neg \exists y G(y)$ （换名规则）
$\Leftrightarrow \forall x F(x) \wedge \forall y \neg G(y) \Leftrightarrow \forall x(F(x) \wedge \forall y \neg G(y))$
$\Leftrightarrow \forall x \forall y (F(x) \wedge \neg G(y)) \Leftrightarrow (\forall y \forall x(F(x) \wedge \neg G(y)))$

或者 $\quad \forall x F(x) \wedge \neg \exists x G(x) \Leftrightarrow \forall x F(x) \wedge \forall x \neg G(x) \Leftrightarrow \forall x(F(x) \wedge \neg G(x))$

(2) $\forall x F(x) \wedge \neg \exists x G(x) \Leftrightarrow \forall x F(x) \wedge \forall x \neg G(x)$
$\Leftrightarrow \forall x F(x) \wedge \forall y \neg G(y)$ （换名规则）
$\Leftrightarrow \forall x \forall y (F(x) \wedge \neg G(y))$

◇ 1.6 一阶逻辑的推理与应用

推理是人脑的一个基本而重要的功能,几乎所有的人工智能领域都与推理有关。将推理功能赋予计算机,以实现计算机推理,也称为自动推理。它是人工智能的核心课题之一,在医疗诊断、信息检索、规划制订和难题求解等方面都有十分重要而广泛的应用。本书将现实中的计算机推理问题转换成谓词逻辑公式(尤其是一阶逻辑公式)解决。

定义 1.42(一阶逻辑推理正确) 在一阶逻辑中,从前提 $A_1, A_2, \cdots, A_k$ 出发推出结论 B 的推理形式结构依然采用如下的蕴涵式形式:

$$A_1, A_2, \cdots, A_k \rightarrow B$$

$A_i(i=1,2,\cdots,k)$、B 都是一阶逻辑公式。若上述蕴涵式为永真式,则称推理正确;否则称推理不正确。当推理正确时,上式可记为 $A_1 \wedge A_2 \wedge \cdots \wedge A_k \Rightarrow B$,其中 $\Rightarrow$ 表示蕴涵式为重言式。

说明:计算机推理方法有很多,按不同标准可分为不同的推理方法,例如:

- 演绎推理(一般到个别)、归纳推理(个别到一般)。
- 启发式推理、非启发式推理。
- 正向推理、反向推理(目标驱动推理)、正反向混合推理、双向推理。
- 确定性推理、不确定性推理。
- 自然演绎推理、归结反演推理。

本节介绍一阶逻辑的自然演绎推理和归结反演推理。

1.6.1　一阶逻辑的自然演绎推理

自然演绎推理是利用经典逻辑的推理规则从一组已知事实中推导出结论的过程。在一阶逻辑的推理中,某些前提与结论可能受量词限制,为了使用命题逻辑中的等值式和推理定律,必须在推理过程中有消去和添加量词的规则,以便使谓词演算公式的推理可类似于命题演算推理那样进行。设 $A(x)$ 是谓词公式,x 和 y 是变项,a 是常量符号,则存在如下的消去和添加量词规则:

(1) 全称量词消去(Universal Instantiation,UI):$(\forall x)A(x) \rightarrow A(y)$。

(2) 全称量词引入(Universal Generalization,UG):$A(y) \rightarrow (\forall x)A(x)$。

(3) 存在量词消去(Existential Instantiation,EI):$(\exists x)A(x) \rightarrow A(a)$。

(4) 存在量词引入(Existential Generalization,EG):$A(a) \rightarrow (\exists x)A(x)$。

在谓词逻辑推理中,常用推理规则如下:

(1) 前提引入规则。

(2) 结论引入规则。

(3) 置换规则。

(4) 假言推理规则。

(5) 附加规则。

(6) 化简规则。

(7) 拒取式规则。

(8) 假言三段论规则。

(9) 析取三段论规则。

(10) 构造性二难推理规则。

(11) 合取引入规则。

(12) UI 规则。

(13) UG 规则。

(14) EI 规则。

(15) EG 规则。

根据上述推理规则,可以对谓词逻辑公式进行推理。如果结论是以蕴涵形式(或析取形式)给出的,还可以采用附加前提。若需消去量词,可以引用 UI 规则和 EI 规则。当要求的结论可能被定量时,可以引用 UG 规则和 EG 规则将其量词加入。在推导过程中,对消去量词的公式或公式中不含量词的子公式,完全可以引用命题演算中的基本等值式和基本推理规则;对含有量词的公式,可以引用谓词逻辑中的基本等值式和基本推理规则。例如,设 $A(x,y)$ 是包含变项 x、y 的谓词公式,则如下关系成立:

$$\forall x \forall y A(x,y) \Leftrightarrow \forall y \forall x A(x,y)$$
$$(\exists x)(\exists y)A(x,y) \Leftrightarrow (\exists y)(\exists x)A(x,y)$$
$$(\forall x)(\forall y)A(x,y) \Leftrightarrow (\exists y)(\forall x)A(x,y)$$
$$(\forall x)(\forall y)A(x,y) \Rightarrow (\exists x)(\forall y)A(x,y)$$
$$(\exists y)(\forall x)A(x,y) \Rightarrow (\forall x)(\exists y)A(x,y)$$
$$(\exists x)(\forall y)A(x,y) \Leftrightarrow (\forall y)(\exists x)A(x,y)$$
$$(\forall x)(\exists y)A(x,y) \Leftrightarrow (\exists y)(\exists x)A(x,y)$$
$$(\forall y)(\exists x)A(x,y) \Rightarrow (\exists x)(\exists y)A(x,y)$$

说明：同命题逻辑推理类似，一阶逻辑公式中的每一个等值式都派生出两条方向相反的推理规则。此外，在一阶逻辑推理中，还有以下几点需要注意。

(1) 若既要使用 UI 规则又要使用 EI 规则消去一阶逻辑公式中的量词，而且选用的个体是同一个符号，则必须先使用 EI 规则，再使用 UI 规则，然后使用命题演算中的推理规则，最后使用 UG 规则或 EG 规则引入量词，得到所要的结论。

(2) 对一个变量，若使用 EI 规则消去量词，则在为该变量引入量词时，只能使用 EG 规则，而不能使用 UG 规则；若使用 UI 规则消去量词，则在为该变量引入量词时，可使用 EG 规则和 UG 规则。

(3) 若有含两个存在量词的公式，当用 EI 规则消去量词时，不能选用同一个常量符号取代公式中的两个变项，而应该用不同的常量符号取代它们。

(4) 在用 UI 规则和 EI 规则消去量词、用 UG 规则和 EG 规则引入量词时，该量词必须位于整个公式的最前端，并且它的辖域为其后的整个公式。

例 1.35　在自然推理系统中，构造下面推理的证明：

任何自然数都是整数。存在着自然数。所以存在着整数。个体域为实数集合 **R**。

解：先将原子命题符号化。设 $F(x)$ 为" x 为自然数"，$G(x)$ 为" x 为整数"。

前提：$\forall x(F(x) \to G(x))$，$\exists x F(x)$。

结论：$\exists x G(x)$。

证明：

(1) $\exists x F(x)$	前提引入
(2) $F(c)$	(1)EI 规则
(3) $\forall x(F(x) \to G(x))$	前提引入
(4) $F(c) \to G(c)$	(3)UI 规则
(5) $G(c)$	(2)、(4)假言推理
(6) $\exists x G(x)$	(5)EG 规则

1.6.2　一阶逻辑的归结反演推理

1.6.1 节介绍的自然演绎推理条理清晰、容易理解，但也存在容易产生组合爆炸、中间结论一般呈指数级增长的缺点。一阶逻辑公式除了类似于命题逻辑中的等值演算推理、自然演绎推理，还存在归结反演推理。归结反演亦称消解反演，是一种应用归结原理证明结论或定理为真的计算机推理过程，它所使用的证明方法与数学中的反证法思想十分相似。1936年，图灵(Turing)和丘奇(Church)相互独立地证明了：没有一般的方法可在有限步内判定一阶逻辑的公式是永真的(或永假的)。但是,如果公式的确是永真的(或永假的),则能在有限步内判定;如果公式不是永真(或永假),则不一定在有限步内得到结论,判定过程可能是无限长。

为自动证明某些特殊的一阶(谓词)逻辑公式是永真(或永假)式,1965 年,鲁滨逊(J.A. Robinson)提出归结原理。归结原理的基本思想:证明(用谓词公式表达的)定理就是要证明"前提→结论"是永真式,即,对任一种解释,谓词公式都为真。

直接对每个解释求证谓词公式为真,然后归纳,这是很麻烦的,甚至是不可能的。要证明"前提→结论"是永真式,等同于证明:若"前提 $\wedge \neg$ 结论"真的是永假式,则寻找到合适的算法,就可在有限步内判定"前提 $\wedge \neg$ 结论"是永假式。归结反演证明的具体过程或步骤如下:

(1) 将已知前提表示为谓词公式集 F。

(2) 将待证明的结论表示为谓词公式 Q,并否定得到 $\neg Q$,把 $\neg Q$ 并入谓词公式集 F 中,得到 $\{F, \neg Q\}$。

(3) 通过等值演算得出以上谓词公式的前束范式。

(4) 求出所有谓词公式的 Skolem 标准型。

(5) 根据各 Skolem 标准型,把公式集 $\{F, \neg Q\}$ 化为子句集 S。

(6) 应用归结原理对子句集 S 中的子句进行归结,并把每次归结得到的归结式都并入 S 中,即中间产生的归结式可参与以后的归结。

(7) 如此反复进行,若出现了空子句,则停止归结,此时就证明了 Q 为真,证毕。

在以上谓词公式的归结过程中,要用到以下概念或定义:

定义 1.43(Skolem 标准型) 消去量词后的谓词公式称为 Skolem 标准型。

由前束范式得到 Skolem 标准型,需要遵循量词消去原则:消去存在量词,略去全称量词。具体如下:

(1) 当存在量词位于某全称量词的辖域内,即存在量词左边有全称量词时,用 Skolem 函数(以全称量词作为自变量的函数)代替,从而消去存在量词。

(2) 当存在量词不位于任何全称量词的辖域内时,则用一个常量符号代替该存在量词辖域内的相应约束变项,这个常量称为 Skolem 常量。

(3) 直接略去全称量词。

说明:在上述(1)中,由于存在量词在全称量词的辖域之内,其约束变项的取值完全依赖于全称变量的取值,因而需要引入 Skolem 函数而不是常量以反映这种依赖关系。

例 1.36 根据量词消去规则(1),$\forall x \exists y P(x, y)$ 的 Skolem 标准型为 $\forall x P(x, f(x))$。

根据量词消去规则(2),$\exists x P(x)$ 的 Skolem 标准型为 $P(a)$。

根据量词消去规则(3),$\forall x \forall y P(x, y)$ 变为 $P(x, y)$。

定义 1.44(文字、子句与子句集)

文字是不含任何连接词的谓词公式。

子句是一些文字的析取(谓词的和)。

子句集 S 的求取:G→Skolem 标准型,以",""取代"$\wedge$",并表示为集合形式。

例 1.37 求 $\neg \forall x \exists y P(a, x, y) \rightarrow \exists x (\neg \forall y Q(y, b) \rightarrow R(x))$ 的 Skolem 标准型。

解：

(1) 消去→,得到

$$\neg\neg\forall x\exists yP(a,x,y)\vee\exists x(\neg\neg\forall yQ(y,b)\vee R(x))$$

(2) ¬深入到量词后,得

$$\forall x\exists yP(a,x,y)\vee\exists x(\forall yQ(y,b)\vee R(x))$$

(3) 求前束范式,得

$$\forall x\exists yP(a,x,y)\vee\exists z(\forall wQ(w,b)\vee R(z))\quad\text{(换名)}$$
$$\forall x\exists yP(a,x,y)\vee\exists z\forall w(Q(w,b)\vee R(z))\quad\text{(辖域扩张)}$$
$$\forall x\exists y\exists z\forall w(P(a,x,y)\vee Q(w,b)\vee R(z))\quad\text{(辖域扩张)}$$

(4) 消去量词。消去存在量词,略去全称量词。

消去∃y,因为它左边只有∀x,所以使用x的函数f(x)代替之,这样得到

$$\forall x\exists z(P(a,x,f(x))\wedge\neg Q(z,b)\wedge\neg R(x))$$

消去∃z,同理使用g(x)代替之,得到

$$(\forall x)(P(a,x,f(x))\wedge\neg Q(g(x),b)\wedge\neg R(x))$$

略去全称量词,则原式的 Skolem 标准型为

$$P(a,x,f(x))\wedge\neg Q(g(x),b)\wedge\neg R(x)$$

说明：在对子句集进行归结反演时存在一些改进策略。由于事先不知道哪两个子句可以进行归结,更不知道通过对哪些子句对的归结可以尽快地得到空子句,因而必须对子句集中任何一个可归结的子句对都进行归结,即在子句集中采用了类似宽度优先搜索的方案搜索亲本子句,因此归结效率很低。目前有多种归结反演的改进策略,这些归结反演策略可分为两大类,分别是删除策略和限制策略。前一类通过删除某些无用的子句缩小归结的范围。后一类通过对参加归结的子句进行种种限制,尽可能地减小归结的盲目性,使其尽快地归结出空子句。

例 1.38 假设任何通过 AI 考试并获奖的人是快乐的,任何肯学习或幸运的人都可通过考试,张不肯学习但很幸运,任何幸运的人都能获奖,求证张是快乐的。

证明：假设谓词 $P(x,\text{AI})$ 表示"x 通过了 AI 考试",$W(x)$ 表示"x 获得了奖励",$H(x)$ 表示"x 是快乐的",$S(x)$ 表示"x 爱学习",$L(x)$ 表示"x 是幸运的",则前提的谓词公式表达如下：

$$\forall x(P(x,\text{AI})\wedge W(x)\rightarrow H(x))$$
$$\forall x(S(x)\vee L(x)\rightarrow P(x,\text{AI}))$$
$$\neg S(\text{zhang})\wedge L(\text{zhang})$$
$$\forall x(L(x)\rightarrow W(x))$$

结论否定的谓词公式是 ¬H(zhang)。

所有谓词公式已是前束范式,直接得 Skolem 标准型如下：

$$P(x,\text{AI})\wedge W(x)\rightarrow H(x)$$
$$S(x)\vee L(x)\rightarrow P(x,\text{AI})$$
$$\neg S(\text{zhang})\wedge L(\text{zhang})$$
$$L(x)\rightarrow W(x)$$
$$\neg H(\text{zhang})$$

将各 Skolem 标准型转换为如下合取范式：

$$\neg P(x, \text{AI}) \vee \neg W(x) \vee H(x)$$

$$(\neg S(x) \vee P(x, \text{AI})) \wedge (\neg L(x) \vee P(x, \text{AI}))$$

$$\neg S(\text{zhang}) \wedge L(\text{zhang})$$

$$\neg L(x) \vee W(x)$$

$$\neg H(\text{zhang})$$

列出所有子句如下：

(1) $\neg P(x, \text{AI}) \vee \neg W(x) \vee H(x)$

(2) $\neg S(x) \vee P(x, \text{AI})$

(3) $\neg L(x) \vee P(x, \text{AI})$

(4) $\neg S(\text{zhang})$

(5) $L(\text{zhang})$

(6) $\neg L(x) \vee W(x)$

(7) $\neg H(\text{zhang})$

归结如下：

(8) $\neg P(x, \text{AI}) \vee H(x) \vee \neg L(x)$	(1)、(6)归结
(9) $\neg P(\text{zhang}, \text{AI}) \vee \neg L(\text{zhang})$	(7)、(8)归结，$\{\text{zhang}/x\}$
(10) $\neg P(\text{zhang}, \text{AI})$	(5)、(9)归结
(11) $\neg L(\text{zhang})$	(3)、(10)归结，$\{\text{zhang}/x\}$
(12) 空	(5)、(11)归结

证明完毕。

◇ 习　题

1. 判断下列语句是不是命题。若是，给出命题的真值。

(1) 北京是中华人民共和国的首都。

(2) 陕西师大是一座工厂。

(3) 你喜欢唱歌吗？

(4) 若 $7+8>18$，则三角形有 4 条边。

(5) 今年夏天天气真热啊！

(6) 给我一杯水吧！

2. 写出命题公式 $\neg(P \rightarrow P \vee Q)$ 的真值表，并指出哪些是成真赋值，哪些是成假赋值。

3. 若 $P、Q、R$ 是命题变项，则 $(P \rightarrow (Q \wedge R) \rightarrow \neg Q)$ 是一个合式公式吗？为什么？

4. 判断公式 $(P \wedge R) \leftrightarrow \neg(P \vee Q)$ 的类型，即判断该公式是永真式、永假式还是可满足式。

5. 证明两个公式等值：$(P \leftrightarrow Q) \Leftrightarrow (P \wedge R) \vee (\neg P \wedge \neg Q)$。

6. 用等值演算法得到公式 $(P \rightarrow Q) \wedge (P \rightarrow R)$ 的主析取范式和主合取范式。

7. 已知命题公式 A 中含 3 个命题变项 $P、Q、R$，并知道它的成真赋值为 001、010、111，求 A 的主析取范式和主合取范式。

8. 某项工作需要派 A、B、C 和 D 4 个人中的两个人去完成,按下面 3 个条件选派,有哪几种派法?

(1) 若 A 去,则 C 和 D 中要去一个人。

(2) B 和 C 不能都去。

(3) 若 C 去,则 D 留下。

9. 4 支足球队进行比赛,已知情况如下,结论是否有效?

前提:(1) 若 A 队获冠军,则 B 队或 C 队获亚军。

(2) 若 C 队获亚军,则 A 队不能获冠军。

(3) 若 D 队获亚军,则 B 队不能获亚军。

(4) A 队获冠军。

结论:(5) D 队不是亚军。

10. 构造下列推理的论证。

前提:$(p \vee q)$,$(p \rightarrow \neg r)$,$(s \rightarrow t)$,$(\neg s \rightarrow r)$,$\neg t$。

结论:q。

11. 令谓词 $P(x)$ 表示"x 说德语",$Q(x)$ 表示"x 了解计算机语言 C++",个体域为清华大学全体学生的集合。用 $P(x)$、$Q(x)$、量词和逻辑联结词符号化下列语句。

(1) 清华大学有个学生既会说德语又了解 C++。

(2) 清华大学有个学生会说德语,但不了解 C++。

(3) 清华大学所有学生或会说德语,或了解 C++。

(4) 清华大学没有学生会说德语或了解 C++。

12. 判断下列谓词公式哪些是永真式,哪些是永假式,哪些是可满足式,并说明理由。

(1) $\forall x(P(x) \wedge Q(x)) \rightarrow (\forall x P(x) \wedge \forall y Q(y))$。

(2) $\neg(\forall x P(x) \rightarrow \exists y Q(y)) \wedge \exists y Q(y)$。

(3) $P(x,y) \rightarrow (Q(x,y) \rightarrow P(x,y))$。

13. 求下列谓词公式的前束析取范式和前束合取范式。

(1) $\forall x P(x) \rightarrow \exists y Q(x,y)$。

(2) $\forall x(P(x,y) \rightarrow \exists y Q(x,y,z))$。

14. 根据推理理论证明:每个考生或者勤奋或者聪明,所有勤奋的人都将有所作为,但并非所有考生都将有所作为,所以一定有些考生是聪明的。

第 2 章

数理逻辑程序实践

数理逻辑实验共 12 个,包括命题逻辑联结词、公式合法性判断、命题公式真值表生成、基于真值表法的主析取(合取)范式实现、命题逻辑推理、一阶逻辑推理等。

实验环境:Windows 7 旗舰版。

实验工具:Dev-C++ 5.8.3,C 或 C++ 。

◆ 实验 1　命题逻辑联结词

【实验目的】

熟悉命题逻辑中的逻辑联结词及其运算规则,利用程序语言实现二元合取、析取、蕴涵和等价的逻辑运算。

【实验内容】

从键盘输入两个命题变项 P 和 Q 的真值(1 代表 T,0 代表 F),求它们的合取、析取、蕴涵和等价的真值。

【实验原理】

(1) 合取。将两个命题 P、Q 联结起来,构成一个新的命题 $P \wedge Q$,读作"P、Q 的合取",也可读作"P 与 Q"或"P 并且 Q"。只有当两个命题变项 $P=$T、$Q=$T 时 $P \wedge Q=$T,而 P、Q 只要有一个为 F 则 $P \wedge Q=$F。

(2) 析取。将两个命题 P、Q 联结起来,构成一个新的命题 $P \vee Q$,读作"P、Q 的析取",也可读作"P 或 Q"。只有当两个命题变项 $P=$F,$Q=$F 时 $P \vee Q=$F,而 P、Q 只要有一个为 T 则 $P \vee Q=$T。

(3) 蕴涵。将两个命题 P、Q 联结起来,构成一个新的命题 $P \rightarrow Q$,读作"P 蕴涵 Q",也可读作"如果 P,那么 Q"。只有当两个命题变项 $P=$T、$Q=$F 时 $P \rightarrow Q=$F,其余情况均为 T。

(4) 等价。将两个命题 P、Q 联结起来,构成一个新的命题 $P \leftrightarrow Q$,读作"P 等价于 Q"。当两个命题变项 $P=$T、$Q=$T 或者 $P=$F、$Q=$F 时 $P \leftrightarrow Q=$T,其余情况均为 F。

【实验过程说明】

首先判断各个输入量是否合法,确定输入为 0 或 1,否则为出错,然后进行运算处理。注意,在这个实验中,与、或、非用 && 、|| 、! 表示。

【参考代码】

```c
#include <stdio.h>                                    //以下声明 4 个函数
void xiqu(int m, int n);                              //析取
void hequ(int m, int n);                              //合取
void yunhan(int m, int n);                            //蕴涵
void dengjia(int m, int n);                           //等价
int main()
{
    int p, q, e;
    printf("欢迎使用数理逻辑运算 \n");
    printf("请输入 p: ");
    scanf("%d", &p);
    while(p!=0&&p!=1)
    {
        printf("输入错误,请再次输入 p: ");              //检验输入是否为 1、0
        scanf("%d", &p);
    }
    printf("请输入 q: ");
    scanf("%d", &q);
    while(q!=0&&q!=1)
    {
        printf("输入错误,请再次输入 q: ");              //检验输入是否为 1、0
        scanf("%d", &q);
    }
    printf("1.析取 2.合取 3.蕴涵 4.等价 0.退出 5.再次输入 \n");   //主界面
    printf("请输入选项:");
    scanf("%d", &e);
    while(e)
    {
        switch(e)                                      //用 switch 语句进行选择
        {
            case 1:
                xiqu(p,q);
                break;
            case 2:
                hequ(p,q);
                break;
            case 3:
                yunhan(p,q);
                break;
            case 4:
                dengjia(p,q);
                break;
            case 5:                                    //可重新输入 p、q
                printf("请输入 p: ");
                scanf("%d", &p);
                while(p!=0&&p!=1)
                {   printf("输入错误,请再次输入 p: ");   //检验输入是否为 1、0
                    scanf("%d", &p);
```

```
                }
            printf("请输入 q: ");
            scanf("%d",&q);
            while(q!=0&&q!=1)
            {   printf("输入错误,请再次输入 q: ");   //检验输入是否为 1、0
                scanf("%d",&q);
            }
        }
        scanf("%d",&e);
    }

    return 0;
}
void xiqu(int m,int n)
{
    int b=1;
    if(m==0&&n==0)
    {  b=0;  }
    printf("析取值为:");
    printf("%d\n",b);
}
void hequ(int m,int n)
{
    int b=0;
    if(m==1&&n==1)
    {  b=1;  }
    printf("合取值为:");
    printf("%d\n",b);
}
void yunhan(int m,int n)
{
    int b=1;
    if(m==1&&n==0)
    {  b=0;  }
    printf("蕴涵值为:");
    printf("%d\n",b);
}

void dengjia(int m,int n)
{
    int b=0;
    if(m==1&&n==1)
    {  b=1;  }
    if(m==0&&n==0)
    {  b=1;  }
    printf("等价值为:");
    printf("%d\n",b);
}
```

◇ 实验 2　　公式合法性判断

【实验目的】

(1) 掌握命题公式的概念。

(2) 学会判断用户输入的命题公式是否合法。

(3) 提高利用程序设计语言编写代码的能力。

【实验内容】

由屏幕输入一个命题公式,包括命题变项(单个字母)、运算符(合取、析取、非、蕴涵、等价)、括号,判断其是否为合法的命题公式。

【实验原理】

命题公式是否合法需要按以下标准进行判断(见参考代码 1):

(1) 必须由字母、运算符、括号组成。

(2) 右括号后面不能接字母。

(3) 运算符后面不能接运算符或右括号。

(4) 左括号后面不能接运算符(! 除外)。

(5) 左括号前面不能有字母或右括号。

(6) 开头只能为!、字母或左括号。

(7) 结尾必须为字母或右括号。

(8) 左右括号必须匹配。

另外,还可通过检验这个式子最后能否计算出一个合法的值来判断命题公式是否合法(见参考代码 2),方法如下:

(1) 将所有命题常项和变项化成 1(规则 1)。

(2) 去掉命题公式中所有括号(规则 2)。

(3) 对合取、析取、非、蕴涵、等价联结词(运算符)进行化简,即将 1 * 1、1+1、!1、1-1、1＝1 化简为 1(规则 3)。

(4) 循环执行(3),直到不能再进行任何处理为止。

(5) 判断是否只剩下"1"。若是,则公式合法;否则,公式不合法。

【参考代码 1】

```cpp
#include "stdafx.h"
#include <iostream>
#include <iomanip>
#include <cstring>
#include <string>
#include <cmath>
using namespace std;
int number;
char * tmp;
int j = 0;
const int length = 6;                      //命题变项的最大长度
string expression;
```

```
bool first(string a);                    //命题公式必须由字母、运算符和括号组成
bool second(string a);                   //不允许右括号后接字母
bool third(string a);                    //不允许运算符后接运算符或右括号
bool fourth(string a);                   //不允许左括号后接运算符(!除外)
bool fifth(string a);                    //不允许左括号前有字母或右括号
bool sixth(string a);                    //命题公式开头必须是!、字母或左括号
bool seventh(string a);                  //命题公式结尾必须是字母或者右括号
bool eighth(string a);                   //左右括号匹配
int main()
{
    cout << "请输入命题公式,并以'#'号结束" << endl;
    getline(cin, expression);            //而不是 getline(cin,expression,'#')
    cout << "表达式为:" << expression << endl;

    if(first(expression) && second(expression) && third(expression) && fourth
(expression) && fifth(expression) && sixth(expression) && seventh(expression)
&& eighth(expression))
    cout << "命题公式合法" << endl;
    else
        cout << "命题公式不合法" << endl;
    system("pause");
    return 0;
}
bool first(string a)
{
    for(int i = 0; i < a.length() - 1; i++)
    {
        if(strchr("+-|&!()", a[i]) || (a[i] >= 'A'&&a[i] <= 'z'))
            continue;
        else
            return false;
    }
    return true;
}
bool second(string a)
{
    for(int i = 0; i <= a.length() - 1; i++)
    {
        if(a[i] == ')')
        {
            if(a[i + 1] >= 'A'&&a[i + 1] <= 'z')
                                    //A 的 ASCII 码值为 65,z 的 ASCII 码值为 122
            {
                return false;
            }
            else
                continue;
        }
        else
            continue;
```

```
    }
    return true;
}
bool third(string a)
{
    for(int i = 0; i < a.length() - 1; i++)
    {
        if(strchr("+-|&!", a[i]))
        {
            if(strchr("+-|&!", a[i + 1]) || a[i + 1] == ')')
                return false;
            else
                continue;
        }
        else
            continue;
    }
    return true;
}
bool fourth(string a)
{
    for(int i = 0; i < a.length() - 1; i++)
    {
        if(a[i] == '(')
        {
            if(strchr("+-|&", a[i + 1]))
                return false;
            else
                continue;
        }
        else
            continue;
    }
    return true;
}
bool fifth(string a)
{
    for(int i = 0; i < a.length() - 1; i++)
    {
        if(a[i] == '('&&i >= 1)
        {
            if(a[i - 1] == ')' || (a[i - 1] >= 'A'&&a[i - 1] <= 'z'))
                return false;
            else
                continue;
        }
        else
            continue;
    }
    return true;
```

```
}
bool sixth(string a)
{
    if(a[0] == '!' || (a[0] >= 'A'&&a[0] <= 'z') || a[0] == '(')
        return true;
    else
        return false;
}
bool seventh(string a)
{
    if((a[a.length() - 2] >= 'A'&&a[a.length() - 2] <= 'z') || a[a.length() - 2]
== ')')
        return true;
    else
        return false;
}

bool eighth(string a)
{
    int b = 0;
    char * tmp = new char[a.length() - number - 1];      //存放括号
    for(int i = 0, j = 0; i < a.length() - 1; i++)
    {
        if(strchr("()", a[i]))
        {
            tmp[j] = a[i];
            j++;
        }
        else
            continue;
    }
    for(int x = 0; x < (a.length() - 1 - number); ++x)
    {
        switch (tmp[x])
        {
        case '(':
            ++b;
            break;
        case ')':
            ++b;
            break;
        }
    }
    if(b % 2 == 0)
        return true;
    else
        return false;
}
```

【参考代码2】

```cpp
#include "stdio.h"
#include "string.h"
#include <iostream>
using namespace std;
void rule1(char a[],int i)                    //将所有命题变项和常项化简为1
{
    if((a[i]>='a')&&(a[i]<='z'))
    {
        a[i]='1';
    }
    else if(a[i]=='0')
    {
        a[i]='1';
    }
}
int rule2(char a[],int i)                      //去掉所有!和括号
{
    int n=strlen(a);
    int _result=0;
    if((i+1<n)&&(a[i]=='!')&&(a[i+1]=='1'))
    {
        a[i]='1';
        i++;
        while(a[i+1]!='\0')
        {
            a[i]=a[i+1];
            i++;
        }
        a[i]='\0';
        _result=1;
    }
    else if((i+2<n)&&(a[i]=='(')&&(a[i+1]=='1')&&(a[i+2]==')'))
    {
        a[i]='1';
        i++;
        while(a[i+2]!='\0')
        {
            a[i]=a[i+2];
            i++;
        }
        a[i]='\0';
        _result=1;
    }
    return _result;
}
int rule3Con(char a[],int i)                   //去掉合取运算符*
{
    int _result=0;
```

```
    int n=strlen(a);
    if((i+2<n)&&(a[i]=='1')&&(a[i+1]==' * ')&&(a[i+2]=='1'))
    {
        a[i]='1';
        i++;
        while(a[i+2]!='\0')
        {
            a[i]=a[i+2];
            i++;
        }
        a[i]='\0';
        _result=1;
    }
    return _result;
}
int rule3BiCond(char a[],int i)              //去掉等价运算符=
{
    int _result=0;
    int n=strlen(a);
    if((i+2<n)&&(a[i]=='1')&&(a[i+1]=='=')&&(a[i+2]=='1'))
    {
        a[i]='1';
        i++;
        while(a[i+2]!='\0')
        {
            a[i]=a[i+2];
            i++;
        }
        a[i]='\0';
        _result=1;
    }
    return _result;
}
int rule3Cond(char a[],int i)                //去掉蕴涵运算符-
{
    int _result=0;
    int n=strlen(a);
    if((i+2<n)&&(a[i]=='1')&&(a[i+1]=='-')&&(a[i+2]=='1'))
    {
        a[i]='1';
        i++;
        while(a[i+2]!='\0')
        {
            a[i]=a[i+2];
            i++;
        }
        a[i]='\0';
        _result=1;
    }
    return _result;
```

```
}
int rule3DisConj(char a[],int i)              //去掉析取运算符+
{
    int _result=0;
    int n=strlen(a);
    if((i+2<n)&&(a[i]=='1')&&(a[i+1]=='+')&&(a[i+2]=='1'))
    {
        a[i]='1';
        i++;
        while(a[i+2]!='\0')
        {
            a[i]=a[i+2];
            i++;
        }
        a[i]='\0';
        _result=1;
    }
    return _result;
}
void rule3(char a[],int i)
{
    int n=strlen(a);
    if((i+2<n)&&(a[i]=='1')&&((a[i+1]=='+')||(a[i+1]=='*')||(a[i+1]=='-')
||(a[i+1]=='='))
&&(a[i+2]=='1'))
    {
        a[i]='1';
        i++;
        while(a[i+2]!='0')
        {
            a[i]=a[i+2];
            i++;
        }
        a[i]='\0';
    }
}
int main(int argc,char * argv[])
{
    char pstate[120],pstate0[120];
    int i=0,nold=0,nnew=0;
    printf("请输入公式(析取+,合取 *,蕴涵-,等价=,非!):\n");
    gets(pstate0);
    fflush(stdin);
    nold=strlen(pstate0)+1;
    nnew=strlen(pstate0);
    for(i=0;i<nnew;i++)
    {
        pstate[i]=pstate0[i];
    }
    pstate[i]='\0';
```

```
i=0;
while(i<strlen(pstate))
{
    rule1(pstate,i);
    i++;
}
printf("按规则 1 处理后:%s\n",pstate);          //将所有命题变项和常项化简为 1
nold=strlen(pstate0)+1;
nnew=strlen(pstate);
while(nnew<nold)
{
    nold=strlen(pstate);
    i=0;
    while(i<strlen(pstate))
    {
        if(rule2(pstate,i)==0);
        {
            i++;
        }
    }
    printf("按规则 2 处理后:%s\n",pstate);      //去掉所有!和括号
    i=0;
    while(i<strlen(pstate))
    {
        if(rule3Con(pstate,i)==0)
        {
            i++;
        }
    }
    printf("按规则 3 处理合取后:%s\n",pstate);
    i=0;
    while(i<strlen(pstate))
    {
        if(rule3BiCond(pstate,i)==0)
        {
            i++;
        }
    }
    printf("按规则 3 处理等价后:%s\n",pstate);
    i=0;
    while(i<strlen(pstate))
    {
        if(rule3Cond(pstate,i)==0)
        {
            i++;
        }
    }
    printf("按规则 3 处理蕴涵后:%s\n",pstate);
    i=0;
    while(i<strlen(pstate))
```

```
        {
            if(rule3DisConj(pstate,i)==0)
            {
                i++;
            }
        }
        printf("按规则 3 处理析取后:%s\n",pstate);
        nnew=strlen(pstate);
    }
    if((pstate[0]=='1')&&(strlen(pstate)==1))
    {
        printf("%s is valid\n",pstate0);
    }
    else
    {
        printf("%s is invalid\n",pstate0);
    }
    return 0;
}
```

◆ 实验 3　命题公式真值表生成

【实验目的】

(1) 深入理解真值表的概念,并掌握真值表的求解方法。

(2) 提高编程能力。

【实验内容】

本实验编写一个程序输出命题公式的真值表。

(1) 分析命题公式 A。

(2) 对命题变项进行赋值并求命题公式的值。

(3) 输出真值表。

【实验原理】

去掉命题公式中的括号,并按照联结词(否定、合取、析取、蕴涵、等价)的真值情况对命题公式中出现的联结词进行化简,给出命题变项的每一组赋值,计算命题公式在每一组赋值下的真值,直到真值表构建完毕。

注意,本实验中用英文字母表示命题变项,每个命题变项有 0、1 两种取值,n 个命题变项共有 2^n 种取值,对应真值表有 2^n 行。另外,本实验命题公式中的联结词表示如下: !(非)、*(合取)、+(析取)、-(蕴涵)、=(等价)。

【参考代码】

```cpp
#include <iostream>
#include <cstring>
#include <cmath>
using namespace std;
int getAlpha(char sentence[], char a[])    //获取公式中的变量个数及名称
```

```
{
    int num = strlen(sentence);
    int key = 0;
    for(int i = 0; i < num; i++)
    {
        if(sentence[i] >= 'a' && sentence[i] <= 'z' || sentence[i] >= 'A' &&
sentence[i] <= 'Z')
        {
            int l = 0;
            for(int k = 0; k < key; k++)
            {
                if(sentence[i] == a[k])
                l++;
            }
            if(l == 0)
            {
                a[key] = sentence[i];
                key++;
            }
        }
    }
    return key;                              //返回个数
}
void negarecal(char a[])                     //!化简
{
    int i = 0, j = 0;
    int temp = 0;
    while(i < strlen(a))
    {
        temp = 0;
        if((i+1 < strlen(a)) && (a[i] == '!') && (a[i+1] == '1'))
        {
            a[i] = '0'; temp = 1;
        }
        else if ((i+1 < strlen(a)) && (a[i] == '!') && (a[i+1] == '0'))
        {
            a[i] = '1'; temp = 1;
        }

        if(temp == 1)
        {
            for( j = i+1; j < strlen(a) - 1; j++)
            {
                a[j] = a[j+1];
            }
            a[j] = '\0';
        }
        else i++;
    }
}
```

```
//对命题公式中的变量按次序赋值,有 2 的 key 次方组值
void removeP(char a[])                    //去括号
{
    int i = 0, j = 0;
    int temp = 0;
    while( i < strlen(a))
    {
        temp = 0;
        if((i + 2< strlen(a)) && (a[i] == '(') && (a[i +1] == '1') && (a[i +2] ==
')'))
        {
            a[i] = '1'; temp = 1;
        }
        else if((i + 2< strlen(a)) && (a[i] == '(') && (a[i +1] == '0') && (a[i +2]
== ')'))
        {
            a[i] = '0'; temp = 1;
        }
        if(temp == 1)
        {
            for( j = i+1; j < strlen(a) -1; j++)
            {
                a[j] = a[j+2];
            }
            a[j+1] = '\0';
        }
        else i++;
    }
}


void conjunction(char a[])                //合取式化简
{
    int i = 0, j = 0;
    int temp = 0;
    while( i < strlen(a))
    {
        temp = 0;
        if((i + 2< strlen(a)) && (a[i] == '0') && (a[i +1] == ' * ') && (a[i +2] ==
'0'))
        {
            a[i] = '0'; temp = 1;
        }
        else if((i + 2< strlen(a)) && (a[i] == '0') && (a[i +1] == ' * ') && (a[i +
2] == '1'))
        {
            a[i] = '0'; temp = 1;
        }
        else if((i + 2< strlen(a)) && (a[i] == '1') && (a[i +1] == ' * ') && (a[i +
2] == '0'))
        {
```

```
            a[i] = '0'; temp = 1;
        }
        else if((i + 2< strlen(a)) && (a[i] == '1') && (a[i +1] == '*') && (a[i +
2] == '1'))
        {
            a[i] = '1'; temp = 1;
        }

        if(temp == 1)
        {
            for( j = i+1; j < strlen(a)-1; j++)
            {
                a[j] = a[j+2];
            }
            a[j+1] = '\0';
        }
        else i++;
    }
}

void bicon(char a[])                              //等值式化简
{
    int i = 0, j = 0;
    int temp = 0;
    while(i < strlen(a))
    {
        temp = 0;
        if((i + 2< strlen(a)) && (a[i] == '0') && (a[i +1] == '=') && (a[i +2] ==
'0'))
        {
            a[i] = '1'; temp = 1;
        }
        else if((i + 2< strlen(a)) && (a[i] == '0') && (a[i +1] == '=') && (a[i +2]
== '1'))
        {
            a[i] = '0'; temp = 1;
        }
        else if((i + 2< strlen(a)) && (a[i] == '1') && (a[i +1] == '=') && (a[i +2]
== '0'))
        {
            a[i] = '0'; temp = 1;
        }
        else if((i + 2< strlen(a)) && (a[i] == '1') && (a[i +1] == '=') && (a[i +2]
== '1'))
        {
            a[i] = '1'; temp = 1;
        }

        if(temp == 1)
        {
```

```
        for( j = i+1; j < strlen(a)-1; j++)
        {
            a[j] = a[j+2];
        }
        a[j+1] = '\0';
    }
    else i++;
    }
}

void con(char a[])                    //蕴涵式化简
{
    int i = 0, j = 0;
    int temp = 0;
    while(i < strlen(a))
    {
        temp = 0;
        if((i + 2< strlen(a)) && (a[i] == '0') && (a[i +1] == '-') && (a[i +2] ==
'0'))
        {
            a[i] = '1'; temp = 1;
        }
        else if((i + 2< strlen(a)) && (a[i] == '0') && (a[i +1] == '-') && (a[i +2]
== '1'))
        {
            a[i] = '1'; temp = 1;
        }
        else if((i + 2< strlen(a)) && (a[i] == '1') && (a[i +1] == '-') && (a[i +2]
== '0'))
        {
            a[i] = '0'; temp = 1;
        }
        else if((i + 2< strlen(a)) && (a[i] == '1') && (a[i +1] == '-') && (a[i +2]
== '1'))
        {
            a[i] = '1'; temp = 1;
        }

        if(temp == 1)
        {
            for( j = i+1; j < strlen(a)-1; j++)
            {
                a[j] = a[j+2];
            }
            a[j+1] = '\0';
        }
        else i++;
    }
}
```

```
void extraction(char a[])                                    //析取式化简
{
    int i = 0, j = 0;
    int temp = 0;
    while(i < strlen(a))
    {
        temp = 0;
        if((i + 2< strlen(a)) && (a[i] == '0') && (a[i +1] == '+') && (a[i +2] ==
'0'))
        {
            a[i] = '0'; temp = 1;
        }
        else if((i + 2< strlen(a)) && (a[i] == '0') && (a[i +1] == '+') && (a[i +2]
== '1'))
        {
            a[i] = '1'; temp = 1;
        }
        else if((i + 2< strlen(a)) && (a[i] == '1') && (a[i +1] == '+') && (a[i +2]
== '0'))
        {
            a[i] = '1'; temp = 1;
        }
        else if((i + 2< strlen(a)) && (a[i] == '1') && (a[i +1] == '+') && (a[i +2]
== '1'))
        {
            a[i] = '1'; temp = 1;
        }

        if(temp == 1)
        {
            for( j = i+1; j < strlen(a)-1; j++)
            {
                a[j] = a[j+2];
            }
            a[j+1] = '\0';
        }
        else i++;
    }
}
int main()
{
    char OriFormula[120], Formula[120], CharL[120];
    cout << "Please input a Formula:" << endl;      //输入原公式
    cin >> OriFormula;
    int num = strlen(OriFormula);
    for(int i = 0; i < num; i++)
    {
        Formula[i] = OriFormula[i];                      //复制原公式供后面使用
    }
    Formula[num] = '\0';
```

```
//   cout << num <<endl << Formula;
     int variable = 0;                          //公式中变量的个数
     variable =getAlpha(OriFormula, CharL);
//   cout << variable << endl << CharL;         //输出变量个数和提取出的变量
     int line = 2;
     for(int i = 1; i < variable; i++)
     {
         line = line * 2;
     }
     int a[variable] = {0};
     a[variable - 1] = -1;

     for(int i = 0; i < variable; i++)           //打印真值表的表头
     {
         cout << CharL[i] << " ";
     }
     cout << " " << OriFormula << "真值" << endl;
     for(int i = 0; i < line; i++)               //按行循环
     {
         int d = variable;
         for(int j = d - 1; j >= 0; j--)
         {
             a[j]++;                             //给每一个变量赋值
             if(a[j] <= 1)
             break;
             else
             {
                 a[j] = 0;
                 d--;
             }

         }
         for(int j = 0; j < variable; j++)
         {
             if(a[j] == 1)
             {
                 for(int k = 0; k < num; k++)
                 {
                     if(Formula[k] == CharL[j])  //将每个变量的值放入公式中
                     Formula[k] = '1';
                 }
             }
             else
             {
                 for(int k = 0; k < num; k++)
                 {
                     if(Formula[k] == CharL[j])
                     Formula[k] = '0';
                 }
             }
```

```
        }
        for(int j = 0; j<variable; j++)
        {
            cout << a[j] << " ";                    //打印变量
        }
        cout << " " << Formula << "   ";            //打印赋值后的公式
        //利用推理定律进行推理
        int cnew = num;
        while(cnew > 1)
        {
            negarecal(Formula);                     //去！
//           cout << Formula <<endl;
            removeP(Formula);                       //去括号
//           cout << Formula <<endl;
            conjunction(Formula);                   //去合取
//           cout << Formula <<endl;
            bicon(Formula);                         //去等价
//           cout << Formula <<endl;
            con(Formula);                           //去蕴涵
//           cout << Formula <<endl;
            extraction(Formula);                    //去析取
//           cout << Formula <<endl;
            cnew = strlen(Formula);

        }
        cout << Formula <<endl;                     //打印真值
        for(int i = 0; i < num; i++)
    {
        Formula[i] = OriFormula[i];                 //在赋值后再恢复公式
    }
    Formula[num] = '\0';
    }
}
```

◆ 实验 4　基于真值表的主析取（合取）范式获取

【实验目的】

掌握通过真值表获取相应主析取范式和主合取范式的方法及原理。

【实验内容】

利用给定的真值表，编程获取与其对应的主析取范式和主合取范式。

【实验思路】

根据真值表，由取值为 1 的指派得到最小项，从而写出最小项的析取，得到主析取范式；由取值为 0 的指派得到最大项，从而写出最大项的合取，得到主合取范式。

【参考代码】

```
# include <iostream>
# include <cstdio>
```

```cpp
#include <cstdlib>
#include <vector>
#include <cstring>
#include <cmath>
#include <fstream>
using namespace std;

const int LEN=140+10;              //定义数组长度
char arr[LEN];                     //用来存放 2 的 n 次方个字符,n 表示变量个数
int brr[LEN][4+10];                //brr 用来存放真值表
int beg = 80;                      //字符 P 对应的 ASCII 码值
int sta1=0,sta2=0;                 //sta1 表示真值为 T 的个数,sta2 表示真值为 F 的个数
int main()
{
//   freopen("datain.txt", "r", stdin);
    memset(brr, 0, sizeof(brr));
    int num;                       //变量个数
    cout << "请输入变量个数:";
    cin >> num;
    cout << endl;
    int sum = pow(2, num);         //2^n
    cout << "请输入"<< sum << "个字符(用 T 或 F 表示) : ";
    for(int i = 1; i <= sum; i++)
    {
        cin >> arr[i];
        if(arr[i] == 'T')
            sta1++;
        else
            sta2++;
    }
    cout << endl;
    //处理真值表
    int cnt1 = 0, cnt2 = 1;
    for(int i = sum-1; i >= 0; i--)
    {
        cnt1 = 0;
        int val=i;
        while (cnt1 < num)
        {
            cnt1++;
            brr[cnt2][cnt1] = val%2;
            val = val/2;
        }
        cnt2++;
    }
    cout << "输出公式对应的真值表: " << endl;
    for(int i = 1; i <= num ;i++)
    {
        cout << char(beg++) << "          ";
    }
```

```
cout << 'A';
cout << endl;
cout << "———————————" << endl;
beg = 80;
for(int i = 1; i <= sum; i++)
{
    for(int j = num; j >= 1; j--)
    {
        if(brr[i][j] == 1)
            cout << 'T' << "        ";
        else
            cout << 'F' << "        ";
    }
    cout << arr[i];
    cout << endl;
}
cout << endl;
int k = 0;

cout << "输出主析取范式:" << endl;
for(int i = 1; i <= sum; i++)
{
    if(arr[i] == 'T')
    {
        k++;
        cout << '(';
        for(int j = num; j >= 1; j--)
        {
            if(brr[i][j] == 1)
            {
                cout << (char)(beg++);
            }
            else
            {
                cout << "¬" << (char)(beg++);
            }
            if(j != 1)
                cout << "∧";
        }
        cout << ')';
        if(k < sta1)
            cout << "∨";
    }
    beg = 80;
}
cout << endl
     << endl;
cout << "输出主合取范式:" << endl;
for(int i = 1; i <= sum; i++)
{
```

```
        if(arr[i] == 'F')
        {
            k++;
            cout << '(';
            for(int j = num; j >= 1; j--)
            {
                if(brr[i][j] == 0)
                {
                    cout << (char)(beg++);
                }
                else
                {
                    cout << "¬" << (char)(beg++);
                }
                if(j != 1)
                    cout << "∨";
            }
            cout << ')';
            if(k<sta2)
                cout << "∧";
        }
        beg = 80;
    }
    cout << endl;
    return 0;
}
```

◆ 实验 5   命题逻辑推理——电路开关表决

【实验目的】

加深对 5 个基本联结词(否定、合取、析取、蕴涵、等价)的理解,掌握利用基本等值式化简命题逻辑公式的方法。

【实验内容】

用化简命题逻辑公式的方法设计一个 5 人表决开关电路,要求 3 人以上(含 3 人)同意则表决通过。

【实验思路】

(1) 写出 5 人表决开关电路真值表,从真值表得出 5 人表决开关电路的主合取公式(或主析取公式),将公式化简成含 5 个基本联结词最少的等价公式。

(2) 等价公式中的每一个联结词是一个开关元件,将它们定义成 C 语言中的函数。

(3) 输入 5 人表决值(0 或 1),调用上面定义的函数,将 5 人表决开关电路真值表的等价公式写成一个函数表达式。

(4) 输出函数表达式的结果。如果是 1,则表决通过;否则表决不通过。

【参考代码】

```
#include <stdio.h>
int vote(int a, int b, int c, int d, int e)
{
    //5人中任取3人的不同取法有10种
    if(a&&b&&c || a&&b&&d || a&&b&&e || a&&c&&d || a&&c&&e || a&&d&&e || b&&c&&d ||
b&&c&&e || b&&d&&e || c&&d&&e)
        return 1;
    else
        return 0;
}

void main()
{
    int a, b, c, d, e;
    printf("请输入5个人的表决值(0或1,空格分开):");
    scanf("%d%d%d%d%d", &a, &b, &c, &d, &e);
    if(vote(a, b, c, d, e))
        printf("很好,表决通过!\n");
    else
        printf("遗憾,表决没有通过!\n");
}
```

◇ 实验6 命题逻辑推理——谁是作案者

【实验目的】

加深对命题逻辑推理方法的理解。

【实验内容】

根据下面的命题,用命题逻辑推理方法确定谁是作案者。

(1) 营业员A或B偷了手表。

(2) 若是A作案,则作案不在营业时间。

(3) 若B提供的证据正确,则货柜未上锁。

(4) 若B提供的证据不正确,则作案发生在营业时间。

(5) 货柜上了锁。

【实验思路】

(1) 符号化上面的命题,将它们作为条件,将营业员A偷了手表作为结论,得到一个复合命题。

(2) 将复合命题中要用到的联结词定义成C语言中的函数,用变量表示相应的命题变项,将复合命题写成一个函数表达式。

(3) 函数表达式中的变量赋初值1。如果函数表达式的值为1,则结论有效,A偷了手表;否则B偷了手表。

命题变项如下:A为"营业员A偷了手表";B为"营业员B偷了手表";C为"作案不在营业时间",D为"B提供的证据正确",E为"货柜未上锁",则上面的命题符号化为

$$(A||B)\ \&\&\ (!\,A\,||C)\ \&\&\ (!\,D\,||E)\ \&\&\ (D\,||!\,C)\ \&\&\ !\,E$$

找到满足上面式子的变项 A、B 的指派,便是结果。

【参考代码】

```
int A,B,C,D,E;
for(A=0;A<=1;A++)
    for(B=0;B<=1;B++)
        for(C=0;C<=1;C++)
            for(D=0;D<=1;D++)
                for(E=0;E<=1;E++)
                    if((A||B) && (!A||C) && (!D||E) && (D||!C) && !E)
                        printf("A=%d,B=%d\n",A,B);
/* 实验结果是:A=0,B=1,即 B 偷了手表 */
```

◇ 实验 7   命题逻辑推理——某件事是谁干的

【实验目的】

加深对命题逻辑推理方法的理解。

【实验内容】

某件事是甲、乙、丙、丁 4 人之一干的。询问 4 人,回答如下:

(1) 甲说是丙干的。

(2) 乙说自己没干。

(3) 丙说甲讲的不对。

(4) 丁说是甲干的。

若其中 3 人说的是真话,1 人说的是假话,这件事是谁干的?

【实验思路】

符号化上面的命题,设命题 a、b、c、d 分别表示是甲、乙、丙、丁干的,将它们作为条件,组合起来得到一个复合命题。根据最终的表述(其中 3 人说的是真话,1 人说的是假话)为真,得到命题 a、b、c、d 的真值。反过来根据上面命题符号化的逆向过程,从真值为 1 的命题推出结论。

【参考代码】

```
#include <iostream>
using namespace std;
int main()
{
    int a,b,c,d,q,r,s,m; /* a、b、c、d 分别表示这件事是甲、乙、丙、丁干的,q、r、s、m 表示"3
                           人说的是真话,1 人说的是假话"的各种情况表达式 */
    for(int a=0;a<=1;a++)
    {
        for(int b=0;b<=1;b++)
        {
```

```
        for(int c=0;c<=1;c++)
        {
            for(int d=0;d<=1;d++)
            {
                q=(a||b||c||d)&&!b&&!c&&(a&&!b&&!c&&!d);
                r=(!a&&!b&&c&&!d)&&b&&!c&&(a&&!b&&!c&&!d);
                s=(!a&&!b&&c&&!d)&&!b&&c&&(a&&!b&&!c&&!d);
                m=(!a&&!b&&c&&!d)&&!b&&!c&&!(a&&!b&&!c&&!d);
                if(q||r||s||m)
                {
                    if(a==1) cout<<"甲干的";
                    if(b==1) cout<<"乙干的";
                    if(c==1) cout<<"丙干的";
                    if(d==1) cout<<"丁干的";
                }
            }
        }
    }
    return 0;
}
```

◆ 实验 8   命题逻辑推理——王教授是哪里人

【实验目的】

加深对命题逻辑推理方法的理解。

【实验内容】

在某次研讨会的中间休息时间,3 名与会者根据王教授的口音对他是哪里人判断如下:

甲:王教授不是苏州人,是上海人。

乙:王教授不是上海人,是苏州人。

丙:王教授既不是上海人,也不是杭州人。

听完以上 3 人的判断后,王教授笑着说,他们 3 人中有一人说的全对,有一人说对了一半,有一人说的全不对。试用逻辑演算法分析王教授到底是哪里人。

【实验思路】

符号化上面的命题,设命题 p、q、r 分别表示王教授是苏州人、上海人、杭州人,将它们作为条件,组合起来得到一个复合命题。要通过逻辑演算将真命题找出来,p、q、r 中必有一个真命题、两个假命题。根据王教授的回复为真,得到命题 p、q、r 的真值。反过来根据上面命题符号化的逆向过程,从真值为 1 的命题推出结果。

设

- 甲的判断为 $A_1 = \neg p \wedge q$。
- 乙的判断为 $A_2 = p \wedge \neg q$。
- 丙的判断为 $A_3 = \neg p \wedge \neg q$。

则

- 甲的判断全对表示为 $B_1 = A_1 = \neg p \land q$。
- 甲的判断对一半表示为 $B_2 = (\neg p \land \neg q) \lor (p \land q)$。
- 甲的判断全错表示为 $B_3 = p \land \neg q$。
- 乙的判断全对表示为 $C_1 = A_2 = p \land \neg q$。
- 乙的判断对一半表示为 $C_2 = (p \land q) \lor (\neg p \land \neg q)$。
- 乙的判断全错表示为 $C_3 = \neg p \land q$。
- 丙的判断全对表示为 $D_1 = A_3 = \neg q \land r$。
- 丙的判断对一半表示为 $D_2 = (q \land \neg r) \lor (\neg q \land r)$。
- 丙的判断全错表示为 $D_3 = q \land r$。

王教授所说的话表示为

$$E = (B_1 \land C_2 \land D_3) \lor (B_1 \land C_3 \land D_2) \lor (B_2 \land C_1 \land D_3) \lor (B_2 \land C_3 \land D_1)$$
$$\lor (B_3 \land C_1 \land D_2) \lor (B_3 \land C_2 \land D_1)$$

该命题为真命题。

【参考代码】

```cpp
#include <iostream>
using namespace std;
int main()
{
    int p,q,r,a1,a2,a3,a4,a5,a6;
    //p、q、r分别表示王教授是苏州人、上海人、杭州人
    for(int p=0;p<=1;p++)
        for(int q=0;q<=1;q++)
            for(int r=0;r<=1;r++)
                //a1~a6代表6种可能情况
                a1=(!p&&q)&&((p&&q)||(!p&&!q))&&(q&&r);
                a2=(!p&&q)&&(!p&&q)&&((!q&&r)||(q&&r));
                a3=((!p&&!q)||(p&&q))&&(p&&!q)&&(q&&r);
                a4=((!p&&!q)||(p&&q))&&(!p&&q)&&(!q&&!r);
                a5=(p&&!q)&&((p&&q)||(!p&&!q))&&((!q&&r)||(q&&!r));
                a6=(p&&!q)&&((p&&q)||(!p&&!q))&&(!q&&!r);
                if((a1||a2||a3||a4||a5||a6)&&(p+q+r==1))
                {
                    if(p==1) cout<<"王教授是苏州人";
                    if(q==1) cout<<"王教授是上海人";
                    if(r==1) cout<<"王教授是杭州人";
                }
    return 0;
}
```

◇ 实验 9　命题逻辑推理——班委会选举

【实验目的】

加深对命题逻辑推理方法的理解。

【实验内容】

在某班班委会选举中,已知王小红、李强、丁金生 3 名同学被选进了班委会,该班的甲、乙、丙 3 名学生预言如下:

甲说:王小红为班长,李强为生活委员。

乙说:丁金生为班长,王小红为生活委员。

丙说:李强为班长,王小红为学习委员。

班委会分工名单公布后发现,甲、乙、丙 3 人都恰好猜对了一半。王小红、李强、丁金生各任何职?

【实验思路】

符号化上面的命题,设 a 表示"王小红是班长",b 表示"丁金生是班长",c 表示"李强是班长",d 表示"李强是生活委员",e 表示"王小红是生活委员",f 表示"王小红是学习委员"。将它们作为条件,组合起来得到一个复合命题。根据名单公布结果(甲、乙、丙 3 人都恰好猜对了一半)为真,得到命题 a、b、c、d、e、f 的真值。反过来根据上面命题符号化的逆向过程,从真值为 1 的命题推出结果。

【参考代码】

```cpp
#include <iostream>
using namespace std;
int main()
{
    int a,b,c,d,e,f;
    for(int a=0;a<=1;a++)  {
        for(int b=0;b<=1;b++)  {
            for(int c=0;c<=1;c++)  {
                for(int d=0;d<=1;d++)  {
                    for(int e=0;e<=1;e++) {
                        for(int f=0;f<=1;f++)  {
                            if(((a&&!d)||(!a&&d))&&((b&&!e)||(!b&&e))&&((c&&!f)||
                            (!c&&f))&&(a+b+c==1)&&(d+e==1)&&(a+e+f==1))
                            {
                                if(a==1) cout<<"王小红是班长 "<<endl;
                                if(b==1) cout<<"丁金生是班长 "<<endl;
                                if(c==1) cout<<"李强是班长 "<<endl;
                                if(d==1) cout<<"李强是生活委员 "<<endl;
                                if(e==1) cout<<"王小红是生活委员 "<<endl;
                                if(f==1) cout<<"王小红是学习委员 "<<endl;
                            }
                        }
                    }
                }
            }
        }
    }
    return 0;
}
```

◆ 实验 10　命题逻辑推理——谁在说谎

【实验目的】

加深对命题逻辑推理方法的理解。

【实验内容】

张三说李四在说谎,李四说王五在说谎,王五说张三和李四都在说谎,已知 3 个人中只有一个人说了真话,是谁说了真话?

【实验思路】

符号化上面的命题,设命题 p、q、r 分别表示张三、李四、王五说了真话。将它们作为条件,组合起来得到一个复合命题。根据最后的表述(3 个人中只有一个人说了真话)为真,得到命题 p、q、r 的真值。反过来根据上面命题符号化的逆向过程,从真值为 1 的命题推出结果。

【参考伪代码】

```
//符号化表示:p 为"张三说了真话"
//符号化表示:q 为"李四说了真话"
//符号化表示:r 为"王五说了真话"
//将 3 个人所说的 3 句话表示为 A、B、C 3 个命题
A = not q
B = not r
C = (not p) and (not q)
//用 E 表示题目,且 E 为真命题
E = ((not A) and (not B) and C)
    or ((not A) and B and (not C))
    or (A and (not B) and (not C))
if E==1:
    printf("%d,%d,%d"%(p,q,r))
```

◆ 实验 11　基于一阶逻辑的自然演绎推理

【实验目的】

(1) 加深对一阶逻辑自然演绎推理的理解。

(2) 提高编程能力。

【实验内容】

将已知判断中的知识表示成规则的形式(充分利用基本等值式、蕴涵式和推理规则),依据推理规则从前提出发推出待证明的结论。

【实验思路】

推理的大致思路及流程如下:

(1) 用户输入每个前提。

(2) 每当用户输入完一个前提,就立即处理该前提。

① 如果输入的内容长度为 1,直接保存起来,标注为普通文字,保存其理由。

② 如果输入的内容长度为 2,并且第一个字符为!,直接保存起来,当作普通文字,保存其理由。

③ 如果以上两条都不是,则遍历每一个字符,查找运算符。

- 如果包含字符"−",表示是一个蕴涵式,将其前件和后件分开保存,产生逆否命题后拆开保存,保存其理由。

- 如果包含字符"=",表示是一个等值式,将其转换成两个蕴涵式后将前件和后件分开保存,保存其理由。

- 如果包含字符"+",表示是一个析取式,将其转换成蕴涵式保存,将其逆否命题也保存起来,保存其理由。

④ 如果以上都不是,将输入的内容全部保存。

(3) 当用户什么都没有输入时,不再进行以上步骤。

(4) 用户输入完成后,将刚才保存起来的所有前提按照长度进行排序。

(5) 输入需要推出的结论。

(6) 开始保存假言推理。

① 从已经保存的前提中找到一个未使用过的条件式。

② 再找到一个未使用过的文字。

③ 如果该文字与条件式的前件相同,记录一次假言推理,推出条件式的后件为真,将其保存起来。

④ 重复步骤①～③,直到找不到尚未使用过的普通文字或者已经推出了结论为止。

(7) 以上步骤结束之后,打印步骤号、输入及推理出来的表达式、理由等信息。

【参考代码】

```cpp
#include <string>
#include <iostream>
#include <algorithm>
#include <time.h>
using namespace std;
struct oTm {
    string gs, gsLast, liyou;                    //前件与后件及理由
    int nText, nUsed, isText, isCond;
};
void nonoop2(string & aa) {
    int i = 0, j = 0;
    int len = aa.length();
    while(i < len - 2) {
        //至少还有两个字符
        if(((i+1) < len) && (aa[i] == '!') && (aa[i+1] == '!')) {
            j = i;
            aa = aa.substr(j + 2, len - 2);
            break;
        } else {
            i++;
        }
    }
```

```
    }
}
int setLiYou(struct oTm tmrec[], int np, string ly0, int j0, int j1, int nUsed0,
int isCond0, int isText0) {
    string stmpj0, stmpj1;
    stmpj0 = to_string(j0 + 1);
    stmpj1 = to_string(j1 + 1);
    if(j0 == -1) {
        tmrec[np].liyou = ly0;                           //原始前提
    } else if(j1 == -1) {
        tmrec[np].liyou = "(" + stmpj0 + ")" + ly0;      //由前一步所得结论
    } else {
        //由前两步推理所得
        tmrec[np].liyou = "(" + stmpj0 + ")" + "(" + stmpj1 + ")" + ly0;
    }
    tmrec[np].nUsed = nUsed0;                            //附加前提从未使用过
    tmrec[np].isCond = isCond0;                          //是条件式
    tmrec[np].isText = isText0;                          //是文字
}
int inputPrimary(struct oTm gs0[]) {
    struct oTm tmp;
    string pstate;
    string ly0 = "前提条件";
    string ly1 = "原命题的逆否命题";
    string ly2 = "等值式导出的蕴涵式";
    string ly3 = "析取式转换为蕴涵式";
    int i = 0, j = 0, nLen = 0, k = 0;
    int i0 = 0;                                          //原始条件
    printf("输完一个前提条件请按回车键,不输直接按回车键则结束\n 析取+,合取＊,蕴涵-,
等价=,否定!\n");
    while(1) {
        getline(cin, pstate);
        nLen = pstate.length();
        if(nLen == 0) {
            break;
        }
        //设置 nUsed、isText、isCond、nText 的值
        //判断是否为文字
        if(nLen == 1) {
            //标注单个文字
            gs0[i].nText= nLen;
            gs0[i].gs = pstate;                          //前件
            gs0[i].gsLast = "";                          //后件
            setLiYou(gs0, i, ly0, -1, -1, 0, 0, 1);
            //前提类型,无,无,未使用,不是蕴涵式,是文字
        } else if((nLen == 2) && (pstate[0] == '!')) {
            //标注!p
            gs0[i].nText = nLen;
            gs0[i].gs = pstate;                          //前件
            gs0[i].gsLast = "";                          //后件
```

```
            setLiYou(gs0, i, ly0, -1, -1, 0, 0, 1);
        } else {
            for(j = 0; j < nLen; j++) {
                if(pstate[j] == '-') {
                    //标注蕴涵式 p - q
                    gs0[i].nText = pstate.length();
                    gs0[i].gs = pstate.substr(0, j);          //复制前件
                    gs0[i].gsLast = pstate.substr(j + 1, nLen);     //复制后件
                    setLiYou(gs0, i, ly0, -1, -1, 0, 1, 0);   //前提,是条件,不是文字
                    //产生逆否条件 !q-!p
                    i++;
                    gs0[i].nText= gs0[i - 1].nText;
                    gs0[i].gsLast = "!" + pstate.substr(0, j);
                    nonoop2(gs0[i].gsLast);
                    //复制前件
                    gs0[i].gs = "!" + pstate.substr(j + 1, nLen);
                    nonoop2(gs0[i].gs);
                    setLiYou(gs0, i, ly1, i-1, -1, 0, 1, 0);  //前提,是条件,不是文字
                    break;
                } else if(pstate[j] == '=') {
                    //标注等值式
                    //先保存双条件
                    gs0[i].nText = pstate.length();
                    //保存全部
                    gs0[i].gs = pstate;
                    gs0[i].gsLast = "";
                    setLiYou(gs0,i,ly0,-1,-1,0,0,0);          //前提,不是条件,不是文字
                    //p-q
                    i++;
                    //复制前件
                    gs0[i].nText= pstate.length();
                    gs0[i].gs = pstate.substr(0, j);
                    //复制后件
                    gs0[i].gsLast = pstate.substr(j + 1, nLen);
                    setLiYou(gs0, i, ly2, i-1, -1, 0, 1, 0);  //前提,是条件,不是文字
                    //产生逆否条件 !q-!p
                    i++;
                    gs0[i].nText = gs0[i - 1].nText;
                    gs0[i].gsLast = "!" + pstate.substr(0, j);
                    nonoop2(gs0[i].gsLast);
                    //复制前件
                    gs0[i].gs = "!" + pstate.substr(j + 1, nLen);
                    nonoop2(gs0[i].gs);
                    setLiYou(gs0, i, ly1, i-1, -1, 0, 1, 0);  //前提,是条件,不是文字
                    //q-p
                    i++;
                    //复制前件
                    gs0[i].nText = pstate.length();
                    gs0[i].gsLast = pstate.substr(0, j);
                    //复制后件
```

```
            gs0[i].gs = pstate.substr(j + 1, nLen);
            setLiYou(gs0, i, ly2, i-2, -1, 0, 1, 0); //前提,是条件,不是文字

            //产生逆否条件 !p-!q
            i++;
            gs0[i].nText = gs0[i - 1].nText;
            gs0[i].gs = "!" + pstate.substr(0, j);
            nonoop2(gs0[i].gs);

            //复制前件
            gs0[i].gsLast = "!" + pstate.substr(j + 1, nLen);
            nonoop2(gs0[i].gsLast);
            setLiYou(gs0, i, ly1, i-1, -1, 0, 1, 0); //前提,是条件,不是文字
            break;
        } else if(pstate[j] == '+') {
            //标注析取式 p+q
            //保存析取式
            gs0[i].nText = pstate.length();
            //保存全部
            gs0[i].gs = pstate;
            gs0[i].gsLast = "";
            setLiYou(gs0, i, ly0, -1, -1, 0, 0, 0);
                                            //前提,不是条件,不是文字
            //!p-q
            i++;
            //复制前件
            gs0[i].nText = pstate.length();
            gs0[i].gs = "!" + pstate.substr(0, j);
            //复制后件
            gs0[i].gsLast = pstate.substr(j + 1, nLen);
            setLiYou(gs0, i, ly3, i-1, -1, 0, 1, 0); //前提,是条件,不是文字
            nonoop2(gs0[i].gs);
            //!q-p
            i++;
            //复制前件
            gs0[i].nText = pstate.length();
            gs0[i].gsLast = pstate.substr(0, j);
            //复制后件
            gs0[i].gs[0] = '!';
            gs0[i].gs = "!" + pstate.substr(j + 1, nLen);
            setLiYou(gs0, i, ly3, i-2, -1, 0, 1, 0); //前提,是条件,不是文字
            nonoop2(gs0[i].gs);
            break;
        }
    }
    if(j >= nLen) {                    //不是蕴涵式,也不是文字, 则是普通条件
        gs0[i].nText = pstate.length();
        gs0[i].gs = pstate;                        //保存全部
        gs0[i].gsLast = "";
        setLiYou(gs0, i, ly0, -1, -1, 0, 0, 0);        //前提,不是条件,不是文字
```

```cpp
                }
            }
            i++;                                //当前公式处理完之后,指针 i 的值增 1
        }
        nLen = i;                               //按字符串长度排序
        return nLen;
    }
    void printYsh(struct oTm tmrec[], int np) {
        int i = 0;
        for(i = 0; i < np; i++) {
            if(tmrec[i].isText == 1) {
                printf("(%d)\t%s 为真\t\t\t%s---文字\n", i+1, tmrec[i].gs.c_str(),
    tmrec[i].liyou.c_str());
            } else if(tmrec[i].isCond == 1) {
                printf("(%d)\t%s-%s 为真\t\t\t%s---蕴涵式\n", i+1, tmrec[i].gs.c_
    str(), tmrec[i].gsLast.c_str(), tmrec[i].liyou.c_str());
            } else {
                printf("(%d)\t%s 为真\t\t\t%s\n", i+1, tmrec[i].gs.c_str(), tmrec
    [i].liyou.c_str());
            }
        }
    }
    void printStruct(struct oTm tmrec[], int np) {
        for(int i = 0; i < np; i++) {
            cout << "{\n";
            cout << "\tgs:" << tmrec[i].gs << "\n";
            cout << "\tgsLast:" << tmrec[i].gsLast << "\n";
            cout << "\tliyou:" << tmrec[i].liyou << "\n";
            cout << "\tnText:" << tmrec[i].nText << "\n";
            cout << "\tnUsed:" << tmrec[i].nUsed << "\n";
            cout << "\tisText:" << tmrec[i].isText << "\n";
            cout << "\tisCond" << tmrec[i].isCond << "\n";
            cout << "}\n\n";
        }
    }
    int main() {
        struct oTm gs0[100];                    //推理前提条件
        string result0;                         //结论
        struct oTm tmrec[1024];                 //最多 1000 步
        string stmp;
        string lastLiYou = " ";                 //上个推理式的理由
        string ly01 = "假言推理";
        int i = 0, j = 0, k = 0;
        int np = 1, np0 = 0, isOk = 0;
        int i0=0, nPosText=0, nPosCond=0;       //文字起始位置,首个文字的位置,条件的位置
        np0 = inputPrimary(gs0);                //输入前提条件
        printf("输入推理式的结论,结论只是文字,\n 若是蕴涵式、析取式,请先手工转换为条件,
    将前件作为附加前提:\n");                      //输入结论
        getline(cin, result0);
        for(i = 0; i < np0; i++) {
```

```
            tmrec[i] = gs0[i];                          //所有原始公式复制到 tmrec 中
        }

    np = i;                                             //推理队列的尾部指针
    nPosText = 0;                                       //文字的位置号
    nPosCond = 0;                                       //条件的位置号
    isOk = 0;
    i0 = -1;
    while(1) {
        i=i0+1;                                         //寻找下一个文字,i 是起始位置,np 是命令串的长度
        while((i < np) && (tmrec[i].isText != 1)) {
            i++;
        }
        if(i > np) {
            break;                                      //找不到文字就停止推理
        }
        i0 = i;
        nPosText = i;                                   //记录文字的起始位置
        stmp = tmrec[i].gs;                             //保存当前的内容
        np0 = np - 1;
        while(np > np0) {
            np0 = np;
            for(i = 0; i < np; i++) {
                //找到一个没有用过的蕴涵式
                if((tmrec[i].isCond == 1) && (tmrec[i].nUsed == 0)) {
                    break;
                }
            }
            if(i == np) {
                break;                                  //没有找到则结束推理,所有蕴涵式都用到了
            }
            while(i < np) {                             //若找到了这样的条件
            if(tmrec[i].isCond == 1) {                  //若是蕴涵式
                if((lastLiYou != tmrec[i].liyou) ||(lastLiYou == tmrec[i].liyou
&&(tmrec[i].liyou[0] != '(') ) ){
                    //与上条命令的来源不同,但是同为前提条件是可以的,即首个字符不是"("
                    if(tmrec[i].gs == stmp) {           //蕴涵式的前件与文字相等
                    lastLiYou= tmrec[i].liyou;
                    tmrec[nPosText].nUsed++;            //这个文字用过一次了
                    tmrec[i].nUsed++;                   //这个条件用过一次了
                    stmp = tmrec[i].gsLast;             //将结果保存到推理序列中
                    tmrec[np].gs = stmp;                //将推出的结果保存起来
                    tmrec[np].gsLast[0] = '\0';         //后件清空,保存当前条件
                    setLiYou(tmrec, np, ly01, nPosText, i, 0, 0, 1);
                    //前提类型,有,无,未使用,不是条件式,是文字
                    nPosText = np;                      //记录当前文字的序号
                    np++;
                    if(result0 == stmp) {
                        isOk=11;
```

```
                }
            }
        }
        i++;                           //判断下一个表达式是否为条件,是否为可推理的蕴涵式
        }
            if(isOk == 1) {
                break;
            }
        }
        if(isOk == 1) {
            break;
        }
    }
    if(isOk == 1) {
        printf("success,推理过程如下:\n");
    } else {
        printf("failed,推理过程如下:\n");
    }
    printYsh(tmrec, np);
}
```

◇ 实验 12　基于一阶逻辑的归结反演推理

【实验目的】

(1) 加深对一阶逻辑推理方法的理解。

(2) 熟练掌握一阶逻辑的归结策略,掌握计算机推理的实现过程。

(3) 提高编程能力。

【实验内容】

对于任意给定的一阶逻辑公式实现归结反演推理:

(1) 谓词公式到子句集的转换。

(2) 替换与合一算法。

(3) 在简单归结策略下的归结。

【实验思路】

(1) 设计谓词公式及子句的存储结构,即内部表示。全称量词和存在量词可用其他符号代替。

(2) 实现谓词公式到子句集的变换过程。

(3) 实现替换与合一算法。

(4) 实现简单归结策略。

(5) 设计输出,动态演示归结过程,可以以归结树的形式给出结果。

(6) 实现谓词逻辑中的归结过程,其中要调用替换与合一算法和归结策略。

【参考代码】

```cpp
#include <iostream>
#include <sstream>
#include <stack>
#include <queue>
using namespace std;
//函数定义
void initString(string &ini);            //初始化
string del_inlclue(string temp);         //消去蕴涵项
string dec_neg_rand(string temp);        //减小否定符号的辖域
string standard_var(string temp);        //对变量标准化
string del_exists(string temp);          //消去存在量词
string convert_to_front(string temp);    //转换为前束形式
string convert_to_and(string temp);      //把母式转换为合取范式
string del_all(string temp);             //消去全称量词
string del_and(string temp);             //消去连接符号
string change_name(string temp);         //更换变量名称
//辅助函数定义
bool isAlbum(char temp);                 //判断是否为字母
string del_null_bracket(string temp);    //删除多余的括号
string del_blank(string temp);           //删除多余的空格
void checkLegal(string temp);            //检查合法性
char numAfectChar(int temp);             //数字显示为字符
//主函数
void main()
{
    cout<<"-----------------求子句集九步法演示----------------------"<<endl;
    system("color 0A");
    //orign = "Q(x,y)%~(P(y))";
    //orign = "(@x)(P(y)>P)";
    //orign = "~(#x)y(x)";
    //orign = "~((@x)x!b(x))";
    //orign = "~(x!y)";
    //orign = "~(~a(b))";
    string orign,temp;
    char command,command0,command1,command2,command3,command4,command5,
        command6,command7,command8,command9,command10;
    cout<<"请输入 Y/y 初始化谓词演算公式"<<endl;
    cin>>command;
    if(command == 'Y' || command == 'y')
        initString(orign);
    else
        exit(0);
    cout<<"请输入 Y/y 消除空格"<<endl;
    cin>>command0;
    if(command0 == 'Y' || command0 == 'y')
    {
        cout<<"消除空格后是"<<endl
```

```
                <<orign<<endl;
    }
    else
        exit(0);
cout<<"请输入 Y/y 消去蕴涵项"<<endl;
cin>>command1;
if(command1 == 'Y' || command1 == 'y')
{
    orign =del_inlclue(orign);
    cout<<"消去蕴涵项后是"<<endl
        <<orign<<endl;
}
else
    exit(0);
cout<<"请输入 Y/y 减小否定符号的辖域"<<endl;
cin>>command2;
if(command2 == 'Y' || command2 == 'y')
{
    do
    {
        temp = orign;
        orign = dec_neg_rand(orign);
    }while(temp != orign);
    cout<<"减小否定符号的辖域后是"<<endl
        <<orign<<endl;
}
else
    exit(0);
cout<<"请输入 Y/y 对变量进行标准化"<<endl;
cin>>command3;
if(command3 == 'Y' || command3 == 'y')
{
    orign = standard_var(orign);
    cout<<"对变量进行标准化后是"<<endl
        <<orign<<endl;
}
else
    exit(0);
cout<<"请输入 Y/y 消去存在量词"<<endl;
cin>>command4;
if(command4 == 'Y' || command4 == 'y')
{
    orign = del_exists(orign);
    cout<<"消去存在量词后是(w = g(x)是一个 Skolem 函数)"<<endl
        <<orign<<endl;
}
else
    exit(0);
cout<<"请输入 Y/y 转换为前束形式"<<endl;
cin>>command5;
```

```
if(command5 == 'Y' || command5== 'y')
{
    orign = convert_to_front(orign);
    cout<<"转换为前束形式后是"<<endl
        <<orign<<endl;
}
else
    exit(0);
cout<<"请输入 Y/y 把母式转换为合取方式"<<endl;
cin>>command6;
if(command6 == 'Y' || command6 == 'y')
{
    orign = convert_to_and(orign);
    cout<<"把母式转换为合取方式后是"<<endl
        <<orign<<endl;
}
else
    exit(0);
cout<<"请输入 Y/y 消去全称量词"<<endl;
cin>>command7;
if(command7 == 'Y' || command7 == 'y')
{
    orign= del_all(orign);
    cout<<"消去全称量词后是"<<endl
        <<orign<<endl;
}
else
    exit(0);
cout<<"请输入 Y/y 消去连接符号"<<endl;
cin>>command8;
if(command8 == 'Y' || command8 == 'y')
{
    orign = del_and(orign);
    cout<<"消去连接符号后是"<<endl
        <<orign<<endl;
}
else
    exit(0);
cout<<"请输入 Y/y 变量分离标准化"<<endl;
cin>>command9;
if(command9 == 'Y' || command9 == 'y')
{
    orign = change_name(orign);
    cout<<"变量分离标准化后是(x1,x2,x3 代替变量 x)"<<endl
        <<orign<<endl;
}
else
    exit(0);
cout<<"--------------------完毕--------------------"<<endl;
cout<<"请输入 Y/y 结束"<<endl;
```

```
    do
    {
    }while('Y' == getchar() || 'y'==getchar());
    exit(0);
}
void initString(string &ini)
{
    char commanda,commandb;
    cout<<"请输入需要转换的谓词公式"<<endl;
    cout<<"是否查看输入帮助(Y/N)?"<<endl;
    cin>>commanda;
    if(commanda == 'Y' || commanda == 'y')
        cout<<"本实验规定输入时蕴涵符号为>,全称量词为@,存在量词为#,"<<endl
            <<"取反为~,析取为!,合取为%,左右括号分别为(、),"<<endl
            <<"函数名用一个字母"<<endl;
    cout<<"请输入 y/n 选择是否用户自定义"<<endl;
    cin>>commandb;
    if(commandb =='Y'|| commandb=='y')
        cin>>ini;
    else
        ini = "(@x)(P(x)>(@y)(P(y)>P(f(x,y)))%~(@y)(Q(x,y)>P(y))";
    cout<<"原始命题是"<<endl
        <<ini<<endl;
}
string del_inlclue(string temp)                //消去蕴涵项
{
    //a>b变为~a!b
    char ctemp[100]={""};
    string output;
    int length = temp.length();
    int i = 0,right_bracket = 0,flag= 0;
    stack<char> stack1,stack2,stack3;
    strcpy(ctemp,temp.c_str());
    while(ctemp[i] != '\0' && i <= length-1)
    {
        stack1.push(ctemp[i]);
        if('>' == ctemp[i+1])                //如果是 a>b 则用~a!b 替代
        {
            flag = 1;
            if(isAlbum(ctemp[i]))            //如果是字母则把 ctemp[i]弹出
            {
                stack1.pop();
                stack1.push('~');
                stack1.push(ctemp[i]);
                stack1.push('!');
                i = i + 1;
            }
            else if(')' == ctemp[i])
            {
                right_bracket++;
```

```
                    do
                    {
                        if('(' == stack1.top())
                            right_bracket--;
                        stack3.push(stack1.top());
                        stack1.pop();
                    }while((right_bracket != 0));
                    stack3.push(stack1.top());
                    stack1.pop();
                    stack1.push('~');
                    while(!stack3.empty())
                    {
                        stack1.push(stack3.top());
                        stack3.pop();
                    }
                    stack1.push('!');
                    i = i + 1;
                }
            }
        i++;
    }
    while(!stack1.empty())
    {
        stack2.push(stack1.top());
        stack1.pop();
    }
    while(!stack2.empty())
    {
        output += stack2.top();
        stack2.pop();
    }
    if(flag == 1)
        return output;
    else
        return temp;
}
string dec_neg_rand(string temp)              //减小否定符号的辖域
{
    char ctemp[100],tempc;
    string output;
    int flag2 = 0;
    int i = 0,left_bracket = 0,length = temp.length();
    stack <char> stack1,stack2;
    queue <char> queue1;
    strcpy(ctemp,temp.c_str());               //复制到字符数组中
    while(ctemp[i] != '\0' && i <= length - 1)
    {
        stack1.push(ctemp[i]);
        if(ctemp[i] == '~')                   //如果不是~,则什么都不做
        {
```

```
                char fo = ctemp[i+2];
                if(ctemp[i+1] == '(')              //如果不是(,则什么都不做
                {
                    if(fo == '@' || fo =='#')    //如果是全称量词
                    {
                        flag2 = 1;
                        i++;
                        stack1.pop();
                        stack1.push(ctemp[i]);
                        if(fo == '@')
                            stack1.push('#');
                        else
                            stack1.push('@');
                        stack1.push(ctemp[i+2]);
                        stack1.push(ctemp[i+3]);
                        stack1.push('(');
                        stack1.push('~');
                        if(isAlbum(ctemp[i+4]))
                        {
                            stack1.push(ctemp[i+4]);
                            i= i+5;
                        }
                        else
                            i = i + 4;
                        do
                        {
                            queue1.push(temp[i]);
                            if(temp[i] == '(')
                                left_bracket ++;
                            else if(temp[i] == ')')
                                left_bracket --;
                            i++;
                        }while(left_bracket != 0 && left_bracket >=0);
                        queue1.push(')');
                        while(!queue1.empty())
                        {
                            tempc = queue1.front();
                            queue1.pop();
                            stack1.push(tempc);
                        }
                    }
                }
            }
        i++;
    }
while(!stack1.empty())
{
    stack2.push(stack1.top());
    stack1.pop();
}
```

```
while(!stack2.empty())
{
    output += stack2.top();
    stack2.pop();
}
if(flag2 == 1)
    temp = output;
char ctemp1[100];
string output1;
stack<char> stack11,stack22;
int flag1 = 0;
int times = 0;
int length1 = temp.length(),inleftbackets = 1,j = 0;
strcpy(ctemp1,temp.c_str());
while(ctemp1[j] != '\0' && j <= (length1 -1))
{
    stack11.push(ctemp1[j]);
    if(ctemp1[j] == '~')
    {
        if(ctemp1[j+1] == '(' /* && ctemp1[j + 2] != '~' */)
        {
            j = j + 2;
            stack11.push('(');
            while(inleftbackets!=0&&inleftbackets >=0 && times <=
                (length1-j) && times>=0)
            {
                stack11.push(ctemp1[j]);
                if(ctemp1[j] == '(')
                    inleftbackets ++;
                else if(ctemp1[j] == ')')
                    inleftbackets --;
                if(inleftbackets==1&& ctemp1[j+1]== '!'&&ctemp1[j+2]!=
                    '@'&&ctemp1[j+2]!= '#')
                {
                    flag1 = 1;
                    stack11.push(')');
                    stack11.push('%');
                    stack11.push('~');
                    stack11.push('(');
                    j = j+1;
                }
                if(inleftbackets==1&&ctemp1[j+1]=='%'&& ctemp1[j+2]!=
                    '@'&& ctemp1[j+2]!='#')
                {
                    flag1 = 1;
                    stack11.push(')');
                    stack11.push('!');
                    stack11.push('~');
                    stack11.push('(');
                    j = j+1;
```

```
                    }
                    j = j +1;
                }
            if(flag1 == 1)
                stack11.push(')');
            stack11.pop();
            stack11.push(')');
            stack11.push(')');
        }
    }
    j++;
}
while(!stack11.empty())
{
    stack22.push(stack11.top());
    stack11.pop();
}
while(!stack22.empty())
{
    output1 += stack22.top();
    stack22.pop();
}
if(flag1 == 1)
    temp = output1;
char ctemp3[100];
string output3;
int k=0,left_bracket3=1,length3=temp.length();
stack <char> stack13,stack23;
int flag = 0,bflag = 0;
strcpy(ctemp3,temp.c_str());              //复制到字符数组中
while(ctemp3[k] != '\0' && k <= length3-1)
{
    stack13.push(ctemp3[k]);
    if(ctemp3[k] == '~')
    {
        if(ctemp3[k+1] == '(')
        {
            if(ctemp3[k+2]== '~')
            {
                flag = 1;
                stack13.pop();
                k=k+2;
                while(left_bracket3 != 0 && left_bracket3 >=0)
                {
                    stack13.push(ctemp3[k+1]);
                    if(ctemp3[k+1] == '(')
                        left_bracket3 ++;
                    if(ctemp3[k+1] == ')')
                        left_bracket3 --;
                    if(ctemp3[k+1] == '!'||ctemp3[k+1] == '%')
```

```
                            bflag = 1;
                    k++;
                }
                stack13.pop();
            }
        }
    }
    k++;
}
while(!stack13.empty())
{
    stack23.push(stack13.top());
    stack13.pop();
}
while(!stack23.empty())
{
    output3 += stack23.top();
    stack23.pop();
}
if(flag == 1 && bflag == 0)
    temp = output3;
return temp;
}
string standard_var(string temp)            //对变量标准化,简化,不考虑多层嵌套
{
    char ctemp[100],des[10]={" "};
    strcpy(ctemp,temp.c_str());
    stack <char> stack1,stack2;
    int l_bracket = 1,flag = 0,bracket = 1;
    int i = 0,j = 0;
    string output;
    while(ctemp[i] != '\0' && i < temp.length())
    {
        stack1.push(ctemp[i]);
        if(ctemp[i] == '@' || ctemp[i] == '#')
        {
            stack1.push(ctemp[i+1]);
            des[j] = ctemp[i+1];
            j++;
            stack1.push(ctemp[i+2]);
            i = i + 3;
            stack1.push(ctemp[i]);
            i++;
            if(ctemp[i-1] == '(')
            {
                while(ctemp[i] != '\0' && l_bracket != 0)
                {
                    if(ctemp[i] == '(')
                        l_bracket ++;
                    if(ctemp[i] == ')')
```

```
                            l_bracket --;
                    if(ctemp[i] == '(' && ctemp[i+1] == '@')
                    {
                        des[j] = ctemp[i+2];
                        j++;
                    }
                    if(ctemp[i+1] == '(' && ctemp[i+2] == '#')
                    {
                        flag = 1;
                        int kk = 1;
                        stack1.push(ctemp[i]);
                        stack1.push('(');
                        stack1.push(ctemp[i+2]);
                        i = i+3;
                        if(ctemp[i] == 'y')
                            ctemp[i] = 'w';
                        stack1.push(ctemp[i]);
                        stack1.push(')');
                        stack1.push('(');
                        i = i+3;
                        while(kk != 0)
                        {
                            if(ctemp[i] == '(')
                                kk++;
                            if(ctemp[i] == ')')
                                kk--;
                            if(ctemp[i] == 'y')
                                ctemp[i] = 'w';
                            stack1.push(ctemp[i]);
                            i++;
                        }
                    }
                    stack1.push(ctemp[i]);
                    i++;
                }
            }
        }
    i++;
}
while(!stack1.empty())
{
    stack2.push(stack1.top());
    stack1.pop();
}
while(!stack2.empty())
{
    output += stack2.top();
    stack2.pop();
}
if(flag == 1)
```

```
            return output;
        else
            return temp;
}
string del_exists(string temp)              //消去存在量词
{
    char ctemp[100],unknow;
    strcpy(ctemp,temp.c_str());
    int left_brackets = 0,i = 0,flag = 0;
    queue<char> queue1;
    string output;
    while(ctemp[i] != '\0' && i < temp.length())
    {
        if(ctemp[i] == '(' && ctemp[i+1] =='#')
        {
            flag = 1;
            unknow = ctemp[i+2];
            i = i+4;
            do
            {
                if(ctemp[i] == '(')
                    left_brackets ++;
                if(ctemp[i] == ')')
                    left_brackets --;
                if(ctemp[i] == unknow)
                {
                    queue1.push('g');
                    queue1.push('(');
                    queue1.push('x');
                    queue1.push(')');
                }
                if(ctemp[i] != unknow)
                    queue1.push(ctemp[i]);
                i++;
            }while(left_brackets != 0);
        }
        queue1.push(ctemp[i]);
        i++;
    }
    while(!queue1.empty())
    {
        output+= queue1.front();
        queue1.pop();
    }
    if(flag == 1)
        return output;
    else
        return temp;
}
string convert_to_front(string temp)       //转换为前束形式
```

```
{
    char ctemp[100];
    strcpy(ctemp,temp.c_str());
    int i = 0;
    string out_var = "",output = "";
    while(ctemp[i] != '\0' && i < temp.length())
    {
        if(ctemp[i] == '(' && ctemp[i+1] == '@')
        {
            out_var = out_var+ctemp[i] ;   //(@
            out_var = out_var+ctemp[i+1];
            out_var = out_var+ctemp[i+2];
            out_var = out_var+ctemp[i+3];
            i=i+4;
        }
        output=output+ctemp[i];
        i++;
    }
    output = out_var + output;
    return output;
}


string convert_to_and(string temp)          //把母式转换为合取范式
{
    temp="(@x)(@y)((~P(x)!(~P(y))!P(f(x,y)))%((~P(x)!Q(x,g(x)))%((~P(x))!(~P
(g(x)))))";
    return temp;
}
string del_all(string temp)                 //消去全称量词
{
    char ctemp[100];
    strcpy(ctemp,temp.c_str());
    int i = 0,flag = 0;
    string output = "";
    while(ctemp[i] != '\0' && i < temp.length())
    {
        if(ctemp[i] == '(' && ctemp[i+1] == '@')
        {
            i = i + 4;
            flag  = 1;
        }
        else
        {
            output = output + ctemp[i];
            i++;
        }
    }
    return output;
}
string del_and(string temp)                 //消去连接符号
```

```
{
    char ctemp[100];
    strcpy(ctemp,temp.c_str());
    int i = 0,flag = 0;
    string output = "";
    while(ctemp[i] != '\0' && i < temp.length())
    {
        if(ctemp[i] == '%')
        {
            ctemp[i] = '\n';
        }
        output = output +ctemp[i];
        i++;
    }
    return output;
}
string change_name(string temp)              //更换变量名称
{
    char ctemp[100];
    strcpy(ctemp,temp.c_str());
    string output = "";
    int i = 0,j = 0,flag = 0;
    while(ctemp[i] != '\0' && i < temp.length())
    {
        flag++;
        while('\n' != ctemp[i] && i < temp.length())
        {
            if('x' == ctemp[i])
            {
                output = output + ctemp[i];
                output = output + numAfectChar(flag);
            }
            else
                output = output + ctemp[i];
            i++;
        }
        output = output + ctemp[i];
        i++;
    }
    return output;
}
bool isAlbum(char temp)
{
    if(temp <= 'Z' && temp >= 'A' || temp <= 'z' && temp >= 'a')
        return true;
    return false;
}
char numAfectChar(int temp)                  //数字显示为字符
{
    int t;
```

```
    switch (temp)
    {
        case 1:
            t=1;
            break;
        case 2:
            t=2;
            break;
        case 3:
            t=3;
            break;
        case 4:
            t=4;
            break;
        default:
            t=89;
            break;
    }
    return t;
}
```

第3章

集合、二元关系与函数

集合、二元关系与函数广泛应用于计算机科学,它为数据结构、算法分析、数据库等奠定了数学基础,也为许多问题从算法角度提供了抽象和描述的解决方法。目前计算机科学中主要研究的数据库类型是关系数据库,而关系数据库的逻辑结构是由行和列构成的二维表,表之间的连接操作需要用到离散数学中的笛卡儿积,表数据的查询、插入、删除和修改等操作都要用到离散数学中的关系代数理论;计算机科学通常要用到离散数学中的计数理论,分析、估计出算法所需的存储单元和运算量(空间复杂性和时间复杂性);另外,数据结构中随机性越强、规律性越弱的哈希(hash)函数可以把要存储、查找、删除的关键字映射成该关键字对应的地址,设计、构造好的哈希函数尽可能地把两个或两个以上的关键字映射到不同地址(以避免冲突),提高计算机的操作效率。本章围绕集合、二元关系与函数进行阐述。

◈ 3.1 集合的基本概念

集合(简称集)是数学中的一个最基本的概念。所谓集合,是指具有共同性质或适合一定条件的事物的全体,组成集合的这些事物称为集合的元素。例如,班里的全体同学、全国的高等学校、自然数的全体、直线上的所有点等均分别构成一个集合,而同学、高等学校、每个自然数、直线上的点等分别是对应集合的元素。集合常用大写字母表示,集合的元素常用小写字母表示。若 A 是集合,a 是 A 的元素,则称 a 属于 A,记作 $a \in A$;若 a 不是 A 的元素,则称 a 不属于 A,记作 $a \notin A$。若组成集合的元素个数是有限的,则称该集合为有限集;否则称为无限集。

通常采用列举法和描述法表示集合。如果集合的所有元素都能列举出来,则可把它们写在大括号里表示该集合,此为列举法。

例 3.1 $A = \{a, b, c, d\}$,$B = \{课桌,灯泡,自然数,老虎\}$,$C = \{1, 2, 3, 4\}$,$D = \{a, a^2, a^3, \cdots\}$。

如果给出一个规则,以便决定某一事物是否属于该集合,此为描述法。

例 3.2 $S_1 = \{x \mid x$ 是正奇数$\}$,$S_2 = \{x \mid x$ 是中国的省$\}$,$S_3 = \{x \mid x^2 - 1 = 0\}$。

定义 3.1(集合的包含) 设 A、B 是任意两个集合,假如 A 的每一个元素都是 B 的元素,则称 A 是 B 的子集,或 A 包含在 B 内,或 B 包含 A,记作 $A \subseteq B$,或 $B \supseteq A$。

$$A \subseteq B \Leftrightarrow \forall x(x \in A \rightarrow x \in B)$$

例 3.3　$A=\{1,2,3\},B=\{1,2\},C=\{1,3\},D=\{3\}$，则 $B\subseteq A,C\subseteq A,D\subseteq C,D\subseteq A$。

定义 3.2（幂集）　对于每一个集合 A，由 A 的所有子集组成的集合称为集合 A 的幂集，记为 $P(A)$ 或 2^A，即

$$P(A)=\{B\mid B\subseteq A\}。$$

例 3.4　$A=\{a,b,c\}$，$P(A)=\{\varnothing,\{a\},\{b\},\{c\},\{a,b\},\{b,c\},\{a,c\},\{a,b,c\}\}$。

定理 3.1　如果有限集 A 有 n 个元素，则其幂集 $P(A)$ 有 2^n 个元素。

定义 3.3（集合的交）　设 A、B 是两个集合，由既属于 A 又属于 B 的元素构成的集合称为 A 与 B 的交集，记为 $A\bigcap B$，即

$$A\bigcap B=\{x\mid x\in A\land x\in B\}$$

若以矩形表示全集 E，矩形内的圆表示任意集合，则交集的定义如图 3.1 所示，并称这样的图为文氏图。

例 3.5　设 $A=\{1,2,c,d\},B=\{1,b,5,d\}$，则 $A\bigcap B=\{1,d\}$。

定义 3.4（集合的并）　设 A、B 是两个集合，由所有属于 A 或者属于 B 的元素构成的集合称为 A 与 B 的并集，记为 $A\bigcup B$，即

$$A\bigcup B=\{x\mid (x\in A)\lor (x\in B)\}$$

并集的定义如图 3.2 所示。

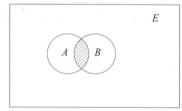

图 3.1　集合的交

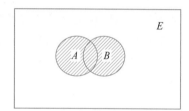

图 3.2　集合的并

例 3.6　若 $A=\{1,2,c,d\},B=\{1,b,5,d\}$，则 $A\bigcup B=\{1,2,5,b,c,d\}$。

定义 3.5（集合的差）　设 A、B 为两个集合，由属于集合 A 而不属于集合 B 的所有元素组成的集合称为 A 与 B 的差集，记作 $A-B$，即

$$A-B=\{x\mid x\in A\land x\notin B\}=\{x\mid x\in A\land \lnot (x\in B)\}$$

差集的定义如图 3.3 所示。

例 3.7　若 $A=\{1,2,c,d\},B=\{1,b,3,d\}$，则 $A-B=\{2,c\}$，而 $B-A=\{b,3\}$。

定义 3.6（集合的补）　设 A 是一个集合，全集 E 与 A 的差集称为 A 的补集，记为 $\overline{A}$，即

$$\overline{A}=E-A=\{x\mid x\in E\land x\notin A\}$$

$\overline{A}$ 的定义如图 3.4 所示。

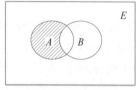

图 3.3　集合的差

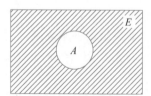

图 3.4　集合的补

定义 3.7（集合的对称差）　设 A、B 是两个集合，要么属于 A，要么属于 B，但不能同时属于 A 和 B 的所有元素组成的集合，称为 A 和 B 的对称差集，记为 $A \oplus B$，即

$$A \oplus B = (A-B) \bigcup (B-A) = \{x \mid (x \in A \wedge x \notin B) \vee (x \in B \wedge x \notin A)\}$$

例 3.8　若 $A = \{1,2,c,d\}$，$B = \{1,b,3,d\}$，则 $A \oplus B = \{2,c,b,3\}$。

◈ 3.2　并　查　集

并查集用于处理一些不相交集合的合并及查询问题，可以解决的常规问题如下：

(1) 根据某个元素所在集合的根结点判断这个元素属于哪个集合。

(2) 判断某两个结点是否属于同一个集合（例如判断亲戚关系）。如果两个元素拥有共同的根结点，那么这两个元素就属于同一个集合。

并查集需将 n 个不同的元素划分成一组不相交的集合。开始时，每个元素自成一个单元素集合，然后按一定顺序将属于同一组的元素的集合合并。其间要反复用到查询某个元素属于哪个集合的运算。正如它的名字一样，并查集主要包含以下几种基本操作：

(1) 初始化。每个元素自成一个单元素集合。

(2) 合并。把元素 x 和元素 y 所在的集合合并，要求 x 和 y 所在的集合不相交；如果相交则不合并。

(3) 查找。找到元素 x 所在的集合的代表元素，该操作也可以用于判断两个元素是否位于同一个集合中，只要将它们各自的代表元素比较一下就可以了。给定一个元素，要找到它所属的集合，就是要找到这个集合的代表元素。要找其代表元素，就要找到该元素的前一个元素，如果没有前一个元素，那么它自己就是那个代表元素；如果有前一个元素，那么再找前一个元素的前一个元素，这样总是可以找到代表元素。为了查询两个结点是否属于同一个组，就需要沿着树向上走，查询包含这个元素的树的根结点。如果两个结点走到了同一个根结点，那么就说明它们属于同一组。为了给查找提供便利，不妨设一个集合根结点的父结点编号等于它自己；反之，如果一个元素的父结点的编号等于自己，就说明它是当前集合的根结点。而对于非根结点元素，可以不断上溯访问它的父结点，最终找到它所在集合的根结点。

例 3.9　现在有 0、1、2、3、4、5、6、7 这 8 个元素分布在 3 个集合中，如图 3.5 所示。这 3 个集合的代表元素分别为 1、6、5。其中，代表元素为 1 的集合含有元素 0、1、2、4，代表元素为 6 的集合含有元素 3、6、7，代表元素为 5 的集合只含有元素 5。

本例中，如果要确定某一个元素属于哪一个集合，只需要从这个元素的结点开始，沿着箭头方向一直向上找。当某个元素没有向外指出的箭头时，就说明这个元素是这个集合的代表元素。例如，现在要确定 4 属于哪一个集合，根据上面的方法可以知道 4 这个元素在代表元素为 1 的这个集合中；如果要找 5 这个元素，那么 5 这个元素就在代表元素为 5 的集合中，同时代表元素为 5 的集合中只有 5 这一个元素。现在要把元素 7 所属的集合合并到元素 4 所属的集合中，就需要先找到元素 7 所属的集合的代表元素 6 以及元素 4 所属的集合的代表元素 1，然后再让元素 6 指向元素 1，就完成了合并，如图 3.6 所示。

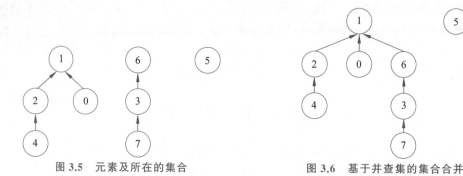

图 3.5　元素及所在的集合　　　　　　　图 3.6　基于并查集的集合合并

3.3　关系的定义与表示

在给出二元关系的定义之前,先介绍序偶、笛卡儿积的概念。

3.3.1　序偶、笛卡儿积的概念

在日常生活中,有许多事物是成对出现的,而且这种成对出现的事物具有一定的顺序。如〈上,下〉、〈1,2〉、〈9,6〉、〈中国,亚洲〉、〈a,b〉等。

定义 3.8（序偶）　序偶可以看作含有两个元素的集合。在序偶〈a,b〉中,a 称为第一元素,b 称为第二元素。

与一般集合不同的是,序偶具有确定的次序。在集合中,$\{a,b\}=\{b,a\}$;但对序偶,当 $a\neq b$ 时,$\langle a,b\rangle\neq\langle b,a\rangle$。两个序偶相等,当且仅当两个序偶中对应位置上的元素两两相等。例如,$\langle x,y\rangle=\langle u,v\rangle$,当且仅当 $x=u,y=v$。序偶可以表达两个客体、3 个客体或 n 个客体之间的联系。

定义 3.9（笛卡儿积）　设 A 和 B 是任意两个集合,若序偶的第一个成员是 A 的元素,第二个成员是 B 的元素,所有这样的序偶的集合称为集合 A 和 B 的笛卡儿积或直积,记为 $A\times B$。即

$$A\times B=\{\langle x,y\rangle|x\in A \land y\in B\}$$

例 3.10　若 $A=\{1,2\}$,$B=\{a,b,c\}$,求 $A\times B$、$B\times B$、$B\times A$ 以及 $(A\times B)\bigcap(B\times A)$。

解:$A\times B=\{\langle 1,a\rangle,\langle 1,b\rangle,\langle 1,c\rangle,\langle 2,a\rangle,\langle 2,b\rangle,\langle 2,c\rangle\}$

　　　$B\times B=\{\langle a,a\rangle,\langle a,b\rangle,\langle a,c\rangle,\langle b,a\rangle,\langle b,b\rangle,\langle b,c\rangle,\langle c,a\rangle,\langle c,b\rangle,\langle c,c\rangle\}$

　　　$B\times A=\{\langle a,1\rangle,\langle a,2\rangle,\langle b,1\rangle,\langle b,2\rangle,\langle c,1\rangle,\langle c,2\rangle\}$

　　　$(A\times B)\bigcap(B\times A)=\varnothing$

显然有

(1) $A\times B\neq B\times A$。

(2) 如果 $|A|=m$,$|B|=n$,则 $|A\times B|=|B\times A|=|A||B|=mn$。

3.3.2　二元关系的定义

定义 3.10（二元关系）　设 X、Y 是任意两个集合,则称笛卡儿积 $X\times Y$ 的任一子集 R

为从 X 到 Y 的一个二元关系,记为 $R \subseteq X \times Y$。二元关系简称关系。

集合 X 到 Y 的二元关系是第一坐标取自 X、第二坐标取自 Y 的序偶集合。如果序偶 $\langle x,y \rangle \in R$,则说 x 与 y 有关系 R,记为 xRy;如果序偶 $\langle x,y \rangle \notin R$,则说 x 与 y 没有关系 R,记为 $x\bar{R}y$。

在日常生活中人们都熟悉关系这个词的含义。

例 3.11　父子关系、上下级关系、朋友关系、机票与舱位之间的对号关系等,设 X 表示机票的集合,Y 表示舱位的集合,则对于任意的 $x \in X$ 和 $y \in Y$,如果 x 与 y 有对号关系,可以表达为 xRy,或者 $\langle x,y \rangle \in R$;如果 x 与 y 没有对号关系,可以表达为 $x\bar{R}y$,或者 $\langle x,y \rangle \notin R$。

当 $X = Y$ 时,关系 R 是 $X \times X$ 的子集,这时称 R 为集合 X 上的二元关系。

例 3.12　设 $A = \{a,b\}$,$B = \{2,5,8\}$,则
$$A \times B = \{\langle a,2 \rangle, \langle a,5 \rangle, \langle a,8 \rangle, \langle b,2 \rangle, \langle b,5 \rangle, \langle b,8 \rangle\}$$

说明:除了以上定义的常规的二元关系,还存在以下几种特殊的关系。

(1) 空关系。对任意集合 X、Y,$\varnothing \subseteq X \times Y$,$\varnothing \subseteq X \times X$,所以 $\varnothing$ 是由 X 到 Y 的关系,也是 X 上的关系,称为空关系。

(2) 全域关系。因为 $X \times Y \subseteq X \times Y$,所以 $X \times Y$ 是一个由 X 到 Y 的关系,称为由 X 到 Y 的全域关系。因为 $X \times X \subseteq X \times X$,$X \times X$ 是 X 上的一个关系,称为 X 上的全域关系,记作 E_X,即
$$E_X = \{\langle x_i, x_j \rangle \mid x_i, x_j \in X\}$$

(3) 恒等关系。设 I_X 是 X 上的二元关系且满足 $I_X = \{\langle x,x \rangle \mid x \in X\}$,则称 I_X 是 X 上的恒等关系。

例 3.13　设 $A = \{1,2,3\}$,则 $I_A = \{\langle 1,1 \rangle, \langle 2,2 \rangle, \langle 3,3 \rangle\}$。

3.3.3　二元关系的表示

有限集合间的二元关系除了可以用序偶集合的形式表示外,还可以用矩阵和关系图表示,以便引入线性代数和图论的知识进行讨论。

1. 集合表示法

因为关系是序偶的集合,所以可用表示集合的列举法或描述法表示关系。前面的例子中的关系均是用集合表示法表示的。

2. 矩阵表示法

设给定两个有限集合 $X = \{x_1, x_2, \cdots, x_m\}$,$Y = \{y_1, y_2, \cdots, y_n\}$,则对应于从 X 到 Y 的二元关系 R 有一个关系矩阵 $\boldsymbol{M}_R = [r_{ij}]_{m \times n}$,其中
$$r_{ij} = \begin{cases} 1, & \langle x_i, y_j \rangle \in R \\ 0, & \langle x_i, y_j \rangle \notin R \end{cases} \quad (i = 1,2,\cdots,m; j = 1,2,\cdots,n)$$

如果 R 是有限集合 X 上的二元关系或 X 和 Y 含有相同数量的有限个元素,则 $\boldsymbol{M}_R$ 是方阵。

例 3.14　若 $A = \{a_1, a_2, a_3, a_4, a_5\}$,$B = \{b_1, b_2, b_3\}$,$R = \{\langle a_1,b_1 \rangle, \langle a_1,b_3 \rangle, \langle a_2,b_2 \rangle, \langle a_2,b_3 \rangle, \langle a_3,b_1 \rangle, \langle a_4,b_2 \rangle, \langle a_5,b_2 \rangle\}$,写出关系矩阵 $\boldsymbol{M}_R$。

解：
$$
M_R = \begin{bmatrix} 1 & 0 & 1 \\ 0 & 1 & 1 \\ 1 & 0 & 0 \\ 0 & 1 & 0 \\ 0 & 1 & 0 \end{bmatrix}
$$

3. 关系图表示法

有限集合的二元关系也可以用图形表示。设集合 $X = \{x_1, x_2, \cdots, x_m\}$ 到 $Y = \{y_1, y_2, \cdots, y_n\}$ 上的一个二元关系为 R，用 m 个顶点分别表示 $x_1, x_2, \cdots, x_m$，用 n 个顶点分别表示 y_1，$y_2, \cdots, y_n$。如果 $x_i R y_j$，则从顶点 x_i 至顶点 y_j 画一条有向弧，其箭头指向 y_j；如果 $x_i \overline{R} y_j$，则 x_i、y_j 之间不连接。用这种方法画出的图称为关系图。

例 3.14 的关系图如图 3.7 所示。

例 3.15 设 $A = \{1, 2, 3, 4, 5\}$，$R = \{\langle 1, 2\rangle, \langle 1, 5\rangle, \langle 2, 2\rangle, \langle 3, 2\rangle, \langle 3, 1\rangle, \langle 4, 3\rangle\}$，画出关系图。

解：因为 R 是 A 上的关系，故只需画出 A 中的每个元素即可。如果 $a_i R a_j$，就画一条由 a_i 到 a_j 的有向弧。如果 $a_i = a_j$，则画一条指向自己的有向弧。本例的关系图如图 3.8 所示。

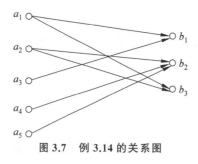

图 3.7　例 3.14 的关系图

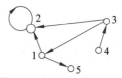

图 3.8　例 3.15 的关系图

◆ 3.4　关系的运算

定义 3.11（关系的域） 设 R 为 X 到 Y 的二元关系，由 $\langle x, y\rangle \in R$ 的所有 x 组成的集合称为 R 的定义域，记为 $\mathrm{dom}\, R$，即
$$
\mathrm{dom}\, R = \{x \mid (\exists y)(\langle x, y\rangle \in R)\}
$$

使 $\langle x, y\rangle \in R$ 的所有 y 组成的集合称为 R 的值域，记为 $\mathrm{ran}\, R$，即
$$
\mathrm{ran}\, R = \{y \mid (\exists x)(\langle x, y\rangle \in R)\}
$$

R 的定义域和值域一起称为 R 的域(field)，记为 $\mathrm{FLD}\, R$，即
$$
\mathrm{FLD}\, R = \mathrm{dom}\, R \cup \mathrm{ran}\, R
$$

显然，$\mathrm{dom}\, R \subseteq X$，$\mathrm{ran}\, R \subseteq Y$，$\mathrm{FLD}\, R = \mathrm{dom}\, R \cup \mathrm{ran}\, R \subseteq X \cup Y$。

例 3.16 设 $A = \{1, 3, 7\}$，$B = \{1, 2, 6\}$，$H = \{\langle 1, 2\rangle, \langle 1, 6\rangle, \langle 7, 2\rangle\}$，求 $\mathrm{dom}\, H$、$\mathrm{ran}\, H$ 和 $\mathrm{FLD}\, H$。

解：$\mathrm{dom}\, H = \{1, 7\}$，$\mathrm{ran}\, H = \{2, 6\}$，$\mathrm{FLD}\, H = \{1, 2, 6, 7\}$。

定义 3.12（复合关系）　设 R 是从 X 到 Y 的关系，S 是从 Y 到 Z 的关系，则 $R \circ S$ 称为 R 和 S 的复合关系，即

$$R \circ S = \{\langle x, z \rangle \mid x \in X \land z \in Z \land (\exists y)(y \in Y \land xRy \land ySz)\}$$

从 R 和 S 求 $R \circ S$ 称为关系的复合运算。

复合运算是关系的二元运算，它能够由两个关系生成一个新的关系。

因为关系可以用矩阵表示，所以复合关系也可以用矩阵表示。已知从集合 $X = \{x_1, x_2, \cdots, x_m\}$ 到集合 $Y = \{y_1, y_2, \cdots, y_n\}$ 上的关系为 R，关系矩阵 $\boldsymbol{M}_R = [u_{ij}]_{m \times n}$，从集合 $Y = \{y_1, y_2, \cdots, y_n\}$ 到集合 $Z = \{z_1, z_2, \cdots, z_p\}$ 的关系为 S，关系矩阵 $\boldsymbol{M}_S = [v_{ij}]_{n \times p}$，表示复合关系 $R \circ S$ 的矩阵 $\boldsymbol{M}_{R \circ S}$ 可构造如下。

若 $\exists y_j \in Y$，使得 $\langle x_i, y_j \rangle \in R$ 且 $\langle y_j, z_k \rangle \in S$，则 $\langle x_i, z_k \rangle \in R \circ S$。在集合 Y 中能够满足这样条件的元素可能不止 y_j 一个，例如，$y_{j'}$ 也满足 $\langle x_i, y_{j'} \rangle \in R$ 且 $\langle y_{j'}, z_k \rangle \in S$。在所有这样的情况下，$\langle x_i, z_k \rangle \in R \circ S$ 都成立。这样，当扫描 $\boldsymbol{M}_R$ 的第 i 行和 $\boldsymbol{M}_S$ 的第 k 列时，若发现至少有一个这样的 j，使得第 i 行第 j 个位置上的记入值和第 k 列的第 j 个位置上的记入值都是 1，则 $\boldsymbol{M}_{R \circ S}$ 的第 i 行第 k 列的记入值为 1；否则为 0。因此 $\boldsymbol{M}_{R \circ S}$ 可以用类似于矩阵乘法的方法得到：

$$\boldsymbol{M}_{R \circ S} = \boldsymbol{M}_R \circ \boldsymbol{M}_S = [w_{ik}]_{m \times p}$$

其中

$$w_{ik} = \bigvee_{j=1}^{n} (u_{ij} \land v_{jk})$$

在 w_{ik} 表达式中：

- $\lor$ 代表逻辑加，满足 $0 \lor 0 = 0, 0 \lor 1 = 1, 1 \lor 0 = 1, 1 \lor 1 = 1$。
- $\land$ 代表逻辑乘，满足 $0 \land 0 = 0, 0 \land 1 = 0, 1 \land 0 = 0, 1 \land 1 = 1$。

例 3.17　给定集合 $A = \{1, 2, 3, 4, 5\}$，在集合 A 上定义两种关系：$R = \{\langle 1, 2 \rangle, \langle 3, 4 \rangle, \langle 2, 2 \rangle\}$，$S = \{\langle 4, 2 \rangle, \langle 2, 5 \rangle, \langle 3, 1 \rangle, \langle 1, 3 \rangle\}$，求 $R \circ S$ 和 $S \circ R$ 的关系矩阵。

解：

$$\boldsymbol{M}_{R \circ S} = \begin{bmatrix} 0 & 1 & 0 & 0 & 0 \\ 0 & 1 & 0 & 0 & 0 \\ 0 & 0 & 0 & 1 & 0 \\ 0 & 0 & 0 & 0 & 0 \\ 0 & 0 & 0 & 0 & 0 \end{bmatrix} \circ \begin{bmatrix} 0 & 0 & 1 & 0 & 0 \\ 0 & 0 & 0 & 0 & 1 \\ 1 & 0 & 0 & 0 & 0 \\ 0 & 1 & 0 & 0 & 0 \\ 0 & 0 & 0 & 0 & 0 \end{bmatrix} = \begin{bmatrix} 0 & 0 & 0 & 0 & 1 \\ 0 & 0 & 0 & 0 & 1 \\ 0 & 1 & 0 & 0 & 0 \\ 0 & 0 & 0 & 0 & 0 \\ 0 & 0 & 0 & 0 & 0 \end{bmatrix}$$

$$\boldsymbol{M}_{S \circ R} = \begin{bmatrix} 0 & 0 & 1 & 0 & 0 \\ 0 & 0 & 0 & 0 & 1 \\ 1 & 0 & 0 & 0 & 0 \\ 0 & 1 & 0 & 0 & 0 \\ 0 & 0 & 0 & 0 & 0 \end{bmatrix} \circ \begin{bmatrix} 0 & 1 & 0 & 0 & 0 \\ 0 & 1 & 0 & 0 & 0 \\ 0 & 0 & 0 & 1 & 0 \\ 0 & 0 & 0 & 0 & 0 \\ 0 & 0 & 0 & 0 & 0 \end{bmatrix} = \begin{bmatrix} 0 & 0 & 0 & 1 & 0 \\ 0 & 0 & 0 & 0 & 0 \\ 0 & 1 & 0 & 0 & 0 \\ 0 & 1 & 0 & 0 & 0 \\ 0 & 0 & 0 & 0 & 0 \end{bmatrix}$$

关系是序偶的集合。由于序偶的有序性，关系还有一些特殊的运算。

定义 3.13（逆关系）　设 R 是从 X 到 Y 的二元关系，若将 R 中每一序偶的元素顺序反过来，得到的集合称为 R 的逆关系，记为 R^{-1}，即

$$R^{-1} = \{\langle y, x \rangle \mid \langle x, y \rangle \in R\}$$

定义 3.14（关系的限制和像）　设 R 为二元关系，A 是集合。

(1) R 在 A 上的限制(restriction)记为 $R \upharpoonright A$,其中 $R \upharpoonright A = \{\langle x,y \rangle \mid xRy \wedge x \in A\}$。

(2) A 在 R 下的像(image)记为 $R[A]$,其中 $R[A] = \mathrm{ran}(R \upharpoonright A)$。

说明:

(1) R 在 A 上的限制 $R \upharpoonright A$ 是 R 的子关系。

(2) A 在 R 下的像 $R[A]$ 是 $\mathrm{ran}\, R$ 的子集。

例 3.18　设 $R = \{\langle 1,2 \rangle, \langle 1,3 \rangle, \langle 2,2 \rangle, \langle 2,4 \rangle, \langle 3,2 \rangle\}$,则
$$R \upharpoonright \{1\} = \{\langle 1,2 \rangle, \langle 1,3 \rangle\}$$
$$R \upharpoonright \{2,3\} = \{\langle 2,2 \rangle, \langle 2,4 \rangle, \langle 3,2 \rangle\}$$
$$R[\{1\}] = \{2,3\}$$
$$R[\{3\}] = \{2\}$$

◆ 3.5　关系的性质

定义 3.15(关系的性质)　设 R 是定义在集合 X 上的二元关系。

(1) 如果对于每一个 $x \in X$,都有 xRx,则称 R 是自反的,即
$$R \text{ 在 } X \text{ 上自反} \Leftrightarrow (\forall x)(x \in X \to xRx)$$

(2) 如果对于每一个 $x \in X$,都有 $x\bar{R}x$,则称 R 是反自反的,即
$$R \text{ 在 } X \text{ 上反自反} \Leftrightarrow (\forall x)(x \in X \to x\bar{R}x)$$

(3) 如果对于任意 $x,y \in X$,有 xRy,就有 yRx,则称 R 是对称的,即
$$R \text{ 在 } X \text{ 上对称} \Leftrightarrow (\forall x)(\forall y)((x \in X) \wedge (y \in X) \wedge (xRy) \to (yRx))$$

(4) 如果对于任意 $x,y \in X$, $x \neq y$,有 xRy,就有 $y\bar{R}x$,则称 R 在 X 上是反对称的,即
$$R \text{ 在 } X \text{ 上反对称} \Leftrightarrow (\forall x)(\forall y)((x \in X) \wedge (y \in X) \wedge (x \neq y) \wedge (xRy) \to (y\bar{R}x))$$

(5) 如果对于任意 $x,y,z \in X$,有 xRy 和 yRz,就有 xRz,则称 R 在 X 上是传递的,即
$$R \text{ 在 } X \text{ 上传递} \Leftrightarrow (\forall x)(\forall y)(\forall z)((x \in X) \wedge (y \in X) \wedge (z \in X)$$
$$\wedge (xRy) \wedge (yRz) \to (xRz))$$

例 3.19　设 $A = \{1,2,3\}$。

$R_1 = \{\langle 1,1 \rangle, \langle 2,2 \rangle, \langle 2,1 \rangle, \langle 3,3 \rangle\}$ 是集合 A 上自反而不是反自反的关系。

$R_2 = \{\langle 1,2 \rangle, \langle 1,3 \rangle, \langle 2,1 \rangle, \langle 2,3 \rangle\}$ 是集合 A 上反自反而不是自反的关系。

$R_3 = \{\langle 1,1 \rangle, \langle 1,3 \rangle, \langle 2,1 \rangle, \langle 2,3 \rangle\}$ 是集合 A 上既不是自反也不是反自反的关系。

$R_4 = \{\langle 1,1 \rangle, \langle 1,3 \rangle, \langle 3,1 \rangle, \langle 2,3 \rangle, \langle 3,2 \rangle\}$ 是集合 A 上对称的而不是反对称的关系。

$R_5 = \{\langle 1,1 \rangle, \langle 1,3 \rangle, \langle 2,1 \rangle, \langle 2,3 \rangle\}$ 是集合 A 上反对称而不是对称的关系。

$R_6 = \{\langle 1,1 \rangle, \langle 2,2 \rangle, \langle 3,3 \rangle\}$ 是集合 A 上既对称也反对称的关系。

$R_7 = \{\langle 1,2 \rangle, \langle 2,3 \rangle, \langle 3,2 \rangle\}$ 是集合 A 上既不是对称也不是反对称的关系。

$R_8 = \{\langle 1,1 \rangle, \langle 1,2 \rangle, \langle 2,1 \rangle, \langle 2,2 \rangle\}$ 和 $R_9 = \{\langle 1,2 \rangle, \langle 3,2 \rangle\}$ 是集合 A 上可传递的关系。

$R_{10} = \{\langle 1,2 \rangle, \langle 2,3 \rangle, \langle 1,3 \rangle, \langle 2,1 \rangle\}$ 是集合 A 上不可传递的关系,因为 $\langle 1,2 \rangle \in R_{10}$, $\langle 2,1 \rangle \in R_{10}$,但 $\langle 1,1 \rangle \notin R_{10}$。

定理 3.2　设 R 是 X 上的二元关系,则

(1) R 是对称的,当且仅当 $R = R^{-1}$。

(2) R 是反对称的,当且仅当 $R \cap R^{-1} \subseteq I_X$。

(3) R 是传递的,当且仅当 $R^2 \subseteq R$。

(4) R 是自反的,当且仅当 $I_X \subseteq R$。

(5) R 是反自反的,当且仅当 $I_X \cap R = \varnothing$。

说明:

(1) 关系 R 是自反的,当且仅当其关系矩阵的主对角线上的所有元素均为 1,其关系图上每个结点都有环。

(2) 关系 R 是反自反的,当且仅当其关系矩阵的主对角线上的元素均为 0,其关系图上每个结点都没有环。

(3) 关系 R 是对称的,当且仅当其关系矩阵是对称矩阵,其关系图上任意两个结点间若有有向弧则必是成对出现的。

(4) 关系 R 是反对称的,当且仅当其关系矩阵中关于主对角线对称的元素不能同时为 1,其关系图上任意两个不同结点间至多出现一条有向弧。

(5) 关系 R 是可传递的,当且仅当其关系矩阵满足:对 $\forall i,j,k (i \neq j, j \neq k)$,若 $r_{ij}=1$ 且 $r_{jk}=1$,则 $r_{ik}=1$;其关系图满足:对 $\forall i,j,k (i \neq j, j \neq k)$,若有有向弧由 a_i 指向 a_j,又有有向弧由 a_j 指向 a_k,则必有有向弧由 a_i 指向 a_k。

例 3.20 设 A 为 n 元集。

(1) A 上的自反关系有多少个?

(2) A 上的反自反关系有多少个?

(3) A 上的对称关系有多少个?

(4) A 上的反对称关系有多少个?

(5) A 上既不是对称也不是反对称的关系有多少个?

解:

(1) 2^{n^2-n} 个。

(2) 2^{n^2-n} 个。

(3) $2^n 2^{\frac{n^2-n}{2}} = 2^{\frac{n^2+n}{2}}$ 个。

(4) $2^n 3^{\frac{n^2-n}{2}}$ 个。

(5) $2^{n^2} - (2^{\frac{n^2+n}{2}} + 2^n 3^{\frac{n^2-n}{2}}) + 2^n$ 个。

3.6 关系的闭包

关系作为集合,在其上已经定义了并、交、差、补、复合及逆运算。现在再来考虑一种新的关系运算——关系的闭包运算,它是由已知关系通过增加最少的序偶生成满足某种指定性质的关系的运算。

定义 3.16(关系的闭包) 设 R 是 X 上的二元关系。如果有另一个 X 上的关系 R' 满足:

(1) R' 是自反的(对称的、传递的)。

(2) $R' \supseteq R$。

(3) 对于任何 X 上的自反的(对称的、传递的)关系 R'',若 $R'' \supseteq R$,就有 $R'' \supseteq R'$。

则称关系 R' 为 R 的自反(对称、传递)闭包。

这 3 种关系的闭包分别记为 $r(R)$、$s(R)$、$t(R)$。

显然,自反(对称、传递)闭包是包含 R 的最小自反(对称、传递)关系。

例 3.21 设 $A = \{a, b, c\}$,A 上的二元关系 $R = \{\langle a, a\rangle, \langle a, b\rangle, \langle b, c\rangle, \langle c, c\rangle\}$。

A 上含 R 且最小的自反关系是 $r(R) = R \bigcup \{\langle b, b\rangle\}$。

A 上含 R 且最小的对称关系是 $s(R) = R \bigcup \{\langle b, a\rangle, \langle c, b\rangle\}$。

A 上含 R 且最小的传递关系是 $t(R) = R \bigcup \{\langle a, c\rangle\}$。

定理 3.3 设 R 是 X 上的二元关系。

(1) R 是自反的,当且仅当 $r(R) = R$。

(2) R 是对称的,当且仅当 $s(R) = R$。

(3) R 是传递的,当且仅当 $t(R) = R$。

定理 3.4 设 R 是集合 X 上的二元关系。

(1) $r(R) = R \bigcup I_X$。

(2) $s(R) = R \bigcup R^{-1}$。

(3) $t(R) = \bigcup\limits_{i=1}^{\infty} R^i$。$t(R)$ 通常也记作 R^+。

证明:(1)(2)易证,略。

现证明(3)。令 $R' = \bigcup\limits_{i=1}^{\infty} R^i$,先证 R' 是传递的。$\forall \langle x, y\rangle \in R'$,$\langle y, z\rangle \in R'$,则存在自然数 k、l,有 $\langle x, y\rangle \in R^k$,$\langle y, z\rangle \in R^l$,因此 $\langle x, z\rangle \in R^{k+l} \subseteq \bigcup\limits_{i=1}^{\infty} R^i$,所以,$R'$ 是传递的。

显然,$R' \supseteq R$。若有传递关系 R'' 且 $R'' \supseteq R$,$\forall \langle x, y\rangle \in R'$,则存在自然数 m,有 $\langle x, y\rangle \in R^m$,则 $\exists a_i \in X (i = 1, 2, \cdots, m-1)$,使得 $\langle x, a_1\rangle, \langle a_1, a_2\rangle, \cdots, \langle a_{m-1}, y\rangle \in R$,因此 $\langle x, a_1\rangle$,$\langle a_1, a_2\rangle, \cdots, \langle a_{m-1}, y\rangle \in R''$,由于 R'' 是传递关系,则 $\langle x, y\rangle \in R''$,所以 $R'' \supseteq R'$。故

$$t(R) = \bigcup\limits_{i=1}^{\infty} R^i$$

例 3.22 设 $X = \{x, y, z\}$,X 上的二元关系 $R = \{\langle x, y\rangle, \langle y, z\rangle, \langle z, x\rangle\}$,求 $r(R)$、$s(R)$、$t(R)$。

解: $r(R) = R \bigcup I_X = \{\langle x, y\rangle, \langle y, z\rangle, \langle z, x\rangle, \langle x, x\rangle, \langle y, y\rangle, \langle z, z\rangle\}$

$\quad\quad s(R) = R \bigcup R^{-1} = \{\langle x, y\rangle, \langle y, z\rangle, \langle z, x\rangle, \langle y, x\rangle, \langle z, y\rangle, \langle x, z\rangle\}$

$$\boldsymbol{M}_R = \begin{bmatrix} 0 & 1 & 0 \\ 0 & 0 & 1 \\ 1 & 0 & 0 \end{bmatrix}$$

为了求得 $t(R)$,先写出

$$\boldsymbol{M}_{R^2} = \begin{bmatrix} 0 & 1 & 0 \\ 0 & 0 & 1 \\ 1 & 0 & 0 \end{bmatrix}^2 = \begin{bmatrix} 0 & 0 & 1 \\ 1 & 0 & 0 \\ 0 & 1 & 0 \end{bmatrix}$$

即

$$R^2 = \{\langle x, z\rangle, \langle y, x\rangle, \langle z, y\rangle\}$$

$$\boldsymbol{M}_{R^3} = \boldsymbol{M}_R^2 \circ \boldsymbol{M}_R = \begin{bmatrix} 0 & 0 & 1 \\ 1 & 0 & 0 \\ 0 & 1 & 0 \end{bmatrix} \circ \begin{bmatrix} 0 & 1 & 0 \\ 0 & 0 & 1 \\ 1 & 0 & 0 \end{bmatrix} = \begin{bmatrix} 1 & 0 & 0 \\ 0 & 1 & 0 \\ 0 & 0 & 1 \end{bmatrix}$$

$$R^3 = \{\langle x,x \rangle, \langle y,y \rangle, \langle z,z \rangle\}$$

$$\boldsymbol{M}_{R^4} = \boldsymbol{M}_{R^3} \circ \boldsymbol{M}_R = \begin{bmatrix} 1 & 0 & 0 \\ 0 & 1 & 0 \\ 0 & 0 & 1 \end{bmatrix} \circ \begin{bmatrix} 0 & 1 & 0 \\ 0 & 0 & 1 \\ 1 & 0 & 0 \end{bmatrix} = \begin{bmatrix} 0 & 1 & 0 \\ 0 & 0 & 1 \\ 1 & 0 & 0 \end{bmatrix}$$

$$R^4 = \{\langle x,y \rangle, \langle y,z \rangle, \langle z,x \rangle\} = R$$

$$R^5 = R^4 \circ R = R^2$$

继续这个运算,有

$$R = R^4 = \cdots = R^{3n+1}$$
$$R^2 = R^5 = \cdots = R^{3n+2}$$
$$R^3 = R^6 = \cdots = R^{3n+3}$$

其中,$n = 1, 2, 3, \cdots$。

$$t(R) = \bigcup_{i=1}^{\infty} R^i = R \cup R^2 \cup R^3 \cup \cdots = R \cup R^2 \cup R^3$$
$$= \{\langle x,y \rangle, \langle y,z \rangle, \langle z,x \rangle, \langle x,z \rangle, \langle y,x \rangle, \langle z,y \rangle, \langle x,x \rangle, \langle y,y \rangle, \langle z,z \rangle\}$$

从本例可以看到,若 X 有限,例如 X 含有 n 个元素,那么求取 X 上二元关系 R 的传递闭包 $t(R)$ 不需要计算到 R 的无限多次复合,而最多不超过 n 次复合。

定理 3.5　设 X 是含有 n 个元素的集合,R 是 X 上的二元关系,则存在一个正整数 $k \leqslant n$,使得 $t(R) = \bigcup_{i=1}^{k} R^i$。

证明:设 $x_i, x_j \in X$,记 $t(R) = R^+$。若 $x_i R^+ x_j$,则存在整数 $p > 0$,使得 $x_i R^p x_j$ 成立,即存在序列 $a_1, a_2, \cdots, a_{p-1}, a_i \in X (i = 1, 2, \cdots, m-1)$,有 $x_i R a_1, a_1 R a_2, \cdots, a_{p-1} R x_j$。设满足上述条件的最小 p 大于 n,不妨 $x_i = a_0, x_j = a_p$,则序列中必有 $0 \leqslant t < q < s \leqslant p$,使得 $a_t = a_q$ 或 $a_q = a_s$。不妨设 $a_t = a_q$,此时序列就成为

$$\underbrace{x_i R x_1, x_1 R x_2, \cdots, x_{t-1} R x_t}_{t \uparrow} \quad \underbrace{x_t R x_{q+1}, x_{q+1} R x_{q+2}, \cdots, x_{p-1} R x_j}_{p-q \uparrow}$$

这表明 $x_i R^k x_j$ 存在,其中 $k = t + p - q = p - (q - t) < p$,这与假设 p 最小矛盾,所以,$p > n$ 不成立,即 $p \leqslant n$。因此 $t(R) = \bigcup_{i=1}^{k} R^i (k \leqslant n)$,式中的 n 给出了复合次数的上限。

例 3.23　设 $A = \{a, b, c\}$,给定 A 上的关系 $R = \{\langle a,a \rangle, \langle a,b \rangle, \langle b,c \rangle, \langle c,c \rangle\}$,求 $t(R)$。

解:$t(R) = \bigcup_{i=1}^{3} R^i$

$$\boldsymbol{M}_R = \begin{bmatrix} 1 & 1 & 0 \\ 0 & 0 & 1 \\ 0 & 0 & 1 \end{bmatrix}$$

$$\boldsymbol{M}_{R^2}=\begin{bmatrix}1&1&0\\0&0&1\\0&0&1\end{bmatrix}^2=\begin{bmatrix}1&1&1\\0&0&1\\0&0&1\end{bmatrix}$$

$$\boldsymbol{M}_{R^3}=\begin{bmatrix}1&1&1\\0&0&1\\0&0&1\end{bmatrix}\circ\begin{bmatrix}1&1&0\\0&0&1\\0&0&1\end{bmatrix}=\begin{bmatrix}1&1&1\\0&0&1\\0&0&1\end{bmatrix}$$

所以

$$\boldsymbol{M}_{t(R)}=\begin{bmatrix}1&1&1\\0&0&1\\0&0&1\end{bmatrix}$$

即 $t(R)=\{\langle a,a\rangle,\langle a,b\rangle,\langle a,c\rangle,\langle b,c\rangle,\langle c,c\rangle\}$。

为计算元素较多的有限集合 X 上二元关系 R 的传递闭包,Warshall 在 1962 年提出了一个有效的算法(假定集合 X 含有 n 个元素):

(1) 置新矩阵 $\boldsymbol{M}=\boldsymbol{M}_R$。

(2) 置 $i=1$。

(3) 对 $j=1,2,\cdots,n$,若 $r_{ji}=1(\boldsymbol{M}_R=[r_{ij}]_{m\times n})$,则置 $r_{jk}=r_{jk}\vee r_{ik},k=1,2,\cdots,n$。

(4) $i=i+1$。

(5) 如果 $i\leqslant n$,则转到步骤(3)、(4);否则停止。

例 3.24 已知 $\boldsymbol{M}_R=\begin{bmatrix}1&1&0\\0&0&1\\0&0&1\end{bmatrix}$,求 $t(R)$。

解:按照 Warshall 算法,对集合上的关系 R,从 $\boldsymbol{M}_R$ 出发可直接求得 $\boldsymbol{M}_{t(R)}$。

首先将其关系矩阵 $\boldsymbol{M}_{t(R)}$ 赋予 $\boldsymbol{M}$:

$$\boldsymbol{M}=\boldsymbol{M}_R=\begin{bmatrix}1&1&0\\0&0&1\\0&0&1\end{bmatrix}$$

查看第 1 列中的 1,对有 1 的行进行改写:将当前行的元素与列中有 1 的行的元素分别进行析取运算。对本例,$i=1$ 时,第 1 列中只有 $r_{11}=1$,将第一行与第一行各对应元素进行逻辑加,仍记于第一行,此时 $\boldsymbol{M}$ 为

$$\begin{bmatrix}1&1&0\\0&0&1\\0&0&1\end{bmatrix}$$

查看第 2 列中的 1,对有 1 的行进行改写。$i=2$ 时,第 2 列中 $r_{12}=1$,将第二行与第一行各对应元素进行逻辑加,仍记于第一行,此时 $\boldsymbol{M}$ 为

$$\begin{bmatrix}1&1&1\\0&0&1\\0&0&1\end{bmatrix}$$

$i=3$ 时,查看第 3 列中的 1,第 3 列中 $r_{13}=1,r_{23}=1,r_{33}=1$,将第三行分别与第一行、第二行、第三行各对应元素进行逻辑加,仍分别记于第一行、第二行、第三行,此时 $\boldsymbol{M}$ 为

$$\begin{bmatrix} 1 & 1 & 1 \\ 0 & 0 & 1 \\ 0 & 0 & 1 \end{bmatrix}$$

以上每一次循环重复操作均在前一次操作结果的矩阵 M 上进行。

最终得

$$t(R)=\{\langle a,a\rangle,\langle a,b\rangle,\langle a,c\rangle,\langle b,c\rangle,\langle c,c\rangle\}$$

3.7　关系的应用

关系代数是以关系为运算对象的一组高级运算的集合。由于关系定义为属性个数相同的元组的集合,因此集合代数的操作可以引入关系代数中。关系代数中除了传统的关系操作——并、差、交、笛卡儿积(乘)、笛卡儿积的逆运算(除)外,还存在扩充的关系操作,对关系进行垂直分割(投影)、水平分割(选择)、关系的结合(连接、自然连接)等。

定义 3.17(投影运算)　从关系的垂直方向进行运算,在关系 R 中选出若干属性列 A 组成新的关系,记为 $\pi_A(R)$。投影运算的形式如下:

$$\pi_A(R)=\{t[A]\mid t\in R\}$$

定义 3.18(选择运算)　从关系的水平方向进行运算,从关系 R 中选择满足给定条件的元组,记为 $\sigma_F(R)$。选择运算的形式如下:

$$\sigma_F(R)=\{t\mid t\in R \wedge F(t)=\text{True}\}$$

例 3.25　有关系 R、S 如下,求 $R\cup S$、$R-S$、$R\times S$、$\pi_{C,A}(R)$ 和 $\sigma_{B>4}(R)$。

关系 R

A	B	C
1	2	3
4	5	6
7	8	9

关系 S

A	B	C
2	4	6
4	5	6

解:

$R\cup S$

A	B	C
1	2	3
4	5	6
7	8	9
2	4	6

$R-S$

A	B	C
1	2	3
7	8	9

$R\times S$

$R.A$	$R.B$	$R.C$	$S.A$	$S.B$	$S.C$
1	2	3	2	4	6

续表

R.A	R.B	R.C	S.A	S.B	S.C
1	2	3	4	5	6
4	5	6	2	4	6
4	5	6	4	5	6
7	8	9	2	4	6
7	8	9	4	5	6

<table>
<tr><td colspan="2" align="center">$\pi_{C,A}(R)$</td><td colspan="3" align="center">$\sigma_{B>'4'}(R)$</td></tr>
<tr><td>C</td><td>A</td><td>A</td><td>B</td><td>C</td></tr>
<tr><td>3</td><td>1</td><td>4</td><td>5</td><td>6</td></tr>
<tr><td>6</td><td>4</td><td>7</td><td>8</td><td>9</td></tr>
<tr><td>9</td><td>7</td><td></td><td></td><td></td></tr>
</table>

定义 3.19（连接运算） 把两个表中的行按照给定的条件进行拼接,成为新表。

$$R \infty_{X\theta Y} S = \sigma_{X\theta Y}(R \times S)$$

数据库中最常用的是自然连接运算,它要求两个表有共同的属性(列)。自然连接运算的结果是在参与操作的两个表的共同属性上进行等值连接再去除重复的属性后获得的新表。

例 3.26 已知 A 表和 B 表如下:

A 表

T_1	T_2
1	A
6	F
2	B

B 表

T_3	T_4	T_5
1	3	M
2	0	N

A 表和 B 表的自然连接结果如下:

连接后的表

T_1	T_2	T_3	T_4	T_5
1	A	1	3	M
2	B	2	0	N

例 3.27 有如下 3 个关系:

学生关系(学号,姓名,性别,年龄,所在学院)

课程关系(课程号,课程名,开课学院,任课教师)

选修关系(学号,课程号,成绩)

这三个关系分别用 S、C、SC 表示。

查询至少选修了课程号（Cno）为 C5 和 C9 的学生学号（Sno），正确的关系代数为

$$\pi_{Sno}(\sigma_{Cno='C5'}(sc)) \bigcap \pi_{Sno}(\sigma_{Cno='C9'}(sc))$$

该运算涉及 3 个表，先选择，再投影，最后并。

查询学生（姓名用 Sname 表示）"李力"所学课程的课程名（Cname）与任课教师名（Tname），正确的关系代数为

$$\pi_{Cname,Tname}(\sigma_{Sname='李力'}(S \propto SC \propto C))$$

该运算涉及 3 个表，先连接，再选择，最后投影。

◇ 3.8　相　容　关　系

定义 3.20（相容关系）　给定集合 A 上的关系 R。若 R 是自反的、对称的，则称 R 是 A 上的相容关系。

相容关系 R 只要满足自反性与对称性，因此，等价关系一定是相容关系，但反之不一定。例如，定义关系 $R=\{\langle x,y\rangle \mid x,y \in A,$ 且 x 和 y 有相同的字母$\}$，显然 R 是一个相容关系。

例 3.28　设 A 是由下列英文单词组成的集合：

$$A=\{cat,teacher,cold,desk,knife,by\}$$

令 $x_1=cat, x_2=teacher, x_3=cold, x_4=desk, x_5=knife, x_6=by$，$R$ 的关系图和关系矩阵如图 3.9 所示。

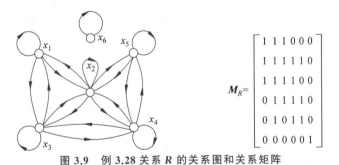

图 3.9　例 3.28 关系 R 的关系图和关系矩阵

由于相容关系是自反的和对称的，因此，其关系矩阵的对角线元素都是 1，且关系矩阵是对称的。

◇ 3.9　等　价　关　系

在二元关系的基础上，本节讲述等价关系及其应用。

3.9.1　等价关系的定义

定义 3.21（等价关系）　设 R 为定义在集合 A 上的一个关系。若 R 是自反的、对称的和传递的，则 R 称为等价关系。

例 3.29

(1) 在三角形集合中,三角形的相似关系是等价关系。

(2) 在任何数集中,数的相等关系是等价关系。

(3) 在一群人的集合中,姓氏相同的关系是等价关系。

(4) 设 A 是任意非空集合,则 A 上的恒等关系 I_A 和全域关系 E_A 均是 A 上的等价关系。

例 3.30 设集合 $A=\{a,b,c,d,e\}$,$R=\{\langle a,a\rangle,\langle a,b\rangle,\langle b,a\rangle,\langle b,b\rangle,\langle c,c\rangle,\langle c,d\rangle,\langle c,e\rangle,\langle d,c\rangle,\langle d,d\rangle,\langle d,e\rangle,\langle e,c\rangle,\langle e,d\rangle,\langle e,e\rangle\}$,验证 R 是 A 上的等价关系。

证明:关系 R 的关系矩阵和关系图如图 3.10 所示。

$$M_R=\begin{bmatrix}1&1&0&0&0\\1&1&0&0&0\\0&0&1&1&1\\0&0&1&1&1\\0&0&1&1&1\end{bmatrix}$$

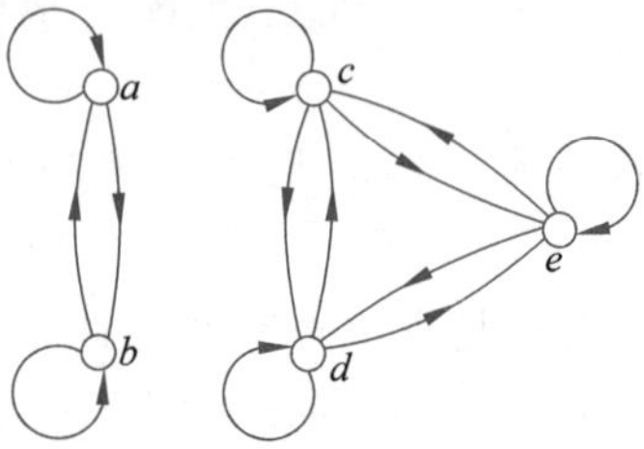

图 3.10   例 3.30 关系 R 的关系矩阵和关系图

关系矩阵对角线上的所有元素都是 1,关系图上每个结点都有自环,说明 R 是自反的;关系图上任意两个结点间或者没有有向弧线,或者成对有向弧,故 R 是对称的;从 R 的序偶表达式中可以看出 R 是传递的。因此,R 是 A 上的等价关系。

定义 3.22(等价类) 设 R 是集合 A 上的等价关系。对任何 $a,b\in A$,若 aRb,则称 a 与 b 等价。对任何 $a\in A$,集合 A 中等价于 a 的所有元素组成的集合称为以 a 为代表元素的(a 关于等价关系 R 的)等价类,记作 $[a]_R$,即

$$[a]_R=\{x\mid x\in A,aRx\}$$

因为 $aRa,a\in[a]_R$,由等价类的定义可知 $[a]_R$ 是非空的。因此,任给集合 A 及其上的等价关系 R,必可写出 A 上各个元素的等价类。例如,在例 3.30 中,A 的各个元素的等价类为

$$[a]_R=\{x\mid x\in A,aRx\}=\{a,b\}=\{x\mid x\in A,bRx\}=[b]_R$$

$$[c]_R=\{x\mid x\in A,cRx\}=\{c,d,e\}=\{x\mid x\in A,dRx\}=[d]_R=\{x\mid x\in A,eRx\}=[e]_R$$

可见,A 上的等价关系 R 的不同等价类有两个。

例 3.31 设 I 是整数集合,R 是模 3 同余关系,即

$$R=\{\langle x,y\rangle\mid x\in I,y\in I,x\equiv y(\bmod 3)\}$$

确定由 I 的元素所产生的等价类。

解:整数集合上的模 k 同余的关系是等价关系,故本例中由 I 的元素所产生的等价类是

$$[0]_R=\{\cdots,-6,-3,0,3,6,\cdots\}$$

$$[1]_R=\{\cdots,-5,-2,1,4,7,\cdots\}$$

$$[2]_R=\{\cdots,-4,-1,2,5,8,\cdots\}$$

从本例可以看到,在集合 I 上模 3 同余等价关系 R 所构成的等价类有:

$$[0]_R = [3]_R = [-3]_R = \cdots = [3k]_R$$
$$[1]_R = [4]_R = [-2]_R = \cdots = [3k+1]_R$$
$$[2]_R = [5]_R = [-1]_R = \cdots = [3k+2]_R$$
$$k = \cdots, -2, -1, 0, 1, 2, \cdots$$

若是集合上的等价关系,则关系的全部等价类构成集合的一个划分,并且同一个集合在不同的关系下有不同的划分。而且,如果给定集合的一个划分,就可以得到与这个划分对应的等价关系。

3.9.2　等价关系的应用

1. 等价关系在数据库中的应用

利用数据库管理系统能随时随地进行各种数据操作。在数据库管理系统中,分组查询是一种重要的数据操作,它在本质上也是一种等价类的划分,即将相关数据表中的所有记录作为一个集合,根据记录的一个或多个属性字段的值是否相同对表中的记录进行分类,字段值相同的归于同一类,在此基础上可以进行分组统计等操作。

2. 等价关系在数理逻辑中的应用

在数理逻辑中,命题公式的等值是指由它们构成的等值式为永真式。命题公式的等值关系是建立在由所有命题公式构成的集合上的一种等价关系,这种等价关系将所有命题公式按其是否等值划分成若干个等价类,属于同一个等价类中的命题公式彼此等值,因而,只要清楚了等价类中某个命题公式的性质,则与该命题公式同类的命题公式的性质也就完全清楚了。因此,命题公式的等值关系(等价关系)是获取命题公式性质的基石。

3. 等价关系在图论中的应用

在图论中,无向图中点与点之间的连通关系即为可达关系,它是建立在由无向图中所有结点组成的集合上的等价关系,只要两个结点间存在通路,则这两个结点就是等价的,它们便归于同一类。无向图中连通分支的概念就建立在连通关系的基础之上。图的同构关系也是图论中十分重要的等价关系,它实际上是全体图集合上的一个同时满足自反性、对称性和可传递性的二元关系,可按此等价关系对全体图集合中的图进行划分,使属于同一个等价类中的图具有完全相同的性质。

◇ 3.10　偏序关系

在一个集合中常常要考虑元素的次序关系,其中很重要的一类次序关系称为偏序关系。

3.10.1　偏序关系的定义

定义 3.23(偏序关系)　设 A 是一个集合,如果 A 上的一个关系 R 满足自反性、反对称性和传递性,则称 R 是 A 上的一个偏序关系,并把它记为 $\leqslant$。序偶 $\langle A, \leqslant \rangle$ 称为偏序集。

例 3.32　在实数集 $\mathbf{R}$ 上,小于或等于关系是偏序关系。这是因为:

(1) 对于任何实数 $a \in \mathbf{R}$,有 $a \leqslant a$ 成立,故 $\leqslant$ 是自反的。

(2) 对任何实数 $a, b \in \mathbf{R}$,如果 $a \leqslant b$ 且 $b \leqslant a$,则必有 $a = b$,故 $\leqslant$ 是反对称的;

(3) 对任何实数 $a, b, c \in \mathbf{R}$,如果 $a \leqslant b, b \leqslant c$,那么必有 $a \leqslant c$,故 $\leqslant$ 是传递的。

例 3.33 设 S 为任意非空集合，S 上的包含关系 $\subseteq$ 是偏序关系。这是因为：

（1）对于任意 $A \in P(S)$，有 $A \subseteq A$，所以 $\subseteq$ 是自反的。

（2）对任意 $A, B \in P(S)$，若 $A \subseteq B$ 且 $B \subseteq A$，则 $A = B$，所以 $\subseteq$ 是反对称的。

（3）对任意 A、B、$C \in P(S)$，若 $A \subseteq B$ 且 $B \subseteq C$，则 $A \subseteq C$，所以 $\subseteq$ 是可传递的。

3.10.2　偏序关系的哈斯图

为了更清楚地描述偏序集合中元素间的层次关系，先介绍覆盖的概念。

定义 3.24（覆盖）　在偏序集合 $\langle A, \leqslant \rangle$ 中，如果 $x, y \in A$，$x \leqslant y$，$x \neq y$，且没有其他元素 z 满足 $x \leqslant z$，$z \leqslant y$，则称元素 y 覆盖元素 x，并且记

$$\text{COV } A = \{\langle x, y \rangle \mid x, y \in A; y \text{ 覆盖 } x\}$$

称 $\text{COV } A$ 为偏序集 $\langle A, \leqslant \rangle$ 中的覆盖关系。显然 $\text{COV } A \subseteq \leqslant$。

例 3.34　设 $A = \{1, 2, 3, 4, 6, 8, 12\}$，并设 | 为整除关系，求 $\text{COV } A$。

解：$| = \{\langle 1,1 \rangle, \langle 1,2 \rangle, \langle 1,3 \rangle, \langle 1,4 \rangle, \langle 1,6 \rangle, \langle 1,8 \rangle, \langle 1,12 \rangle, \langle 2,2 \rangle, \langle 2,4 \rangle, \langle 2,6 \rangle,$
$\quad \langle 2,8 \rangle, \langle 2,12 \rangle, \langle 3,3 \rangle, \langle 3,6 \rangle, \langle 3,12 \rangle, \langle 4,4 \rangle, \langle 4,8 \rangle, \langle 4,12 \rangle, \langle 6,6 \rangle, \langle 6,12 \rangle,$
$\quad \langle 8,8 \rangle, \langle 12,12 \rangle\}$

$\quad \text{COV } A = \{\langle 1,2 \rangle, \langle 1,3 \rangle, \langle 2,4 \rangle, \langle 2,6 \rangle, \langle 3,6 \rangle, \langle 4,8 \rangle, \langle 4,12 \rangle, \langle 6,12 \rangle\}$

对于给定偏序集 $\langle A, \leqslant \rangle$，它的覆盖关系是唯一的，哈斯根据覆盖的概念给出了偏序关系图的一种画法，用该画法画出的图称为哈斯图，其作图规则如下：

（1）用小圆圈代表元素。

（2）如果 $x \leqslant y$ 且 $x \neq y$，则将代表 y 的小圆圈画在代表 x 的小圆圈之上。

（3）如果 $\langle x, y \rangle \in \text{COV } A$，则在 x 与 y 之间用直线连接。

根据这个画图规则，例 3.34 中偏序集的一般关系图和哈斯图如图 3.11 所示。

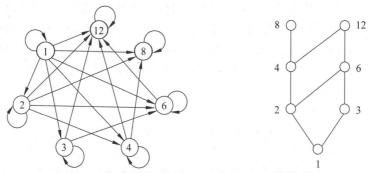

图 3.11　例 3.34 中偏序集的一般关系图和哈斯图

3.10.3　偏序集中的特殊元素

从偏序集的哈斯图可以看到偏序集中各个元素之间具有分明的层次关系，其中必有一些特殊元素。下面讨论偏序集中的特殊元素。

定义 3.25（最小元、最大元、极小元、极大元）　设 $\langle A, \leqslant \rangle$ 是一个偏序集合，且 B 是 A 的子集。

（1）若有元素 $y \in B$，使得 $\forall x (x \in B \rightarrow y \leqslant x)$ 成立，则称 y 为 B 的最小元。

（2）若有元素 $y \in B$，使得 $\forall x(x \in B \rightarrow x \leqslant y)$ 成立，则称 y 为 B 的最大元。

（3）若有元素 $y \in B$，使得 $\forall x(x \in B \wedge x \leqslant y \rightarrow x = y)$ 成立，则称 y 为 B 的极小元。

（4）若有元素 $y \in B$，使得 $\forall x(x \in B \wedge y \leqslant x \rightarrow x = y)$ 成立，则称 y 为 B 的极大元。

说明：

（1）由以上定义可见，最小元是 B 中最小的元素，它与 B 中其他元素都可比（有关系）。

（2）极小元不一定与 B 中元素可比，只要没有比它小的元素，它就是极小元。

（3）对于有穷集 B，极小元一定存在，但最小元不一定存在。最小元如果存在，一定是唯一的。

（4）极小元可能有多个，但不同的极小元之间是不可比的（无关系）。

（5）如果 B 中只有一个极小元，则它一定是 B 的最小元。

（6）在哈斯图中，集合 B 的极小元是 B 中各元素中的最底层。

例 3.35　设 $A = \{2, 3, 5, 7, 14, 15, 21\}$，其偏序关系为

$$R = \{\langle 2, 14 \rangle, \langle 3, 15 \rangle, \langle 3, 21 \rangle, \langle 5, 15 \rangle, \langle 7, 14 \rangle, \langle 7, 21 \rangle, \langle 2, 2 \rangle,$$
$$\langle 3, 3 \rangle \langle 5, 5 \rangle, \langle 7, 7 \rangle, \langle 14, 14 \rangle, \langle 15, 15 \rangle, \langle 21, 21 \rangle\}$$

求 $B = \{2, 7, 3, 21, 14\}$ 的最小元、最大元、极小元和极大元。

解：$COV\ A = \{\langle 2, 14 \rangle, \langle 3, 15 \rangle, \langle 3, 21 \rangle, \langle 5, 15 \rangle, \langle 7, 14 \rangle, \langle 7, 21 \rangle\}$。$\langle A, R \rangle$ 的哈斯图如图 3.12 所示。故 B 的极小元集合是 $\{2, 7, 3, 5\}$，B 的极大元集合为 $\{14, 21, 15\}$。B 无最小元，也无最大元。

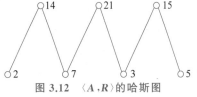

图 3.12　$\langle A, R \rangle$ 的哈斯图

例 3.36　在例 3.35 中取 B 分别为 A、$\{6, 12\}$ 和 $\{2, 3, 6\}$，则 B 集合上的最小元、最大元、极小元、极大元如表 3.1 所示。

表 3.1　B 集合上的最小元、最大元、极小元、极大元

集合	极小元	极大元	最小元	最大元
A	2,3	24,36	无	无
$\{6, 12\}$	6	12	6	12
$\{2, 3, 6\}$	2,3	6	无	6

3.10.4　偏序关系图在课程设置中的应用

随着社会需求的提高、高等教育的发展以及人才培养的复合化趋势，高校教务部门越来越感觉到课程设置的困难。高校在制订学生培养计划时很难做到面面俱到，也难以厘清各学科课程之间的内在联系和课程开设的先后关系。由于课程的内在联系决定了课程学习的先后关系，即，如果课程 A 是课程 B 的基础，则课程 A 需要先于课程 B 学习，也就是课程 A 是课程 B 的先修课程，否则违背教学规律。因此，课程集合内的元素之间是一个偏序关系，它满足自反性、反对称性和传递性。

例 3.37　以某高校的信息与计算科学专业 2013 级本科生的课程设置为例，仅考虑专业基础课和专业课。将课程视为顶点，课程之间的内在联系为偏序关系，得到课程设置哈斯

图,如图 3.13 所示(课程名后带序号的课程表示因课时较多需分学期进行教学的课程)。

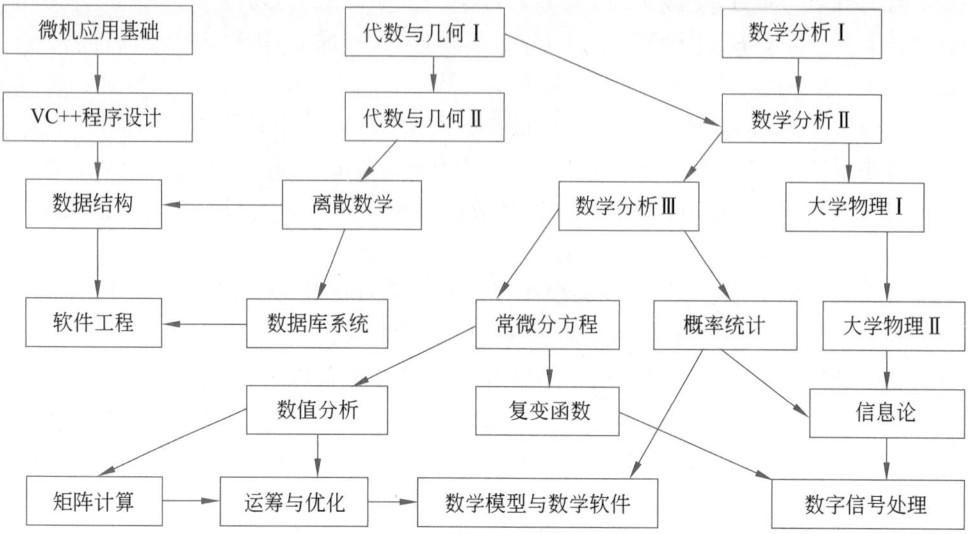

图 3.13 课程设置哈斯图

现在把平行拓扑排序算法应用到图 3.13 上,从而得到课程开设的先后关系,步骤如下:

(1)"微机应用基础""代数与几何Ⅰ""数学分析Ⅰ"无前驱,先输出它们,并删除这 3 个顶点和以它们为尾的有向弧。

(2)新的顶点"VC++ 程序设计""代数与几何Ⅱ""数学分析Ⅱ"无前驱,输出它们,然后删除这 3 个顶点和以它们为尾的有向弧。

(3)重复上面的操作,直到全部顶点都已经输出为止。

(4)参考利用调查问卷得到的课程设置的原则,优化课程设置。

最终得到的各学期的课程设置如表 3.2 所示。

表 3.2 各学期的课程设置

第一学期	第二学期	第三学期	第四学期	第五学期	第六学期	第七学期
代数与几何Ⅰ	代数与几何Ⅱ	常微分方程	数值分析	运筹与优化	数字信号处理	软件工程
数学分析Ⅰ	数学分析Ⅱ	数学分析Ⅲ	复变函数	矩阵计算		
微机应用基础	VC++ 程序设计	离散数学	数据库系统	数据结构	数学模型与数学软件	
	大学物理Ⅰ	大学物理Ⅱ	概率统计	信息论		

◈ 3.11 格 的 概 念

前面已经介绍了偏序和偏序集的概念。偏序集是由一个集合 X 以及 X 上的一个偏序关系≤所组成的一个序偶——$\langle X, \leqslant \rangle$。设 a、b 都是某个偏序集中的元素,以下把集合 $\{a, b\}$ 的最小上界(最大下界)称为元素 a、b 的最小上界(最大下界)。

定义 3.26(格) 设 $\langle X, \leqslant \rangle$ 是一个偏序集。如果 X 中任意两个元素都有最小上界和最大下界,则称 $\langle X, \leqslant \rangle$ 为格。

对于给定的偏序集,它的子集不一定有最小上界或最大下界。例如,在图 3.14 所示的偏序集中,b、c 的最大下界是 a,但没有最小上界;d、e 的最小上界是 f,但没有最大下界。因此,该偏序集不构成格。

例 3.38　S 是一个集合,$P(S)$ 是 S 的幂集,则 $\langle P(S),\subseteq\rangle$ 是一个格。因为对于任何 $A,B\subseteq S$,A、B 的最小上界为 $A\cup B$,A、B 的最大下界为 $A\cap B$。

例 3.39　设 n 是正整数,S_n 是 n 的正因子的集合。D 为整除关系,则偏序集 $\langle S_n,D\rangle$ 构成格。$\forall x,y\in S_n$,$x\vee y$ 是 lcm(x,y),即 x 与 y 的最小公倍数;$x\wedge y$ 是 gcd(x,y),即 x 与 y 的最大公约数。如图 3.15 所示,$\langle S_6,D\rangle$ 构成格。

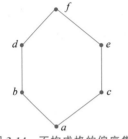

图 3.14　不构成格的偏序集

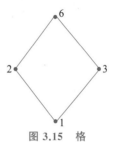

图 3.15　格

◆ 3.12　特殊的二元关系——函数

函数是特殊的二元关系。离散对象之间的函数关系在计算机科学研究中有着重要的意义。

3.12.1　函数的概念与分类

定义 3.27(函数)　设 F 为二元关系,若 $\forall x\in\text{dom }F$,都存在唯一的 $y\in\text{ran }F$ 使 xFy 成立,则称 F 为函数或映射。对于函数 F,如果有 xFy,则记为 $y=F(x)$,并称 y 为 F 在 x 处的值。

说明:

(1) 函数是特殊的二元关系。

(2) 函数的定义域为 dom F,而不是它的真子集。

(3) 一个 x 只能对应唯一的 y。

例 3.40　判断下列关系是否为函数。
$$F_1=\{\langle x_1,y_1\rangle,\langle x_2,y_2\rangle,\langle x_3,y_2\rangle\},F_2=\{\langle x_1,y_1\rangle,\langle x_1,y_2\rangle\}$$

解:F_1 是函数,F_2 不是函数。

定义 3.28(函数的类型)　设 $f:A\to B$。

(1) 若 ran $f=B$,则称 $f:A\to B$ 是满射。

(2) 若 $\forall y\in\text{ran }f$ 都存在唯一的 $x\in A$ 使得 $f(x)=y$,则称 $f:A\to B$ 是单射。

(3) 若 f 既是满射又是单射,则称 $f:A\to B$ 是双射或一一映射。

单射、满射和双射示例如图 3.16 所示。

如果 $f:A\to B$ 是满射,则对于任意的 $y\in B$,都存在 $x\in A$,使得 $f(x)=y$。

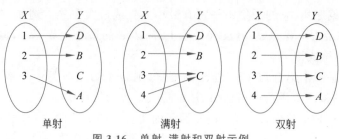

图 3.16　单射、满射和双射示例

如果 $f:A \to B$ 是单射,则对于 $x_1, x_2 \in A$ 且 $x_1 \neq x_2$,一定有 $f(x_1) \neq f(x_2)$,即不会出现多对一的情况。换句话说,如果 $x_1, x_2 \in A$ 有 $f(x_1) = f(x_2)$,则一定有 $x_1 = x_2$。

例 3.41　对于以下给定的 A、B 和 f,判断是否构成映射(函数)$f:A \to B$。如果能,说明 $f:A \to B$ 是否为单射、满射和双射,并根据要求进行计算。

(1) $A = \{1,2,3,4,5\}, B = \{6,7,8,9,10\}, f = \{\langle 1,8 \rangle, \langle 3,9 \rangle, \langle 4,10 \rangle, \langle 2,6 \rangle, \langle 5,9 \rangle\}$。

(2) $A = \{1,2,3,4,5\}, B = \{6,7,8,9,10\}, f = \{\langle 1,7 \rangle, \langle 2,6 \rangle, \langle 4,5 \rangle, \langle 1,9 \rangle, \langle 5,10 \rangle\}$。

解:

(1) 能构成 $f:A \to B$。f 不是单射,因为 $f(3) = f(5) = 9$。f 不是满射,因为 $7 \notin \text{ran } f$。

(2) 不能构成 $f:A \to B$,因为 $\langle 1,7 \rangle \in f$ 且 $\langle 1,9 \rangle \in f$。

例 3.42　令 $X = \{x_1, x_2, \cdots, x_m\}, Y = \{y_1, y_2, \cdots, y_n\}$。

(1) 有多少不同的由 X 到 Y 的关系?

(2) 有多少不同的 X 到 Y 的映射?

(3) 有多少不同的由 X 到 Y 的单射、双射?

解:

(1) 有 2^{mn} 个不同的由 X 到 Y 的关系。

(2) 有 n^m 个不同的 X 到 Y 的映射。

(3) X 到 Y 的单射个数为:

- 若 $m < n$,有 $m! \, C_n^m$ 个单射。

- 若 $m > n$,有 0 个单射。

- 若 $m = n$,有 $m!$ 个单射。

只有 $m = n$ 时,才存在 X 到 Y 的双射,个数为 $m!$。

3.12.2　函数应用——哈希函数

哈希函数是指一种能够将任意数据转换为固定长度编码的函数。给定一个任意长度的消息 m,映射为 $h(m)$ 的固定长度一般为 $128 \sim 1024$ 位。由于这个过程通过计算哈希值打乱元素之间原有的关系,使集合中的元素可以按照哈希函数进行排列,所以这个过程也称为散列,这个映射函数也称为散列函数。存放记录的数组称为哈希表(hash table,也叫散列表),取关键字或关键字的某个线性函数值为哈希地址。因为不同数据得到的哈希值可能相同,所以哈希过程一般不可逆,即哈希函数为单向函数,给定消息 m 可以很容易计算 $h(m)$,但给定 x 不能求出满足 $x = h(m)$ 的 m。设计好的哈希函数可以应用于哈希存储、数字加密、区块链、数字签名等方面。

1. 哈希存储、插入及查找

顺序表和链表在查找数据时都需要从列表的第一个元素开始进行比对,直到检索到目标元素或者检索失败,比较费时费力;而哈希存储根据待插入元素的关键码和哈希函数计算出其存储位置,将每个数据通过哈希函数编码成一个二进制数,然后将这个二进制数作为地址保存这个数据。简言之,就是通过某种哈希函数,使得其元素的存储位置与它的关键码之间能够建立一一映射关系,往后在存储、插入及查找此元素时,就可以通过此函数很快找到相应元素。显然,哈希存储节省了数据比对的时间,适用于对查找性能要求高、数据元素之间无逻辑关系要求的情况。

2. 数字加密

例如,如果使用明文存储用户密码,那么管理员很容易就能在后台获取用户的密码并登录系统。如果通过哈希函数进行用户密码加密,那么管理员在后台只能看到通过哈希函数计算得到的哈希值,并且由于哈希函数不可逆的特性,管理员无法通过哈希函数得到用户密码的明文。当然,用户一般不会设定过于复杂的密码,因此,黑客可以穷举常用的密码组合并计算相应的哈希值,然后和用户的哈希值进行一一比对,从而获取密码明文。实际密码加密过程往往更加复杂,也更难被破解,这里不展开讲。

3. 区块链

哈希函数用于反映区块链的实际状态,以保证区块链的不变性。区块链中的每笔交易中包括发件人地址、收件人地址、数量、时间戳等信息。该数据组合之后进入哈希函数,该函数产生一个特殊的哈希值,称为支付哈希值或交易 ID。此哈希值用于验证是否发生了某个交易,而不是在区块链上。

4. 数字签名

数据完整性检查是哈希函数最常见的应用之一。验证签名是验证数字文档或消息真实性的过程。它用于生成数据文件的校验和,向用户提供有关数据真实性的保证。满足先决条件的有效数字签名向其接收者提供强有力的证据,证明消息是由已知的发送者创建的,并且消息在传输过程中没有被更改。

5. 其他应用

哈希函数的其他应用还包括数据校验、版权校验、大文件分块校验、负载均衡、服务器缩容、服务器扩容、虚拟节点等。此外,哈希函数还广泛应用在其他领域,例如,集合论中集合的等势是指从 A 到 B 存在一个双射函数,即集合 A 中的元素与集合 B 中的元素存在着一一对应的关系。显然,如果能够证明集合 A、B 是等势关系(A 到 B 之间的映射既是单射又是满射),则这两个集合所含元素的个数相同,就视它们为类型相同的集合,可将它们归于同一类。

◇ 3.13　计 数 问 题

计数问题是组合数学研究的主要问题之一,计数技术在数学、计算机科学(特别是在"数据结构""算法分析与设计"等后续课程中)有着非常重要的应用。

3.13.1 包含排斥原理

求几个有限集合的元素个数是一个实用且有趣的问题。容斥原理用来研究若干有限集合交与并的计数问题。

定义 3.29（容斥原理） 在计算某类物体的数目时要排斥那些不应包含在这个计数中的数目,同时要包容那些被错误地排斥了的数目,这就是容斥原理,又称为包含排斥原理。

定理 3.6 设 A_1、A_2 为有限集合,其元素个数分别为 $|A_1|$、$|A_2|$,则

$$|A_1 \bigcup A_2| = |A_1| + |A_2| - |A_1 \bigcap A_2|$$

例 3.43 设 A、B、C 是 3 家计算机公司,它们的固定客户分别有 12、16 和 20 家。已知 A 与 B、B 与 C、C 与 A 的公共固定客户分别为 6、8 和 7 家,A、B、C 的公共固定客户有 5 家,求 A、B、C 这 3 家计算机公司拥有的固定客户总数。

解:以 A、B、C 分别表示 3 家计算机公司的客户集合,则有 $|A| = 12$,$|B| = 16$,$|C| = 20$,$|A \bigcap B| = 6$,$|B \bigcap C| = 8$,$|C \bigcap A| = 7$,$|A \bigcap B \bigcap C| = 5$。

由容斥原理可得

$$|A \bigcup B \bigcup C| = |A| + |B| + |C| - |A \bigcap B| - |A \bigcap C| - |B \bigcap C| + |A \bigcap B \bigcap C|$$
$$= 48 - 21 + 5 = 32$$

容斥原理可以推广到 n 个集合的情况。

定理 3.7 设 $|A_1|$,$|A_2|$,$\cdots$,$|A_n|$ 为有限集合,其元素个数分别为 $|A_1|$,$|A_2|$,$\cdots$,$|A_n|$,则

$$|A_1 \bigcup A_2 \cdots \bigcup A_n| = \sum_{i=1}^{n} |A_i| - \sum_{1 \leqslant i < j \leqslant n} |A_i \bigcap A_j| + \sum_{1 \leqslant i < j < k \leqslant n} |A_i \bigcap A_j \bigcap A_k|$$
$$+ \cdots + (-1)^{n-1} |A_1 \bigcap A_2 \bigcap \cdots \bigcap A_n|$$

例 3.44 求 1~200 能被 2、3、5 或 7 任何一个数整除的整数个数。

解:设 A_1 表示 1~200 能被 2 整除的整数集合,A_2 表示 1~200 能被 3 整除的整数集合,A_3 表示 1~200 能被 5 整除的整数集合,A_4 表示 1~200 能被 7 整除的整数集合,$[x]$ 表示小于或等于 x 的最大整数。

$$|A_1| = \left[\frac{200}{2}\right] = 100$$

$$|A_2| = \left[\frac{200}{3}\right] = 66$$

$$|A_3| = \left[\frac{200}{5}\right] = 40$$

$$|A_4| = \left[\frac{200}{7}\right] = 28$$

$$|A_1 \bigcap A_2| = \left[\frac{200}{2 \times 3}\right] = 33$$

$$|A_1 \bigcap A_3| = \left[\frac{200}{2 \times 5}\right] = 20$$

$$|A_1 \bigcap A_4| = \left[\frac{200}{2 \times 7}\right] = 14$$

$$|A_2 \bigcap A_3| = \left[\frac{200}{3 \times 5}\right] = 13$$

$$|A_2 \cap A_4| = \left[\frac{200}{3 \times 7}\right] = 9$$

$$|A_3 \cap A_4| = \left[\frac{200}{5 \times 7}\right] = 5$$

$$|A_1 \cap A_2 \cap A_3| = \left[\frac{200}{2 \times 3 \times 5}\right] = 6$$

$$|A_1 \cap A_2 \cap A_4| = \left[\frac{200}{2 \times 3 \times 7}\right] = 4$$

$$|A_1 \cap A_3 \cap A_4| = \left[\frac{200}{2 \times 5 \times 7}\right] = 2$$

$$|A_2 \cap A_3 \cap A_4| = \left[\frac{200}{3 \times 5 \times 7}\right] = 1$$

$$|A_1 \cap A_2 \cap A_3 \cap A_4| = \left[\frac{200}{2 \times 3 \times 5 \times 7}\right] = 0$$

于是得到

$$|A_1 \cup A_2 \cup A_3 \cup A_4| = 100 + 66 + 40 + 28 - 33 - 20 - 14 - 13 - 9 - 5 + 6 + 4 + 2 + 1 - 0 = 153$$

例 3.45 5 个人站成一排,其中甲不站第一位,乙不站第二位,共有多少种不同的排法?

解:用排除法求解。首先考虑 5 个人的全排列,有 5! 种不同的排法。然后除去甲排第一的种数(有 4! 种)与乙排第二的种数(也有 4! 种),但两种又有重复部分,因此必须加上多减部分(3!),这样共有 5! $-2 \times 4!$ $+3!$ $=78$ 种。

定义 3.30(错排) 有 n 个正整数 $1,2,\cdots,n$,将这 n 个正整数重新排列,使其中的每一个数都不在原来的位置上,这种排列称为正整数 $1,2,\cdots,n$ 的错排。

定理 3.8 n 个正整数 $1,2,\cdots,n$ 错排的种数 a_n 为

$$a_n = \frac{n!}{2!} - \frac{n!}{3!} + \cdots + (-1)^n \frac{n!}{n!} = \sum_{k=2}^{n} (-1)^k \frac{n!}{k!}$$

为了证明定理 3.8,先从最特殊的情形入手。

当 $n=1$ 时,只有一个数 1,不可能有错排,所以 $a_1 = 0$。

当 $n=2$ 时,两个数的错排是唯一的,所以 $a_2 = 1$。

当 $n=3$ 时,3 个数 1、2、3 只有 231 和 312 两种错排,所以 $a_3 = 2$。

当 $n=4$ 时,4 个正整数 1、2、3、4 共有 9 种错排:2143,2341,2413,3142,3412,3421,4123,4312,4321,所以 $a_4 = 9$。

推理如下:这 4 个数的全排列数为 4!。有一个数不错排的情况应排除,由于 1 排在第 1 位的有 3! 种,2 排在第 2 位的有 3! 种,3 排在第 3 位的有 3! 种,4 排在第 4 位的有 3! 种,所以共应排除 $4 \times 3!$ 种。然而,在排除有一个数不错排的情况时,把同时有两个数不错排的情况也排除了,应补上。由于 1、2 分别排在第 1 位、第 2 位的情况共有 2! 种,1、3 分别排在第 1、第 3 位上的情况也有 2! 种……所以应补上这 4 个数中同时有两个数不错排的情况,共 $C_4^2 \times 2! = \frac{4!}{2!}$ 种。在补上同时有两个数不错排的情况时,也包含了 3 个数不错排的情况,应予以排除,4 个数中有 3 个数不错排的情况共 C_4^3 种,所以应排除 $C_4^3 \times 1! = \frac{4!}{3!}$ 种。在排除同时

有 3 个数不错排的情况时,把同时有 4 个数不错排的情况也错误地排除了,所以应补上同时有 4 个数不错排的情况,仅 1 2 3 4 这一种。综上所述,

$$a_4 = 4! - 4 \times 3! + \frac{4!}{2!} - \frac{4!}{3!} + 1 = \frac{4!}{2!} - \frac{4!}{3!} + \frac{4!}{4!} = 9$$

一般来说,n 个正整数 $1,2,\cdots,n$ 的全排列有 $n!$ 种,其中第 k 位是 k 的排列有 $(n-1)!$ 种,当 k 取 $1,2,\cdots,n$ 时,共有 $n(n-1)!$ 种排列,由于是错排,这些排列应排除,但是此时把同时有两个数不错排的排列多排除了一次,应补上;在补上时,把同时有 3 个数不错排的排列多补了一次,应排除……继续这一过程,得到错排的排列种数 a_n 为

$$a_n = n! - \frac{n!}{1!} + \frac{n!}{2!} - \frac{n!}{3!} + \cdots + (-1)^n \frac{n!}{n!} = \frac{n!}{2!} - \frac{n!}{3!} + \cdots + (-1)^n \frac{n!}{n!}$$

$$= \sum_{k=2}^{n} (-1)^k \frac{n!}{k!}$$

3.13.2　鸽笼原理

鸽笼原理又称为抽屉原理。

定理 3.9(鸽笼原理)　若有 $n+1$ 只鸽子住进 n 个鸽笼,则有一个鸽笼至少住进两只鸽子。

证明:用反证法。假设每个鸽笼至多住进一只鸽子,则 n 个鸽笼至多住进 n 只鸽子,这与有 $n+1$ 只鸽子矛盾。故存在一个鸽笼至少住进两只鸽子。

说明:

(1) 鸽笼原理仅提供了存在性证明。

(2) 运用鸽笼原理时,必须能够正确识别鸽子(对象)和鸽笼(某类要求的特征),并且能够计算出鸽子数和鸽笼数。

例 3.46　抽屉里有 3 双手套。从中至少取多少只,才能保证配成一双?

答:4 只。

例 3.47　从 1 到 10 中任意选出 6 个数,其中必有两个数的和是 11。

证明:

(1) 构造 5 个鸽笼:

$$A_1 = \{1,10\}, A_2 = \{2,9\}, A_3 = \{3,8\}, A_4 = \{4,7\}, A_5 = \{5,6\}$$

(2) 将选出的 6 个数视为鸽子。根据鸽笼原理,这 6 个数中一定有两个数能组成上面 5 个集合之一,即这两个数的和为 11。

推广的鸽笼原理　若有 n 只鸽子住进 $m(m<n)$ 个鸽笼,则存在一个鸽笼至少住进 $\left\lfloor \frac{n-1}{m} \right\rfloor + 1$ 只鸽子。这里 $\lfloor x \rfloor$ 表示小于或等于 x 的最大整数。

证明:用反证法。假设每只鸽笼至多住进 $\left\lfloor \frac{n-1}{m} \right\rfloor$ 只鸽子,则 $m(m<n)$ 个鸽笼至多住进 $\left\lfloor \frac{n-1}{m} \right\rfloor \times m \leqslant (n-1) < n$ 只鸽子,这样一来,至少还有一只鸽子没有住进鸽笼,与假设矛盾。只能是假设有误,原结论成立。

例 3.48　如果一个图书馆里的 30 本书共有 1203 页,那么必然有一本书至少有 41 页。

证明：把页视为鸽子，书是鸽笼，把 1203 页分配到 30 本书中，根据推广的鸽笼原理，则存在一本书至少有 $\left\lfloor \dfrac{1203-1}{30} \right\rfloor + 1 = 41$ 页，即结论得证。

3.13.3 排列与组合

组合计数（简称计数）就是计算满足一定条件的离散对象的安置方式的个数。本节主要讨论组合计数的基本技巧和方法，它们都与集合、映射、运算和关系密切联系。计数基本法则有加法法则和乘法法则，它们是研究计数的基础。

定理 3.10（加法法则） 若事件 A_1 发生有 n_1 种不同方式，事件 A_2 发生有 n_2 种不同方式……事件 A_k 发生有 n_k 种不同选取方式，在这 k 个事件之间没有共同的方式时，这 k 个事件之一发生的不同方式种数为

$$n_1 + n_2 + \cdots + n_k$$

定理 3.11（乘法法则） 如果一项工作需要 t 步完成，第一步有 n_1 种不同的选择，第二步有 n_2 种不同的选择……第 t 步有 n_t 种不同的选择，那么完成这项工作所有可能的选择种数为

$$n_1 n_2 \cdots n_t$$

例 3.49 由 Alice、Ben、Connie、Dolph、Egbert 和 Francisco 6 个人组成的委员会要选出一个主席、一个秘书和一个出纳员。

(1) 共有多少种选法？

(2) 若主席必须从 Alice 和 Ben 中选出，共有多少种选法？

(3) 若 Egbert 必须有职位，共有多少种选法？

(4) 若 Dolph 和 Francisco 都必须有职位，共有多少种选法？

解：

(1) 根据乘法法则，可能的选法有 $6 \times 5 \times 4 = 120$ 种。

(2) 方法一。根据题意，确定职位可分为 3 个步骤：确定主席有两种选择；主席选定后，秘书有 5 个人选；主席和秘书都选定后，出纳有 4 个人选。根据乘法法则，可能的选法有 $2 \times 5 \times 4 = 40$ 种。

方法二。若 Alice 被选为主席，共有 $5 \times 4 = 20$ 种方法确定其他职位；若 Ben 被选为主席，同样有 20 种方法确定其他职位。由于两种选法得到的集合不相交，所以根据加法法则，共有 $20 + 20 = 40$ 种选法。

(3) 方法一。将确定职位分为 3 步：确定 Egbert 的职位，有 3 种方法；确定第二个职位的人选，有 5 个人选；确定最后一个职位的人选，有 4 个人选。根据乘法法则，共有 $3 \times 5 \times 4 = 60$ 种选法。

方法二。根据方法一的结论，如果 Egbert 为主席，有 20 种方法确定余下的职位；若 Egbert 为秘书，有 20 种方法确定余下的职位；若 Egbert 为出纳员，也有 20 种方法确定余下的职位。由于 3 种选法得到的集合不相交，根据加法法则，共有 $20 + 20 + 20 = 60$ 种选法。

(4) 将给 Dolph、Francisco 和另一个人指定职位分为 3 步：给 Dolph 指定职位，有 3 个职位可选；给 Francisco 指定职位，有 2 个职位可选；确定最后一个职位的人选，有 4 个人选。根据乘法法则，共有 $3 \times 2 \times 4 = 24$ 种选法。

定理 3.12（环形 r-排列）　n 个人围着圆桌而坐，有 $(n-1)!$ 种不同的坐法，称这种排列为环排列，从 n 个人中选出 r 个人围着圆桌而坐称为环形 r-排列。含 n 个不同元素的集合的环形 r-排列数 $P_c(n,r)$ 是

$$P_c(n,r) = \frac{P(n,r)}{r} = \frac{n!}{r(n-r)!}$$

例 3.50　6 个人围着圆桌而坐，有多少种不同的坐法？通过绕圆桌转圈得到的坐法视为同一种坐法。

解：6 个人围着圆桌而坐，有 120 种不同的坐法。

例 3.51　求满足下列条件的排列数。

(1) 10 个男孩和 5 个女孩站成一排，没有任何两个女孩相邻。

(2) 10 个男孩和 5 个女孩站成一个圆圈，没有任何两个女孩相邻。

解：

(1) 根据定理 3.11，10 个男孩的全排列为 10!，5 个女孩插入 10 个男孩形成的 11 个空位中的方法数为 $P(11,5)$。根据乘法法则，10 个男孩和 5 个女孩站成一排，没有任何两个女孩相邻的排列数为 $10! \times P(11,5) = (10! \times 11!)/6!$。

(2) 根据定理 3.12，10 个男孩站成一个圆圈的环排列数为 9!，5 个女孩插入 10 个男孩形成的 10 个空位中的方法数为 $P(10,5)$。根据乘法原理，10 个男孩和 5 个女孩站成一个圆圈，没有任何两个女孩相邻的排列法为 $9! \times P(10,5) = (9! \times 10!)/5!$。

前面所讨论的排列中要求没有重复元素。下面讨论有重复元素的情况。

定理 3.13（n 个元素的 r-可重排列）　从 n 个不同的元素中可重复地取 r 个元素按顺序排列，就是 n 个元素的 r-可重排列，这样的排列个数为 $U(n,r) = n^r$。

证明：先从 n 个元素中任取一个元素排在第一位置，有 n 种选取方式。将其放回后，再任意取一个元素排在第二位置，也有 n 种选取方式。这样一直进行下去，直到有 r 个元素排好为止。因此，根据乘法原理有 $U(n,r) = n^r$。

定理 3.14（有重复元素的全排列）　设 $A_1, A_2, \cdots, A_k$ 是 k 个不同元素，现分别有 n_i 个 A_i 元素 $(i=1,2,\cdots,k, n_1+n_2+\cdots+n_k=n)$，它们构成有重复元素的集合，即可重集 $A = \{n_1 \cdot A_1, n_2 \cdot A_2, \cdots, n_k \cdot A_k\}$，则这 n 个元素的全排列个数为

$$N = \frac{n!}{n_1! \; n_2! \; \cdots n_k!}$$

证明：记这 n 个可重元素的全排列个数为 N，将 n_i 个 A_i 元素看作不同的元素 $A_i^1, A_i^2, \cdots, A_i^{n_i} (i=1,2,\cdots,k)$，于是得到 $n_1+n_2+\cdots+n_k=n$ 个不同元素，其全排列个数为 $n!$。由于 n_i 个不同元素的全排列个数为 $n_i! (i=1,2,\cdots,k)$，根据乘法原理知 $N \times n_1! \; n_2! \; \cdots n_k! = n!$，进而

$$N = \frac{n!}{n_1! n_2! \cdots n_k!}$$

定理 3.15（组合问题）　从含有 n 个不同元素的集合 S 中无序选取的 r 个元素称为 S 的一个 r-组合，不同的组合总数记为 $C(n,r)$。

当 $r=0$ 时，规定 $C(n,r)=1$。显然，当 $r>n$ 时，$C(n,r)=0$。

对满足 $0<r \leqslant n$ 的正整数 n 和 r 有

$$C(n,r)=\frac{n!}{r!(n-r)!}$$

证明：先从 n 个不同元素中选出 r 个元素，有 $C(n,r)$ 种选法，再对每一种选法选出的 r 个元素进行全排列，有 $r!$ 种排法。根据乘法法则，n 个元素的 r-排列数为

$$P(n,r)=r!C(n,r)$$

即
$$C(n,r)=\frac{p(n,r)}{r!}=\frac{n!}{r!(n-r)!}$$

定理 3.16　设 n,r 为正整数，则

(1) $C(n,r)=C(n-1,r-1)n/r$。

(2) $C(n,r)=C(n,n-r)$。

(3) $C(n,r)=C(n-1,r-1)+C(n-1,r)$。

例 3.52　从 1 到 300 中任取 3 个数，使得其和能被 3 整除，有多少种方法？

解： 将这 300 个数分为 $A=\{1,4,\cdots,298\}$、$B=\{2,5,\cdots,299\}$、$C=\{3,6,\cdots,300\}$ 这 3 个集合。

3 个数均取自同一个集合有 $3\times C(100,3)$ 种方法，从 A、B、C 中各取 1 个数有 $C(100,1)^3$ 种方法，则一共有 $N=3C(100,3)+100^3=1\,485\,100$ 种方法。

例 3.53　1000! 的末尾有多少个 0？

解： $1000!=1000\times999\times998\times\cdots\times2\times1$。

将上面的每个数进行因子分解，若分解式中共有 i 个 5、j 个 2，那么 $\min(i,j)$ 就是 0 的个数。$1\sim1000$ 中有 500 个数是 2 的倍数，因此 $j>500$。$1\sim1000$ 中有 200 个数是 5 的倍数，有 40 个数是 25 的倍数（多加 40 个 5），有 8 个数是 125 的倍数（再多加 8 个 5），有 1 个数是 625 的倍数（再多加 1 个 5），所以 $i=200+40+8+1=249$。$\min(i,j)=249$。

定理 3.17　可重集 $S=\{n_1\cdot a_1,n_2\cdot a_2,\cdots,n_k\cdot a_k\}$，$0<n_i\leqslant+\infty$，当 $r\leqslant n_i$，S 的 r-组合数为 $C(k+r-1,r)$ 或 C_{k+r-1}^r。

证明：一个 r-组合为 $S=\{x_1\cdot a_1,x_2\cdot a_2,\cdots,x_k\cdot a_k\}$，其中 $x_1+x_2+\cdots+x_k=r$，x_i 为非负整数。n 个元素的 r-可重组合个数与不定方程 $x_1+x_2+\cdots+x_n=r$ 的非负整数解的个数相同。这个不定方程的非负整数解对应于下面的排列：

$$\underbrace{1\cdots1}_{x_1\uparrow}0\underbrace{1\cdots1}_{x_2\uparrow}0\underbrace{1\cdots1}_{x_3\uparrow}0\cdots\underbrace{1\cdots1}_{x_k\uparrow}$$

根据定理 3.14，r 个 1、$k-1$ 个 0 的全排列数为

$$N=\frac{(k+r-1)!}{r!(k-1)!}=C(k+r-1,r)$$

例 3.54　从为数众多的一元、五元、十元、五十元和一百元的纸币中选取 6 张，有多少种选取方式？

解： 根据题意，就是从 5 个不同的元素中可重复地取 6 个元素而不考虑其顺序的 6-可重组合，其组合个数为

$$C_{5+6-1}^6=\frac{10\times9\times8\times7\times6\times5}{6\times5\times4\times3\times2\times1}$$

n 个元素在各种条件下的组合方案数、排列方案数和对应的集合如表 3.3 所示。

表3.3　n 个元素在各种条件下的组合方案数、排列方案数和对应的集合

条　件		组合方案数	排列方案数	对应的集合
相异元素,不重复		$C_n^r = \dfrac{n!}{r!(n-r)!}$	$P_n^r = \dfrac{n!}{(n-r)!}$	$S = \{e_1, e_2, \cdots, e_n\}$
相异元素,可重复		C_{n+r-1}^r	n^r	$S = \{e_1, e_2 \cdots, e_n\}$
不尽相异元素(有限重复)	特例 $r=n$	1	$\dfrac{n!}{n_1! \; n_2! \; \cdots n_m!}$	$S = \{n_1 \cdot e_1, n_2 \cdot e_2, \cdots, n_k \cdot e_k\}$ $n_1 + n_2 + \cdots + n_m = n$ $n_k \geqslant 1$ $(k = 1, 2, \cdots, m)$
	特例 $r=1$	m	m	
	所有 $n_k \geqslant r$	C_{m+r-1}^r	m^r	

与组合有关的恒等式有近 1000 个,下面是常用的两个组合恒等式:

(1) 对称公式:

$$C_n^k = C_n^{n-k}$$

(2) 加法公式:

$$C_n^r = C_{n-1}^r + C_{n-1}^{r-1}$$

3.13.4　二项式定理

本节介绍与组合密切相关的二项式定理。

定理 3.18(二项式定理)　设 n 是正整数,对一切 x 和 y 有

$$(x+y)^n = \sum_{k=0}^{n} C_n^k x^k y^{n-k}$$

证明:当乘积被展开时,其中的项都是 $x^i y^{n-i} (i = 0, 1, 2, \cdots, n)$ 的形式。而构成形如 $x^i y^{n-i}$ 的项,必须从 n 个 $x+y$ 中选取 i 个以提供 x,其他的 $n-i$ 个 $x+y$ 提供 y,因此, $x^i y^{n-i}$ 的系数是组合数 C_n^k,定理得证。

例 3.55　求在 $(2x - 3y)^{25}$ 的展开式中 $x^{12} y^{13}$ 的系数。

解:由二项式定理可得

$$(2x + (-3y))^{25} = \sum_{i=0}^{25} C_{25}^i (2x)^{25-i} (-3y)^i$$

令 $i = 13$,得到展开式中 $x^{12} y^{13}$ 的系数,即

$$C_{25}^{13} (2)^{25-13} (-3)^{13} = -\frac{25!}{13! \times 12!} \times 2^{12} \times 3^{13}$$

3.13.5　母函数及其应用

对于不尽相异元素的部分排列和组合,用前面的方法是比较麻烦的。作为组合数学的一个重要理论,母函数是解决计数问题的重要手段。

首先分析 $1+x$ 的物理意义,将它和选择物品的情形联系起来。在构造和分析一个母函数时,"1"一般都看作 x^0,虽然 $1 = x^0$,但是 x^0 比 1 具有更丰富的物理意义。这样,$(x^0 + x)^n$ 可对应于从 n 个物品中选取物品的情况。在这 n 个物品中,如果没有选取第 $i(1 \leqslant i \leqslant n)$ 个物品,则相当于从第 i 个 $x^0 + x$ 中取出了 x^0;如果选取了第 i 个物品,则相当于从第 i

个 x^0+x 中取出了 x^1。由于对于每一个物品而言，"选"与"不选"这两个事件是相互排斥的，也就是说，不可能同时做这两件事情，也不可能这两件事情都不做，这是加法原理的应用。再来分析 $(1+x)^n$。对于 n 个物品而言，都要做出这样的选择，即对于每一个物品，都要决定选择它或者不选择它，在这个时候就需要用到乘法原理了。也就是把 n 个 $1+x$ 相乘，就得到了 $(1+x)^n$。这样，在一个具体的选择中，如果没有选择第 i 个物品，则相当于从第 i 个 x^0+x 中取出了 x^0；如果选择了第 i 个物品，则相当于从第 i 个 x^0+x 中取出了 x（即 x^1）。这样，在 $(1+x)^n$ 的展开式中，x^i 前面的系数就是从 n 个物品中选取 i 个物品的所有组合情况的总数。

下面给出普通型母函数的定义。

定义 3.31（普通型母函数） 对于数列 $\{a_n\}$，称无穷级数 $G(x) \equiv \sum_{n=0}^{\infty} a_n x^n$ 为该数列的普通型母函数，简称普母函数或母函数。

说明：

（1）在数学中，某个序列 ⋯⋯ 数，其每一项的系数可以提供关于这个序列的信息，使用母函数 ⋯⋯

（2）母函数的思想就是 ⋯⋯ 一一对应起来，把组合问题的加法法则和幂级数的自变 ⋯⋯ 间的相互结合关系转换为多项式或幂级数之间的运 ⋯⋯ 数列的构造。

（3）母函数可分为 ⋯⋯ 狄利克雷级数等。对每个序列都可以写出以上每 ⋯⋯ 的一般是为了解决某个特定的问题，因此选用何种母 ⋯⋯ 类型。

例 3.56 有限数 ⋯⋯ 数是 $(1+x)^n$。

无限数列 $\{1,1,$ ⋯⋯ $\cdots = \dfrac{1}{1-x}$。

无限数列 $\{0,1,$ ⋯⋯ $x^n + \cdots = \dfrac{x}{1-x}$。

说明：

（1）a_n 可以 ⋯⋯

（2）数列 $\{a$ ⋯⋯ 知它的母函数；反之，求得母函数，则数列也随之确定 ⋯⋯

（3）这里将 ⋯⋯ 利用其有关运算性质完成计数问题，故不考虑收敛问 ⋯⋯ 识分的。

常用数 ⋯⋯

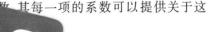

⋯⋯ 及母函数

$\{a_k\}, k$ ⋯⋯	$\{a_k\}, k=0,1,2,\cdots$	$G(x)$
$a_k=1$	$a_k=a^k$	$\dfrac{1}{1-ax}$
$a_k=k$	$a_k=k+1$	$\dfrac{1}{(1-x)^2}$

续表

$\{a_k\},k=0,1,2,\cdots$	$G(x)$	$\{a_k\},k=0,1,2,\cdots$	$G(x)$
$a_k=k(k+1)$	$\dfrac{2x}{(1-x)^3}$	$a_k=k^2$	$\dfrac{x(1+x)}{(1-x)^3}$
$a_k=k(k+1)(k+2)$	$\dfrac{6x}{(1-x)^4}$	$a_k=C_a^k,a$ 任意	$(1+x)^a$
$a_0=0,a_k=\dfrac{a^k}{k}$	$-\ln(1-ax)$	$a_k=\dfrac{a^k}{k!},a$ 任意	e^{ax}
$a_k=\dfrac{(-1)^k}{(2k)!}$	$\cos\sqrt{x}$	$a_k=\dfrac{(-1)^k}{(2k+1)!}$	$\dfrac{1}{\sqrt{x}}\sin\sqrt{x}$
$a_k=\dfrac{(-1)^k}{2k+1}$	$\dfrac{1}{\sqrt{x}}\arctan\sqrt{x}$	$a_k=C_{n+k}^k$	$(1-x)^{-(n+1)}$

定义 3.32（可重组合的母函数） 设 $S=\{n_1\cdot e_1,n_2\cdot e_2,\cdots,n_m\cdot e_m\}$，且 $n_1+n_2+\cdots+n_m=n$，则 S 的 r-可重组合的母函数为

$$G(x)=\prod_{i=1}^{m}\left(\sum_{j=0}^{n_i}x^j\right)=\sum_{r=0}^{n}a_rx^r$$

其中，r-可重组合数为 x^r 的系数 $a_r,r=0,1,2,\cdots,n$。

根据定义 3.32，一些常见数列的母函数如下。

推论 1 $S=\{e_1,e_2,\cdots,e_n\}$，则 r-无重组合的母函数为

$$G(x)=(1+x)^n$$

组合数为 x^r 的系数 $C(n,r)$。

推论 2 $S=\{\infty\cdot e_1,\infty\cdot e_2,\cdots,\infty\cdot e_n\}$，则 r-无限可重组合的母函数为

$$G(x)=\left(\sum_{j=0}^{\infty}x^j\right)^n=\frac{1}{(1-x)^n}$$

组合数为 x^r 的系数 $C(n+r-1,r)$。

推论 3 $S=\{\infty\cdot e_1,\infty\cdot e_2,\cdots,\infty\cdot e_n\}$，每个元素至少取一个，则 r-可重组合（$r\geqslant n$）的母函数为

$$G(x)=\left(\sum_{j=1}^{\infty}x^j\right)^n=\left(\frac{x}{1-x}\right)^n$$

组合数为 x^r 的系数 $C(r-1,n-1)$。

推论 4 $S=\{\infty\cdot e_1,\infty\cdot e_2,\cdots,\infty\cdot e_n\}$，每个元素出现非负偶数次，则 r-可重组合的母函数为

$$G(x)=(1+x^2+x^4+\cdots+x^{2n}+\cdots)^n=\frac{1}{(1-x^2)^n}$$

组合数为 x^r 的系数：

$$a_r=\begin{cases}0, & r\text{ 为奇数}\\C\left(n+\dfrac{r}{2}-1,\dfrac{r}{2}\right), & r\text{ 为偶数}\end{cases}$$

推论 5 $S=\{\infty\cdot e_1,\infty\cdot e_2,\cdots,\infty\cdot e_n\}$，每个元素出现奇数次，则 r-可重组合的母函数为

$$G(x) = (x + x^3 + x^5 + \cdots + x^{2n+1} + \cdots)^n = \left(\frac{x}{1-x^2}\right)^n$$

组合数为 x^r 的系数：

$$a_r = \begin{cases} 0, & r-n \text{ 为奇数} \\ C\left(n + \dfrac{r-n}{2} - 1, \dfrac{r-n}{2}\right), & r-n \text{ 为偶数} \end{cases}$$

推论 6 设 $S = \{n_1 \cdot e_1, n_2 \cdot e_2, \cdots, n_m \cdot e_m\}$，且 $n_1 + n_2 + \cdots + n_m = n$，要求元素 e_i 至少出现 k_i 次，则 S 的 r-可重组合的母函数为

$$G(x) = \prod_{i=1}^{m}\left(\sum_{j=k_i}^{n_i} x^j\right) = \sum_{r=k}^{n} a_r x^r$$

其中，$r = k, k+1, \cdots, n, k = k_1 + k_2 + \cdots + k_m$，组合数为 x^r 的系数 a_r。

例 3.57 有 18 张戏票分给甲、乙、丙、丁 4 个班(不考虑座位号)。其中，甲、乙两班最少 1 张，甲班最多 5 张，乙班最多 6 张；丙班最少 2 张，最多 7 张；丁班最少 4 张，最多 10 张。有多少种不同的分配方案？

解： 这实质上是从甲、乙、丙、丁 4 类共 28 个元素中可重复地取 18 个元素的组合问题，其中 $S = \{5 \cdot e_1, 6 \cdot e_2, 7 \cdot e_3, 10 \cdot e_4\}$，$m = 4, n = n_1 + n_2 + n_3 + n_4 = 5 + 6 + 7 + 10 = 28$，$k = k_1 + k_2 + k_3 + k_4 = 1 + 1 + 2 + 4 = 8, r = 18$。由推论 6 知，相应的母函数为

$$G(x) = \left(\sum_{i=1}^{5} x^i\right)\left(\sum_{i=1}^{6} x^i\right)\left(\sum_{i=2}^{7} x^i\right)\left(\sum_{i=4}^{10} x^i\right) = x^8 + \cdots + 140x^{18} + \cdots + x^{28}$$

所以，共有 140 种分配方案。

说明： 组合数数列的普通型母函数较好地解决了各种组合的计数问题，究其原因，是因为它具有有限封闭形式。对于从 n 个不尽相异的元素中取 r 个的排列数问题 $P(n, r)$，若采用普通型母函数，则使用起来十分不便，为此需要对其进行改进。观察可见，n 个元素的 r-无重排列数和 r-无重组合数之间有如下关系：

$$C(n, r) = \frac{P(n, r)}{r!}$$

从而有

$$(1+x)^n = \sum_{r=0}^{n} C(n, r) x^r = \sum_{r=0}^{n} P(n, r)\frac{x^r}{r!}$$

在 $(1+x)^n$ 的展开式中，项 $\dfrac{x^r}{r!}$ 的系数恰好是排列数。由此得到的启示是，排列数数列的母函数应该采用形如 $\sum_{k=0}^{\infty} a_k \dfrac{x^k}{k!}$ 的幂级数。由于这种类型的幂级数很像指数函数 e^{ax} 的展开式，故取名为指数型母函数。

定义 3.33(排列的指数型母函数) 对于数列 $\{a_k\} = \{a_0, a_1, a_2, \cdots\}$，把形式幂级数 $G_e(x) \equiv \sum_{n=0}^{\infty} a_n \dfrac{x^n}{n!} \equiv a_0 + a_1 \dfrac{x}{1!} + a_2 \dfrac{x^2}{2!} + \cdots + a_n \dfrac{x^n}{n!} + \cdots$ 称为数列 $\{a_k\}$ 的指数型母函数，简称为指母函数，而数列 $\{a_k\}$ 则称为指母函数 $G_e(x)$ 的生成序列。

例 3.58 数列 $\{a_k = 1\}$ 的指母函数 $G_e(x) = e^x$。

数列 $\{a_k = P_n^k\}$ 的指母函数 $G_e(x) = \sum_{r=0}^{n} P(n,r) \dfrac{x^r}{r!} = (1+x)^n$。

无限数列 $\{0,1,1,1,\cdots\}$ 的指母函数 $G_e(x) = 0 + \dfrac{x}{1!} + \dfrac{x^2}{2!} + \cdots + \dfrac{x^n}{n!} + \cdots = e^x - 1$。

说明：对同一数列 $\{a_k\}$，记该数列组合的母函数 $G(x) = \sum_{k=0}^{\infty} b_k x^k$，该数列排列的母函数 $G_e(x) = \sum_{k=0}^{\infty} a_k \dfrac{x^k}{k!}$。一般来说，$G(x) \neq G_e(x)$，即 $a_k \neq b_k$，如例 3.59 所示。也有例外，如 $G(x) = a_0 + a_1 x = G_e(x)$，当 $k \geqslant 2$ 时，$a_k = 0$。

例 3.59 $\{a_k = 1\}$ 的普母函数为 $G(x) = \dfrac{1}{1-x}$，而其指母函数则为 $G_e(x) = e^x$。

对于

$$\sin x = \frac{x}{1!} - \frac{x^3}{3!} + \frac{x^5}{5!} - \frac{x^7}{7!} + \frac{x^9}{9!} - \cdots + \frac{x^{4i+1}}{(4i+1)!} - \frac{x^{4i+3}}{(4i+3)!} + \cdots$$

视 $\sin x = G(x)$ 为普母函数，则 $\{b_n\} = \left\{0, \dfrac{1}{1!}, 0, -\dfrac{1}{3!}, 0, \dfrac{1}{5!}, 0, -\dfrac{1}{7!}, \cdots\right\}$。

视 $\sin x = G_e(x)$ 为指母函数，则 $\{a_n\} = \{0,1,0,-1,0,1,0,-1,\cdots\}$。

显然，大多数情况下 $a_k \neq b_k$

定理 3.19（可重集排列的指母函数） 设可重集 $S = \{n_1 \cdot e_1, n_2 \cdot e_2, \cdots, n_m \cdot e_m\}$，且 $n_1 + n_2 + \cdots + n_m = n$，则 S 的 r-可重排列的指母函数为

$$G_e(x) = \prod_{i=1}^{m} \left(\sum_{j=0}^{n_i} \frac{x^j}{j!} \right) = \sum_{r=0}^{n} a_r \frac{x^r}{r!}$$

其中，r-可重排列数为 $x^r/r!$ 的系数 a_r，$r = 0,1,2,\cdots,n$。

例 3.60 盒中有 3 个红球、2 个黄球和 3 个蓝球，从中取 4 个球排成一列，共有多少种排列方案？

解：$m = 3, n_1 = 3, n_2 = 2, n_3 = 3, r = 4$，由定理 3.19 知

$$G_e(x) = \left(1 + \frac{x}{1!} + \frac{x^2}{2!} + \frac{x^3}{3!}\right)\left(1 + \frac{x}{1!} + \frac{x^2}{2!}\right)\left(1 + \frac{x}{1!} + \frac{x^2}{2!} + \frac{x^3}{3!}\right)$$

$$= 1 + 3x + \frac{9}{2}x^2 + \frac{13}{3}x^3 + \frac{35}{12}x^4 + \frac{17}{12}x^5 + \frac{35}{72}x^6 + \frac{8}{72}x^7 + \frac{1}{72}x^8$$

$$= 1 + 3\frac{x}{1!} + 9\frac{x^2}{2!} + 26\frac{x^3}{3!} + 70\frac{x^4}{4!} + 170\frac{x^5}{5!} + 350\frac{x^6}{6!} + 560\frac{x^7}{7} + 560\frac{x^8}{8!}$$

所以，从中取 4 个球的排列方案有 70 种。

◇ 习　题

1. $S = \{0,1,2,3,4,5,6,7,8,9\}$，$A = \{2,4,5,6,8\}$，$B = \{1,4,5,9\}$，$C = \{x \mid x \in \mathbf{Z}^+, 2 \leqslant x \leqslant 5\}$，求 $\overline{A \cap B}$、$C - B$、$(C \cap B) \cup \overline{A}$、$(A \oplus B) \cap C$、幂集 $P(B)$。

2. 设 A、B 为两个任意集合，证明：$A - (A \cap B) = (A \cup B) - B$。

3. 设 $A = \{2,4,6,8\}$，R 是 A 上的小于关系，即当 $a,b \in A$ 且 $a < b$ 时，$(a,b) \in R$。求

关系 R 及其定义域 $D(R)$、值域 $C(R)$

4. 设 $A=\{1,2,3,4,5\}$，R 是 A 上的小于或等于关系，即当 $a\leqslant b$ 时，$(a,b)\in R$。求 R 的关系矩阵和关系图。

5. $A=\{1,2,3,4\}$，$R=\{\langle1,1\rangle,\langle1,2\rangle,\langle2,3\rangle,\langle2,4\rangle,\langle4,2\rangle\}$，求关系的定义域、值域、域并求 R 的关系矩阵和关系图。

6. 设 $A=\{1,2,3,4,5,6\}$，$B=\{1,2,3\}$，从 A 到 B 的关系 $R=\{\langle x,y\rangle\,|\,x=2y\}$，求 R 和 R^{-1}。

7. 设 $A=\{1,2,3\}$，$B=\{a,b,c,d\}$，$C=\{x,y,z\}$，R 是 A 到 B 的二元关系，$R=\{(1,a),(1,b),(2,b),(3,c)\}$，$S$ 是 B 到 C 的二元关系，$S=\{(a,x),(b,x),(b,y),(b,z)\}$。求复合关系 $R\circ S$ 的关系矩阵。

8. 设 $A=\{a,b,c\}$，R 是 A 上的二元关系，$R=\{(a,a),(b,b),(a,b),(a,c),(c,a)\}$。$R$ 是否为自反的、反自反的、对称的、反对称的和可传递的？

9. $A=\{a,b,c\}$，$R=\{(a,b),(b,c),(c,a)\}$，求 $r(R)$、$s(R)$ 和 $t(R)$。

10. 设集合 $A=\{1,2,3,4,5,6,8,10,12,16,24\}$，$R$ 是 A 上的整除关系。R 是否为偏序关系？画出 R 的哈斯图，并根据该图求集合 A 的极大元、极小元、最大元、最小元。设 $B=\{2,3,4\}$，求集合 B 的上界、最小上界、下界、最大下界。

11. 图 3.17 所示的偏序集中哪些能构成格？

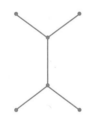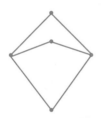

图 3.17　题 11 用图

12. 已知 $X=\{a,b,c\}$，$Y=\{1,2,3,4\}$，$f:X\to Y$ 如图 3.18 所示。构造函数 $g:Y\to X$，使得 $g\cdot f=I_x$。

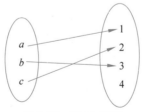

图 3.18　题 12 用图

13. 若 $f:A\to B$ 是双射，则 $f^{-1}:B\to A$ 是双射。

14. 一个学校有 507、292、312 和 344 个学生分别选择了 A、B、C、D 4 门课程。14 人选了 A 和 B，213 人选了 A 和 D，211 人选了 B 和 C，43 人选了 C 和 D。没有学生同时选择 A 和 C，也没有学生同时选择 B 和 D。共有多少学生在这 4 门课程中选了课？

15. 从 15 个球员中选 11 个进入球队，其中 5 个只能踢后卫，8 个只能踢边卫，2 个人都可以。假设球队需要 7 个人踢边卫和 4 个人踢后卫，有多少种选择方法？

16. 15 个人围着圆桌而坐,如果 B 拒绝挨着 A 坐,有多少种坐法? 如果 B 只拒绝坐在 A 的右侧,又有多少种坐法?

17. 求下列数列的母函数($n=0,1,2,\cdots$):

(1) $\left\{(-1)^n \dbinom{a}{n}\right\}$。

(2) $\{n+5\}$。

(3) $\{n(n-1)\}$。

(4) $\{n(n+2)\}$。

18. 8 台计算机分给 3 个单位,第一个单位的分配量不超过 3 台,第二个单位不超过 4 台,第三个单位不超过 5 台,共有几种分配方案?

19. 求 1、3、5、7、9 这 5 个数字组成的 n 位数的个数(每个数字可重复出现),要求 3、7 出现的次数为偶数,1、5、9 出现的次数没有限制。

第 4 章

集合、二元关系与函数程序实践

本章共 14 个实验,包括:集合运算,并查集算法,笛卡儿积及关系的复合,二元关系及其性质,二元关系的闭包运算,等价关系判定,偏序关系上的特异元素,求函数的定义域和值域,函数中单射、满射、双射判断,集合计数,母函数及排列组合计数等。

实验环境:Windows 7 Ultimate,Microsoft Visual C++ 。

实验工具:C、C++ 。

◆ 实验 1 集 合 运 算

【实验目的】

掌握编程实现集合的交、并、差和补运算的方法。

【实验内容】

编程实现集合的交、并、差和补运算。

【实验原理】

(1) 用数组 A、B、C、E 表示集合,要求集合 A、B 是集合 E(全集)的子集,以下每一个运算都要求先将集合 C 置成空集。输入数组 A、B、E,输入数据时检查数据是否重复(集合中的数据不重复)。

(2) 两个集合的交运算。将数组 A 中的元素逐一与数组 B 中的元素进行比较,将相同的元素放在数组 C 中,数组 C 便是集合 A 和集合 B 的交。

```
for(i=0;i<m;i++)
    for(j=0;j<n;j++)
        if(a[i]==b[j]) c[k++]=a[i];
```

(3) 两个集合的并运算。把数组 A 中各个元素先保存在数组 C 中,将数组 B 中的元素逐一与数组 C 中的元素进行比较,把不相同的元素添加到数组 C 中,数组 C 便是集合 A 和集合 B 的并。

```
for(i=0;i<m;i++)
    c[i]=a[i];
for(i=0;i<n;i++)
{
    for(j=0;j<m;j++)
```

```
        if(b[i]==c[j]) break;
    if(j==m){ c[m+k]=b[i];k++; }
}
```

（4）两个集合的差运算。把数组 A 中各个元素先保存在数组 C 中,将数组 B 中的元素逐一与数组 C 中的元素进行比较,把相同的元素从数组 C 中删除,数组 C 便是集合 A 和集合 B 的差。

```
for(i=0;i<m;i++)
    c[i]=a[i];
for(i=0;i<n;i++)
    for(j=0;j<m;j++)
        if(b[i]==c[j])
        {
            for(k=j;k<m;k++)
                c[k]=c[k+1];            //移位
            m--;
            break;
        }
```

（5）集合的补运算。将数组 E 中的元素逐一与数组 A 中的元素进行比较,把不相同的元素保存到数组 C 中,数组 C 便是集合 A 关于集合 E 的补集。求补集是一种特殊的集合差运算。

【参考代码】

```
#include <stdio.h>
#include <string.h>                 //包含 memcpy()
#define N 20                        //数组长度
void bianli(int a[2*N],int num)     //遍历数组函数
{
    for(int i=0;i<num;i++)
    {  printf("%d,",a[i]);  }
}
int main()
{
    int c;
    int a[N],count1,b[N],count2;    //a、b 两个集合以及元素数量
    int jiao[N],bing[2*N],bu[N];    //交、并、补 3 个集合
    int num1=0,num2=0,num3=0;
    printf("请输入第一个集合:\n");
    for(int i=0;i<N;i++)
    {
        scanf("%d",&c);
        if(c<0)
            break;
        a[i]=c;
        count1=i;
    }
```

```
printf("请输入第二个集合:\n");
for(int i=0;i<N;i++)
{
    scanf("%d",&c);
    if(c<0)
        break;
    b[i]=c;
    count2=i;
}
//求交集
for(int i=0;i<=count1;i++)
{
    for(int j=0;j<=count2;j++)
    {
        if(a[i]==b[j])
        {  jiao[num1]=a[i]; num1++;  }
    }
}
//求并集
num2=count1+1;                          //不改变 a 集合的元素个数
memcpy(bing,a,num2 * sizeof(int))       //先将 a 数组复制到 bing 数组中
for(int i=0;i<=count1;i++)
{
    for(int j=0;j<=count2;j++)          //用 b 数组遍历 bing
    {
        if(b[i]==bing[j])
            break;
        if(j==count2)
            bing[num2++]=b[i];
    }
}
//求 a 对 b 的补集
for(int i=0;i<=count1;i++)
{
    for(int j=0;j<=count2;j++)
    {   if(a[i]==b[j])
            break;
        if(j==count2)
        {  bu[num3]=a[i]; num3++;  }
    }
}
printf("A 交 B={");
bianli(jiao, num1);
printf("}\n");
printf("A 并 B={");
bianli(bing, num2);
printf("}\n");
printf("A-B={");
bianli(bu, num3);
printf("}\n");
```

```
        return 0;
    }
```

◇ 实验 2   元素归属合并——并查集算法

【实验目的】

(1) 通过实验透彻理解并查集的原理。

(2) 提高编程能力。

【实验内容】

编程实现并查集算法。

【实验思路】

并查集就是一个建立"帮派"的过程：初始化时，构建一个 parent[i] 数组，其存储值表示元素(结点)i 的"老大"(父亲)是谁。开始时每个元素各自为王，所以记 parent[i]＝－1，每个－1 对应一个集合；随着构建给定的结点约束关系，不断合并集合，每一个结点的 parent[i] 都有可能被更新为其他结点，所以当并查集构建结束后，parent[i] 不是－1 的说明被合并了，剩下－1 的个数就是合并后还有几个集合。派生问题有判断图是不是有环、每个"帮派"有多少人头等子问题。步骤如下：

(1) 刚开始每一个元素各成一个集合。

(2) 根据结点的约束关系合并集合。若存在约束的两个结点(只要存在约束，这两个点就要划分到同一个集合)分属于不同的集合，那么先找到各自"帮派"的"老大"。

(3) 其中一个"帮派"的"老大"认另一个"帮派"的"老大"做"大哥"，那么这两个帮派就合并了，也就满足了有约束关系的两个结点应该划分到同一个集合的需求。

(4) 以此类推，直到遍历完所有给定的约束，此时的集合合并也就结束了。

(5) 最后统计总共有多少个集合。

【参考代码】

```cpp
#include <bits/stdc++.h>
using namespace std;
const int maxn = 100001;
int father[maxn];
int n, m;                      //n 为问题涉及的结点个数,m 表示已经知道的约束个数
int a, b;                      //a, b,表示已知存在约束的两个结点
int c, d;                      //c, d,表示未知是否存在约束的两个结点
int p;                         //表示询问次数
int find(int x);               //查找到 x 的根结点
void merge(int u, int k);      //将 k 集合合并到 u 集合中
int main()
{
    scanf("%d%d", &n, &m);     //初始化,因为它们是不相交集合
    for(int i = 1; i <= n; i++)
    father[i] = i;
```

```
    for(int i = 1; i <= m; i++)
    {
        scanf("%d%d", &a, &b);
        merge(a, b);
    }
    scanf("%d", &p);                          //表示有 p 次询问
    for(int i = 1; i <= p; i++)
    {
        scanf("%d%d", &c, &d);
        if(find(c) == find(d))
            printf("Yes\n");
        else
            printf("No\n");
    }
    return 0;
}
int find(int x)
{
    if(father[x] == x)
        return x;
    else
    return father[x] = find(father[x]);
}
void merge(int u, int k)                      //将 k 集合合并到 u 集合中
{
    int a = find(u);
    int b = find(k);
    if(a!=b) father[b] = a;
}
```

◇ 实验 3　笛卡儿积及关系的复合

【实验目的】

（1）通过实验透彻理解有序对、笛卡儿积的概念。

（2）掌握关系复合运算的方法及原理。

（3）提高编程能力。

【实验内容】

（1）编程实现求笛卡儿积运算。

（2）编程实现关系矩阵的复合运算。

【实验思路】

设 A 和 B 是任意两个集合，若序偶的第一个成员是 A 的元素，第二个成员是 B 的元素，所有这样的序偶的集合称为集合 A 和 B 的笛卡儿积或直积，记为 $A \times B$，即 $A \times B = \{\langle x, y \rangle | x \in A \wedge y \in B\}$。

设 R 是从 X 到 Y 的关系，S 是从 Y 到 Z 的关系，则 $R \circ S$ 称为 R 和 S 的复合关系，表

示为

$$R \circ S = \{\langle x,z \rangle \mid x \in X \wedge z \in Z \wedge (\exists y)(y \in Y \wedge xRy \wedge ySz)\}$$

关系的复合运算通过矩阵乘法运算实现,其中矩阵元素的加法、乘法是逻辑加法、逻辑乘法。

【参考代码】

```cpp
#include <iostream>
#include <cstring>
using namespace std;
int main()
{
    char a[100],b[100];
    int count1=0,count2=0;
    cout<<"请分别输入集合 A 和 B 的元素个数:"<<endl;
    cin>>count1>>count2;
    cout<<endl;
    cout<<"请输入集合 A:"<<endl;
    for(int i=0;i<count1;i++)
    {
        cin>>a[i];
    }
    cout<<endl;
    cout<<"请输入集合 B:"<<endl;
    for(int j=0;j<count2;j++)
    {
        cin>>b[j];
    }
    cout<<endl;
    if(count1!=0&&count2!=0)
    {
        cout<<"AxB = {";
        for(int i=0;i<count1;i++)
            for(int j=0;j<count2;j++)
            {
                cout<<"<"<<a[i]<<","<<b[j]<<"> ";
            }
        cout<<"}";
        cout<<endl;
        cout<<"BxA = {";
        for(int j=0;j<count2;j++)
            for(int i=0;i<count1;i++)
            {
                cout<<"<"<<b[j]<<","<<a[i]<<"> ";
            }
        cout<<"}";
        cout<<endl;
        cout<<"AxA = { ";
        for(int i=0;i<count1;i++)
            for(int j=0;j<count1;j++)
```

```
        {
            cout<<"<"<<a[i]<<","<<a[j]<<"> ";
        }
    cout<<"}";
    cout<<endl;
    cout<<"BxB = {";
    for(int i=0;i<count2;i++)
        for(int j=0;j<count2;j++)
        {
            cout<<"<"<<b[i]<<","<<b[j]<<"> ";
        }
    cout<<"}";
}
else if(count1==0&&count2!=0)
{
    cout<<"AxB={空集}";
    cout<<endl;
    cout<<"BxA={空集}";
    cout<<endl;
    cout<<"AxA={空集}";
    cout<<endl;
    cout<<"BxB = {";
    for(int i=0;i<count2;i++)
        for(int j=0;j<count2;j++)
        {
        cout<<"<"<<b[i]<<","<<b[j]<<"> ";
        }
    cout<<"}";
}

else if(count1!=0&&count2==0)
{
    cout<<"AxB={空集}";
    cout<<endl;
    cout<<" BxA={空集}";
    cout<<endl;
    cout<<" AxA={ ";
    for(int i=0;i<count1;i++)
        for(int j=0;j<count1;j++)
        {
            cout<<"<"<<a[i]<<","<<a[j]<<"> ";
        }
    cout<<"}";
    cout<<endl;
    cout<<"BxB={空集}";
}
else if(count1==0&&count2==0)
{
    cout<<"AxB={空集}";
    cout<<endl;
```

```
        cout<<"BxA={空集}";
        cout<<endl;
        cout<<"AxA={空集}";
        cout<<endl;
        cout<<"BxB={空集}";
    }
    int count3=0,count4=0;
    int t=0;
    int q[10][10],w[10][10],c[10][10];
    cout<<endl<<endl;
    cout<<"请输入关系矩阵的阶数："<<endl;
    cin>>count3;
    cout<<endl;
    cout<<"请输入关系矩阵 R:"<<endl;
    for(int i=0;i<count3;i++)
        for(int j=0;j<count3;j++)
        {
            cin>>q[i][j];
        }
    cout<<endl;
    cout<<"请输入关系矩阵 S:"<<endl;
    for(int i=0;i<count3;i++)
        for(int j=0;j<count3;j++)
        {
            cin>>w[i][j];
        }
    memset(c,0,sizeof(c));
    for(int i=0;i<count3;i++)
    {
        for(int j=0;j<count3;j++)
        {
            for(int t=0;t<count3;t++)
            {
                c[i][j]+=(q[i][t]) * (w[t][j]);
                if(c[i][j]>1)
                c[i][j]=1;
            }
        }
    }
    cout<<endl;
    cout<<"关系复合后结果为："<<endl;
    for(int i=0;i<count3;i++)
    {
        for(int j=0;j<count3;j++)
        {
            cout<<c[i][j]<<" ";
        }
    cout<<endl;
    }
    return 0;
}
```

◇ 实验 4   二元关系及其性质

【实验目的】

掌握二元关系在计算机上的表示方法,理解二元关系的性质。

【实验内容】

设 A 和 B 都是已知的集合,R 是 A 到 B 的一个确定的二元关系,判断 R 是否自反、对称、传递关系。

【实验思路】

设 R 是集合 A 上的二元关系,通过二元关系与关系矩阵的联系,利用关系矩阵的特点判断二元关系的性质,如表 4.1 所示。

表 4.1   二元关系的性质与关系矩阵的特点

二元关系的性质	关系矩阵的特点
自反性	主对角线元素全为 1
反自反性	主对角线元素全为 0
对称性	对称矩阵
反对称性	若非主对角线上的元素等于 1,则与之对称的元素等于 0
传递性	对于 $M \times M$ 中的 1,M 中与之对应的位置都为 1

(1) 自反关系。对任意的 $x \in A$,都满足 $\langle x, x \rangle \in R$,则称 R 是自反的,或称 R 具有自反性,即 R 在 A 上是自反的:

$$(\forall x)(x \in A) \to (\langle x, x \rangle \in R)$$

(2) 对称关系。对任意的 $x, y \in A$,如果 $\langle x, y \rangle \in R$,那么 $\langle y, x \rangle \in R$,则称关系 R 是对称的,或称 R 具有对称性,即 R 在 A 上是对称的:

$$(\forall x)(\forall y)(x \in A) \land (y \in A) \land (\langle x, y \rangle \in R) \to (\langle y, x \rangle \in R)$$

(3) 传递关系。对任意的 $x, y, z \in A$,如果 $\langle x, y \rangle \in R$ 且 $\langle y, z \rangle \in R$,那么 $\langle x, z \rangle \in R$,则称关系 R 是传递的,或称 R 具有传递性,即 R 在 A 上是传递的:

$$(\forall x)(\forall y)(\forall z)(x \in A) \land (y \in A) \land (z \in A) \land ((\langle x, y \rangle \in R)$$
$$\land (\langle y, z \rangle \in R) \to (\langle x, z \rangle \in R))$$

【参考代码】

本实验不给出完整代码,仅给出算法关键部分的伪代码。

A 上的二元关系用一个 $n \times n$ 关系矩阵表示,关系性质的判断算法用 C 语言实现如下:

(1) 若关系矩阵对角线上的元素都是 1,则 R 具有自反性。代码如下:

```
int i, flag=1;
for(i=0;i<N && flag;i++)
    if(r[i][i]!=1) flag=0;
```

如果 flag＝1,则 R 是自反关系。

(2) 若关系矩阵是对称矩阵,则 R 具有对称性。对称矩阵的判断方法如下:

```
int i,j,flag=1;
for(i=0;i<N && flag;i++)
    for(j=i+1;j<N && flag;j++)
        if(r[i][j] &&r[j][i]!=1) flag=0;
```

如果 flag＝1,则 R 是对称关系。

(3) 若对任意 i、j、k,若 $r_{ij}=1$,$r_{jk}=1$,有 $r_{ik}=1$,则 R 具有传递性。代码如下:

```
int i,j,k,flag=1;
for(i=0;i<N && flag;i++)
    for(j=0;j<N && flag;j++)
        for(k=0;k<N && flag;k++)
            if(r[i][j] &&r[j][k] && r[i][k]!=1) flag=0;
```

如果 flag＝1,则 R 是传递关系。

◆ 实验 5　二元关系的闭包运算

【实验目的】

(1) 通过编写程序,对二元关系自反闭包、对称闭包、传递闭包加深理解。

(2) 掌握用矩阵累计合并法、Warshall 算法求出二元关系的可传递闭包的方法。

(3) 学会用程序解决离散数学中的问题,提高编程能力。

【实验内容】

实现有限集上给定关系的自反、对称和传递闭包运算。传递闭包运算分别用矩阵累计合并法和 Warshall 算法实现。

【实验思路】

关系的闭包运算是由已知关系出发,通过增加最少的序偶生成满足某种性质的关系运算。设 N 元关系用 $r[N][N]$ 表示,$c[N][N]$ 表示各个闭包,函数 initc(r) 表示将 $c[N][N]$ 初始化为 $r[N][N]$。

(1) 自反闭包: $r(R)=R\cup I_A$。

```
initc(r);
for(i=0;i<N;i++)
    c[i][i]=1;                        //将关系矩阵的对角线上所有元素设为 1
```

(2) 对称闭包: $s(R)=R\cup R'$。

```
initc(r);
for(i=0;i<N;i++)
    for(j=0;j<N;j++)
        if(c[i][j]) c[j][i]=1;        //对关系矩阵,若 r_{ij}=1,则 r_{ji}=1
```

（3）传递闭包。

方法 1：$t(R) = R \cup R^2 \cup \cdots \cup R^n$。

方法 2：Warshall 方法。该方法描述如下。

① 置新矩阵 $A = M$。i 是行号。

② $i = 1$。

③ 对所有 j，如果 $A[j,i] = 1$，则对 $k = 1, 2, \cdots, n$，计算 $A[j,k] = A[j,k] \vee A[i,k]$。$j$ 是列号。

④ i 加 1 再赋值给 i。

⑤ 如果 $i \leqslant n$，则转到步骤③、④；否则停止。

【参考代码】

（1）自反闭包。

```cpp
#include <iostream>
using namespace std;
int he(int,int);
void main()
{
    int n,i,j;
    cout<<"请输入矩阵的行列数 n:";
    cin>>n;
    int a[20][20];
    for(i=1;i<=n;i++)
    {
        for(j=1;j<=n;j++)
        {
            cout<<"请输入 a["<<i<<"]["<<j<<"]:";
            cin>>a[i][j];
        }
    }
    cout<<"R 的关系矩阵为:"<<endl;
    for(i=1;i<=n;i++)
    {
        for(j=1;j<=n;j++)
        {
            cout<<a[i][j]<<" ";
        }
        cout<<endl;
    }
for(i=0;i<n;i++)
{
    for(j=0;j<n;j++)
    {
        if(i==j)
        I[i][j]=1;
        else I[i][j]=0;
    }
}
```

```
for(i=1;i<=n;i++)
    {
        for(j=1;j<=n;j++)
        {
            b[i][j]=he(a[i][j],I[i][j]);
        }
    }
    cout<<"R 的关系矩阵为:"<<endl;
    for(i=1;i<=n;i++)
    {
        for(j=1;j<=n;j++)
        {
            cout<<b[i][j]<<" ";
        }
        cout<<endl;
    }
}
int he(int a,int b)
{
    int c;
    if(a==0&&b==0)
        c=0;
    else
        c=1;
    return c;
}
```

(2) 对称闭包。

```
#include <iostream>
using namespace std;
void main()
{
    int n,i,j;
    cout<<"请输入矩阵的行列数 n:";
    cin>>n;
    int a[20][20];
    for(i=1;i<=n;i++)
    {
        for(j=1;j<=n;j++)
        {
            cout<<"请输入 a["<<i<<"]["<<j<<"]:";
            cin>>a[i][j];
        }
    }
    cout<<"R 的关系矩阵为:"<<endl;
    for(i=1;i<=n;i++)
    {
        for(j=1;j<=n;j++)
```

```
        {
            cout<<a[i][j]<<" ";
        }
        cout<<endl;
    }
    for(i=1;i<=n;i++)
    {
        for(j=1;j<=n;j++)
        {
            if(a[i][j]!=0)
            {
                a[j][i]=1;                          //对称元素的值改为 1
            }

        }
    }
    cout<<"R 的对称闭包矩阵为:"<<endl;
    for(i=1;i<=n;i++)
    {
        for(j=1;j<=n;j++)
        {
            cout<<a[i][j]<<" ";
        }
        cout<<endl;
    }
}
```

（3）传递闭包。

方法 1：$t(R)=R\cup R^2\cup\cdots\cup R^n$。下面求得的关系矩阵 $\boldsymbol{T}=(b_{ij})_{n\times n}$ 就是 $t(R)$。

```
int b[N][N];
initc(r);                                  //用 c 保存 r
for(m=1;m<N;m++)                            //得到 r 的 m 次方,用 c 保存
{
    for(i=0;i<N;i++)
        for(j=0;j<N;j++)
        {
            b[i][j]=0;
            for(k=0;k<N;k++)
                b[i][j]+=c[i][k] * r[k][j];
            if(b[i][j]) b[i][j]=1;
        }
}
initc(b);                                  //用 c 保存 r 的 m 次方 b
```

方法 2：用 Warshall 算法求传递闭包（版本 1）。

```
#include <iostream>
using namespace std;
void main()
```

```
{
    int n,i,j,k;
    int m=0;
    cout<<"请输入矩阵的行列数 n:";
    cin>>n;
    int a[20][20];
    for(i=1;i<=n;i++)
    {
        for(j=1;j<=n;j++)
        {
            cout<<"请输入 a["<<i<<"]["<<j<<"]:";
            cin>>a[i][j];
        }
    }
    cout<<"R 的关系矩阵为:"<<endl;
    for(i=1;i<=n;i++)
    {
        for(j=1;j<=n;j++)
        {
            cout<<a[i][j]<<" ";
        }
        cout<<endl;
    }
    for(j=1;j<=n;j++)
    {
        for(i=1;i<=n;i++)
        {
            if(a[i][j]==1)
            {
                for(k=1;k<=n;k++)
                {
                    a[i][k]=a[i][k]+a[j][k];        //Warshall 算法
                    if(a[i][k]>= 1)
                        a[i][k]=1;                  //规范逻辑加
                }
            }

        }
    }
    cout<<"R 的传递闭包矩阵为:"<<endl;
    for(i=1;i<=n;i++)
    {
        for(j=1;j<=n;j++)
        {
            cout<<a[i][j]<<" ";
        }
        cout<<endl;
    }
}
```

方法 3：用 Warshall 算法求传递闭包(版本 2)。

```c
#include <stdio.h>
#define N 4                                        //宏定义
int get_matrix(int a[N][N])
{
    int i=0,j=0;
    for(i=0;i<N;i++)
    {
        for(j=0;j<N;j++)
        {
            scanf("%d",&a[i][j]);
            if (a[i][j]!=0 && a[i][j]!=1)
                return 1;
        }
    }
    return 0;
}
int output_matrix(int a[N][N])
{
    int i=0,j=0;
    for(i= 0;i<N;i++) {
        for(j=0;j< N;j++) {
            printf("%d  ",a[i][j]);
        }
        putchar('\n');
    }
}
int warshall(int a[][N])
{
/* (1)i=1;
   (2)对所有 j,如果 a[j,i]=1,则对 k=0,1,…,n-1,a[j,k]=a[j,k]∨a[i,k];
   (3)i 加 1;
   (4)如果 i<n,则转到步骤(2),否则停止 */
    int i=0;
    int j=0;
    int k=0;
    for(i=0;i<N;i++)
    {
        for(j=0;j<N;j++)
        {
            if(a[j][i])
            {
                for(k=0;k<N;k++)
                {
                    a[j][k]=a[j][k]|a[i][k];      //逻辑加
                }
            }
        }
    }
```

```
}
int main()
{
    int a[N][N]={0};
    printf("please input a matrix with %d * %d:\n",N,N);
    if(get_matrix(a))
    {
        printf("Get matrix error!Only 0 or 1 in matrix!\n");
        return 1;                         //错误,返回主函数,返回值为 1
    }
    warshall(a);
    output_matrix(a);
    return 0;                             //成功,返回主函数,返回值为 0
}
```

◇ 实验 6　等价关系判定

【实验目的】

(1) 掌握等价关系的定义、判定与相关等价类的求法。

(2) 提高编程能力。

【实验内容】

判断二元关系 R 是否等价关系。

【实验思路】

判断 R 是否满足自反性、对称性和传递性,从而判断 R 是否是集合 A 上的等价关系。通过关系矩阵中的元素 $r[i][j]$ 是否等于 1 判断第 j 个元素是否在第 i 个等价类中($i=1,2,\cdots,N,j=1,2,\cdots,N$)。$A$ 中共有 N 个元素。

【参考代码】

```
#include <iostream>
#include <stdio.h>
using namespace std;
//等价关系:满足自反性、对称性、传递性
int main()
{
    int n,num[20][20];
    cout<<"请输入该关系矩阵阶数:";
    cin>>n;                              //输入
    for (int i=0;i<n;i++)
    {
        for(int j=0;j<n;j++)
            cin>>num[i][j];
    }
    //自反判断
    for(int i = 0;i<n;i++)
    {
```

```
            if(num[i][i] != 1)
            {
                cout<<"非等价关系"<<endl;
                return 0;
            }
    }
    //对称判断
    for(int i=0;i<n;i++)
        for(int j=0;j<n;j++)
        {
            if(i != j)
            {
                if(num[i][j] != num[j][i])
                {
                    cout<<"非等价关系"<<endl;
                    return 0;
                }
            }
        }
    //可传递判断
    int num0[20][20];
    int temp=0;
    for(int i=0;i<n;i++)
    {
        for(int j=0;j<n;j++)
        {
            temp = 0;
            for(int m=0;m<n;m++)
                temp += num[i][m] * num[m][j];          //矩阵相乘
            num0[i][j] = temp;
        }
    }
    //子集判断
    for(int i=0; i<n; i++)
    {
        for(int j=0; j<n; j++)
        {
            if(num[i][j] == 0)
            {
                if(num0[i][j] != 0)
                {
                    cout<<"非等价关系"<<endl;
                    return 0;
                }
            }
        }
    }
    cout<<"是等价关系"<<endl;                        //最后结果
    return 0;
}
```

下面的算法把等价类分行打印出来：

```
int i,j,flag=1;
int a[N];
for(i=0;i<N;i++)
    a[i]=i+1;                           //i 代表第 i 个元素
for(i=0;i<N;i++)
{
    if(a[i])
    {
        printf("{");
        for(j=0;j<N;j++)
            if(r[i][j] && a[j]!=0)
            {
                printf("%d ",a[j]);     //打印和第 i 个元素有关系的所有元素
                a[j]=0;
            }
        printf("}\n");
    }
}
```

◇ 实验 7　偏序关系上的特异元素

【实验目的】

掌握偏序关系、偏序集、哈斯图、特异元素（最大元、最小元、极大元、极小元）等概念。

【实验内容】

根据偏序集中的哈斯图计算，确定集合的最大元、最小元、极大元、极小元等元素。

【实验思路】

设 $\langle A,\leqslant \rangle$ 为偏序集，$B\subseteq A$，$y\in B$。

（1）若 $\forall x(x\in B\to x\leqslant y)$ 成立，则称 y 为 B 的最大元。

（2）若 $\forall x(x\in B\to y\leqslant x)$ 成立，则称 y 为 B 的最小元。

（3）若 $\forall x(x\in B\land y\leqslant x\to x=y)$ 成立，则称 y 为 B 的极大元。换句话说，若极大元 y 与集合 B 中的元素 x 可比且 $y\leqslant x$，则这个 x 不会是别的元素，就是 y 本身。

（4）若 $\forall x(x\in B\land x\leqslant y\to x=y)$ 成立，则称 y 为 B 的极小元。换句话说，若极小元 y 与集合 B 中的元素 x 可比且 $x\leqslant y$，则这个 x 不会是别的元素，就是 y 本身。

根据以上定义，最大元、最小元 y 与集合 B 中的所有元素可比，且 y 是集合 B 中最大或最小的元素；极大元、极小元 y 不一定与集合 B 中的所有元素都可比。

【参考代码】

```
#include <iostream>
#include <stdio.h>
using namespace std;
int main()            //偏序关系上的最大元、最小元、极大元、极小元,判断主对角线以外的元素
{
```

```
int n,num[20][20];
cout<<"请输入集合中元素个数:";
cin>>n;
for(int i=0;i<n;i++)
{
    for(int j=0;j<n;j++)
        cin>>num[i][j];
}
int flag=0;
cout<<"最大元为:";                      //最大元判定(列全1)
for(int i=0;i<n;i++)
{
    for(int j=0;j<n;j++)
    {
        if(i!=j)
        {
            if(num[j][i] == 0)
                flag = 1;
        }
    }
    if(flag == 0)
    {
        cout<<i+1<<" ";
    }
    flag = 0;
}
cout<<endl;
cout<<"极大元为:";                      //极大元判定(行全0)
for(int i=0;i<n;i++)
{
    for(int j=0;j<n;j++)
    {
        if(i!=j)
        {
            if(num[i][j] == 1)
                flag = 1;
        }
    }
    if(flag == 0)
    {
        cout<<i+1<<" ";
    }
    flag = 0;
}
cout<<endl;
cout<<"最小元为:";                      //最小元判定(行全1)
for(int i=0;i<n;i++)
{
    for(int j=0;j<n;j++)
    {
```

```
                if(i!=j)
                {
                    if(num[i][j] == 0)
                        flag = 1;
                }
            }
            if (flag == 0)
            {
                cout<<i+1<<" ";
            }
            flag = 0;
        }
        cout<<endl;
        cout<<"极小元为:";                        //极小元判定(列全 0)
        for(int i=0;i<n;i++)
        {
            for(int j=0;j<n;j++)
            {
                if(i!=j)
                {
                    if(num[j][i] == 1)
                        flag = 1;
                }
            }
            if(flag == 0)
            {
                cout<<i+1<<" ";
            }
            flag = 0;
        }
        cout<<endl;
}
```

◇ 实验 8　求函数的定义域和值域

【实验目的】

理解函数的定义及原理,提高编程能力。

【实验内容】

编程获取一个函数的定义域和值域。

【实验思路】

设 A、B 为集合,如果 f 为从 A 到 B 的函数,定义域为自变量 x 的取值范围 dom f,值域为函数值 y 的取值范围 ran f。

【参考代码】

```
#include <iostream>
#include <string>
```

```cpp
using namespace std;
int main()
{
    int m,n;
    int **p;
    string * a, * b;
    int i;
    int * counta, * countb;
    void space(int** &p,int m,int n);
    void freespace(int** &p,int m,int n);
    void input(int** &p,int m,int n);
    int finding(int** &p,int flag,int num,int m,int n);
    cout<<"请输入函数的定义域的元素个数: "<<endl;
    cin>>m;
    a=new string [m];
    counta=new int[m];
    cout<<"请输入定义域的每一个元素: ";
    for(i=0;i<m;i++)
        cin>>a[i];
    cout<<"请输入函数的目标的元素个数: \n";
    cin>>n;
    b=new string [n];
    countb=new int[n];
    cout<<"请输入目标的每一个元素: ";
    for(i=0;i<n;i++)
        cin>>b[i];
    cout<<"请输入函数的关联矩阵: \n";
    space(p,m,n);
    input(p,m,n);
    for(i=0;i<m;i++)
        counta[i]=finding(p,0,i,m,n);
    for(i=0;i<n;i++)
        countb[i]=finding(p,1,i,m,n);
    cout<<"函数的定义域为:";
    for(i=0;i<m;i++)
    {
        if(counta[i]>0)
            cout<<a[i]<<" ";
    }
    cout<<endl;
    cout<<"函数的值域为:";
    for(i=0;i<n;i++)
    {
        if(countb[i]>0)
            cout<<b[i]<<" ";
    }
    cout<<endl;
    freespace(p,m,n);
    delete []a;
    delete []b;
```

```
        delete []counta;
        delete []countb;
        return 0;
}
void space(int** &p,int m,int n)
{
    int i;
    p=new int * [m];
    for(i=0;i<m;i++)
    {
        p[i]=new int[n];
    }
}
void freespace(int** &p,int m,int n)
{
    int i;
    for(i=0;i<m;i++)
    {
        delete [] p[i];
    }
    delete [] p;
}
void input(int** &p,int m,int n)
{
    int i,j;
    for(i=0;i<m;i++)
    {
        for(j=0;j<n;j++)
            cin>>p[i][j];
    }
}
int finding(int** &p,int flag,int num,int m,int n)
//flag==0横着统计,flag==1竖着统计
{
    int i;
    int result=0;
    if(flag==0)
    {
        for(i=0;i<n;i++)
        {
            if(p[num][i]==1)
                result++;
        }
    }
    else if(flag==1)
    {
        for(i=0;i<m;i++)
        {
            if(p[i][num]==1)
                result++;
```

```
        }
    }
    return result;
}
```

◈ 实验 9　函数中单射、满射、双射判断

【实验目的】

(1) 掌握函数(映射)的概念与表示。

(2) 会判断某个具体映射是否为单射、满射、双射。

【实验内容】

写一个程序,判断一个关系是否是函数(映射)。若是,再判断该映射是否为单射、满射、双射。

【实验思路】

函数(映射)：一个 x 只能对应唯一的 y。

单射：$\forall x_1, x_2 \in A$,若 $x_1 \neq x_2$,有 $f(x_1) \neq f(x_2)$。

满射：$\forall y \in B$,$\exists x \in A$,有 $y = f(x)$。

双射：既是单射又是满射。

【参考代码】

```cpp
#include <iostream>
using namespace std;
int main()
{
    int m,n;
    int **p;
    int x,y;
    void space(int** &p,int m,int n);
    void freespace(int** &p,int m,int n);
    void input(int** &p,int m,int n);
    int finding(int** &p,int flag,int num,int m,int n);
    int danshe(int** &p,int m,int n);
    int manshe(int** &p,int m,int n);
    cout<<"请输入函数的域的元素个数: "<<endl;
    cin>>m;
    cout<<"请输入函数的目标的元素个数: \n";
    cin>>n;
    cout<<"请输入函数的关联矩阵: \n";
    space(p,m,n);
    input(p,m,n);
    x=danshe(p,m,n);
    y=manshe(p,m,n);
    if(x==1&&y==1)
        cout<<"这个函数是双射!\n";
    else if(x==1)
```

```
            cout<<"这个函数是单射!\n";
        else if(y==1)
            cout<<"这个函数是满射!\n";
        else
            cout<<"这个函数既不是单射也不是满射!\n";
        freespace(p,m,n);
        return 0;
}
void space(int** &p,int m,int n)
{
    int i;
    p=new int * [m];
    for(i=0;i<m;i++)
    {
        p[i]=new int[n];
    }
}
void freespace(int** &p,int m,int n)
{
    int i;
    for(i=0;i<m;i++)
    {
        delete [] p[i];
    }
    delete [] p;
}
void input(int** &p,int m,int n)
{
    int i,j;
    for(i=0;i<m;i++)
    {
        for(j=0;j<n;j++)
            cin>>p[i][j];
    }
}
int danshe(int** &p,int m,int n)                //判断是否为单射
{
    int flag=1;
    int i;
    int finding(int** &p,int flag,int num,int m,int n);
    for(i=0;i<m;i++)
    {
        if(finding(p,0,i,m,n)==0)
            flag=0;
        if(flag==0)
            return 0;
    }
    for(i=0;i<n;i++)
    {
        if(finding(p,1,i,m,n)>1)                //存在多个自变量映射到同一个函数值
```

```
                flag=0;
            if(flag==0)
                return 0;
        }
        return flag;
}
int manshe(int** &p,int m,int n)            //判断是否为满射
{
        int flag=1;
        int i;
        int finding(int** &p,int flag,int num,int m,int n);
        for(i=0;i<m;i++)
        {
            if(finding(p,0,i,m,n)>1)
                flag=0;
            if(flag==0)
                return 0;
        }
        for(i=0;i<n;i++)
        {
            if(finding(p,1,i,m,n)==0)        //某个目标值没有对应的函数值
                flag=0;
            if(flag==0)
                return 0;
        }
        return flag;
}
int finding(int** &p,int flag,int num,int m,int n)
//flag==0横着统计,flag==1竖着统计
{
        int i;
        int result=0;
        if(flag==0)
        {
            for(i=0;i<n;i++)
            {
                if(p[num][i]==1)
                    result++;
            }
        }
        else if(flag==1)
        {
            for(i=0;i<m;i++)
            {
                if(p[i][num]==1)
                    result++;
            }
        }
        return result;
}
```

◇ 实验 10　集合计数——容斥原理

【实验目的】

(1) 通过实验透彻理解、掌握集合计数的运算方法及原理。

(2) 提高编程能力。

【实验内容】

(1) 给定整数 n 和 m 个不同的素数 $p_1, p_2, \cdots, p_m$，求出 $1 \sim n$ 中有多少个数能被 p_1，$p_2, \cdots, p_m$ 中至少一个数整除。

输入格式：第一行是整数 n 和 m，第二行是 m 个素数。

输出格式：输出一个整数，表示满足条件的整数的个数。

(2) 给定整数 n，求 1 到 n 中有多少个数不是 2、5、11、13 的倍数。

【实验思路】

本实验用到了容斥原理。首先，能被 m 个不同的素数整除，那么可能就会有能被 1、2、3、$\cdots$、m 个质数整除的情况。使用二进制数枚举所有情况，S_1 表示只能被一个数整除的集合元素个数，S_2 表示能被两个数整除的集合元素个数……由容斥原理得：所有情况为加上 S_i 奇数的集合减去 S_i 偶数的集合。为了利用容斥原理公式，需要解决如下 3 个问题：

(1) 求出每个集合中元素的个数。

(2) 求出集合之间交集的个数。

(3) 用二进制表示选择了哪个集合。

在此方法中，如下问题的解答可以帮助我们理解算法原理。

(1) 循环中 i 为什么要做位运算 $i >> j$ & 1？

解答：这是为了求出哪一位是 1，从而计算出该位对应的集合的交集数。

(2) 最外层循环 for(int i=1; $i < 1 << m$; i++)…的作用是什么？为什么是 2^m？

解答：最外层循环的作用是枚举 $1 \sim 2^m - 1$ 的数，这个是用位运算进行枚举，把 i 转换为二进制数，如 $i = 5$ 转换为 $i = 00101$，表示 p_1、p_3 被选择，然后求出每个数能被 $p_1, p_2, \cdots, p_m$ 中的数整除的个数。

(3) s 为什么要模 2？

解答：根据容斥原理公式，这里其实是模拟 $(-1)^{n-1}$，S_i 为奇数的集合是加，S_i 为偶数的集合是减。

计算某类对象的数目时，要排斥那些不应包含在这个计数结果中的数目，但同时要包容那些被错误地排斥的数目，以此补偿。用容斥原理统计不是 2、5、11、13 这 4 个素数的倍数的整数个数，先计算出是 2、5、11、13 中单个素数倍数的整数个数，再用总数去减，然后减去同时是两个素数的倍数的整数个数，接着加上同时是 3 个素数的倍数的整数个数，再减去同时是 4 个素数的倍数的整数个数即可。其中直接用 $n/2$ 表示 2 的倍数的个数，其他的情况同理。

【参考代码】

代码 1：

```
#include <iostream>
#include <algorithm>
using namespace std;
typedef long long LL;
const int N = 20;
int p[N];
int main()
{
    int n, m;
    cin >> n >> m;
    for (int i = 0; i < m; i ++ )
        cin >> p[i];                    //用 p 数组存储 m 个素数
    int res = 0;
    /* 每一个 i 代表一种可能的取法,最外层循环直到 2ᵐ,可以遍历所有的取法;从 1 开始枚举,
       枚举到 1 << m(左移 m 位),左移一位相当于乘 2 */
    for (int i = 1; i < 1 << m; i ++ )
    {
        int t = 1, s = 0;           //t 代表当前所有素数的乘积,s 代表当前取法包含几个集合
        for (int j = 0; j < m; j ++ )     //枚举 m 个素数,依次计算容斥原理的公式
        {
            if (i >> j & 1)               //i 在这里执行位运算,右移 j 位再进行与 1 运算
            {
                if ((LL)t * p[j] > n)
                //如果 t 乘以这个素数大于给定的数 n,说明 1~n 中的数不能被 p[j]整除
                {
                    t = -1;
                    break;                //break 的作用是跳出整个循环,即跳过这个素数
                }
                t *= p[j];                //将这个素数累乘到 t 中
                s ++ ;
            }
        }
        if (t != -1)
        {
            if (s % 2)
                res += n / t;
            else
                res -= n / t;
        }
    }
    cout << res << endl;
    return 0;
}
```

代码 2:

```
#include <iostream>
using namespace std;
typedef long long ll;
```

```
ll cnt,n;
int main()
{
    while(cin >> n)
    {
        cnt = n/2 + n/5 + n/11 + n/13;                    //单个质数的倍数个数相加
        cnt -= n/10 + n/ 22 + n/26 + n/55 + n/65 + n/143;
                                                          //减去同时是两个质数的倍数的个数
        cnt += n/110 + n/130 + n/286 + n/715;             //加上同时是 3 个质数的倍数的个数
        cnt -= n/1430;                                    //减去同时是 4 个质数的倍数的个数
        cout << n-cnt << endl;                            //输出总数减去 cnt
    }
    return 0;
}
```

◆ 实验 11　组 合 计 数

【实验目的】

(1) 通过实验透彻理解：组合只是把元素取出来，与顺序无关。

(2) 提高编程能力。

【实验内容】

给定两个非负整数 n 和 m，返回从 n 个不同元素中取出 $m(m \leqslant n)$ 个元素的组合数 C_n^m。输入若干组 n 和 m，$n = 0$ 表示输入结束；输出若干组合数 C_n^m。

【实验思路】

思路一：根据公式 $C_n^m = \dfrac{n!}{m!\ (n-m)!}$ 计算出从 n 个不同元素中取出 m 个元素的组合数，见参考代码中的代码 1。

思路二：利用杨辉三角在组合数学中的应用方法，从 n 中选 m 个数，组合数 $C_n^m = C_{n-1}^m + C_{n-1}^{m-1}$，见参考代码中的代码 2。

【参考代码】

代码 1：

```
#include <iostream>
using namespace std;
int fact(int n)                            //阶乘函数
{
    int i,s=1;
    for(i=1;i<=n;i++)
        s *=i;
    return s;
}
int comb(int m,int r)                      //求组合数的函数
{
    int c;
```

```
        c=fact(m)/(fact(r) * fact(m-r));        //调用阶乘函数
        return c;
}
int main()
{
        int m, r;
        cout<<"请输入两个正整数 m,r(m>r),求组合数 C(m,r)\n";
        cin>>m>>r;
        if(m>r)  cout<<comb(m,r)<<endl;
        else cout<<"请重新输入,确保 m>r"<<endl;
        return 0;
}
```

代码 2:

```
#include <iostream>
using namespace std;
const int N = 2000 + 5;
const int MOD = (int)1e9 + 7;
int comb[N][M];                          //comb[N][M]就是 C(n,m),从 n 个数中选 m 个数
int main()
{
        for(int i = 0; i < N; i ++)
        {
                comb[i][0] = comb[i][i] = 1;
                for(int j = 1; j < i; j ++)
                {
                        comb[i][j] = comb[i-1][j] + comb[i-1][j-1];
                        comb[i][j] %= MOD;
                }
        }
        int n,m;
        while(cin>>n>>m)
        {
                if(!n) return 0;
                cout<<comb[n][m]<<endl;
        }
}
```

◆ 实验 12　排　列　计　数

【实验目的】

(1) 通过实验透彻理解排列的方法及原理。

(2) 提高编程能力。

【实验内容】

从 n 个不同元素中任取 $m(m \leqslant n)$ 个元素(非负整数 n 和 m 可事先给定),按照一定的

顺序排列起来,最后返回取出 m 个元素的排列数 P_n^m。

【实验思路】

排列是把取出的元素再按顺序排成一列,它与元素的顺序有关系。a 代表要进行全排列的数组,k 指向这个数组的开始位置,即 0 号下标,m 指向这个数组的末尾位置,即 2 号下标。首先进入 Permutation 函数后,判断 k 是否等于 m,这里 k=0,m=2,不相等。然后将 k 的值赋给 j,进入 for 循环,执行交换函数,将 ar[k] 和 ar[j] 的值互换。接着再递归调用 Permutation 函数,这时 k 的值向后移动一格。进入新的 Permutation 函数后,k!=m,接着继续将 k 的值赋给 j,当 k=m 时,就执行打印语句,输出本次排列的结果。

【参考代码】

```cpp
#include <iostream>
#include <cstring>
using namespace std;
int main()
{
    char a[100];
    int n;
    void Permutation(char a[], int lock, int len);
    while(cin >> a)
    {
        n = strlen(a);
        Permutation(a, 0, n);
    }
    return 0;
}
void Permutation(char a[], int lock, int len)
//lock 为已经锁定的下标
{
    void Swap(char a[], int x, int y);
    if(lock==len-1)
    {
        for(int i = 0; i < len; i++)
            cout << a[i];
        cout << endl;
        return;
    }
    for(int i=lock; i < len; ++i)
    {
        Swap(a, lock, i);
        Permutation(a, lock+1, len);
        Swap(a, i, lock);
    }
}
void Swap(char a[], int x, int y)
{
    char tmp = a[x];
    a[x] = a[y];
```

```
        a[y] = tmp;
    }
```

◆ 实验 13　母函数组合计数

【实验目的】

（1）通过典型问题的编程实践，更好地理解母函数组合计数的思想和方法。

（2）提高编程能力。

【实验内容】

以面值为 $1,2,3,\cdots$ 的钱币组成总额为 n 的方案有多少种？要求用母函数方法实现。

【实验思路】

构造母函数：

$$G(x)=(x^0+x^1+x^2+\cdots)(x^0+x^2+x^4+\cdots)(x^0+x^3+x^6+\cdots)$$
$$(x^0+x^4+x^8+x^{12}+\cdots)\cdots(x^0+x^n)$$

拆开这个多项式因式，x^k 的系数是多少，就有多少种方案。拆分思路是：先把前面两个因式相乘，得到一个因式，代替第二个因式；然后用新的第二个因式和第三个因式相乘，代替第三个因式……递归计算到最后一个因式。具体编程时，把已经计算出来的因式的系数存放到数组 c1 里面，把当前因式与下一个因式相乘得到的因式的系数放到数组 c2 里面。两个因式乘完了，就把 c2 里面的数据放到 c1 里面，把 c2 清空。重复上面的步骤，直到最后一个因式处理完成时结束。此时，c1 里面存放的就是拆分后的多项式的系数，c1[n] 为所求结果。

【参考代码】

```cpp
#include <iostream>
using namespace std;
const int _max = 10001;
//c1 保存各面值钱币可以组合的数目
//c2 是中间量,保存每一次的情况
int c1[_max], c2[_max];
int main()
{
    int n;
    int i, j, k;
    //假设所有面值的钱币数量无限
    while(cin >> n)
    {
        for(i=0; i<=n; ++i)          //此时的 n 是第一个因式里项的个数
        {
            c1[i] = 1;
            c2[i] = 0;
        }
        for(i=2; i<=n; ++i)          //n 是因式总个数,i 指向第 i 个因式
        {
```

```
            //若总额为 n,则第 n+1 个因式用不到
            for(j=0; j<=n; ++j)                //j 是第一个因式里每一项中 x 的指数
                for(k=0; k+j<=n; k+=i)
                //k 表示第二个因式里每一项中 x 的指数
                //k 相隔 i,所以 k 的下一个值就是 k+=i
                {
                    c2[j+k] += c1[j];
                    //目前的第一个因式与第二个因式相乘
                    //由于第二个因式的系数全为 1,相乘后的系数就是 c1[j],累加即可
                }
                for(j=0; j<=n; ++j)            //把 c2 中的值赋给 c1,并把 c2 清空
                {
                    c1[j] = c2[j];
                    c2[j] = 0;
                }
            }
            cout << c1[n] << endl;            //输出方案数
        }
    return 0;
}
```

◇ 实验 14　指母函数排列计数

【实验目的】

(1) 通过典型问题的编程实践,更好地理解指母函数排列计数的思想和方法。

(2) 提高编程能力。

【实验内容】

有 n 个物品,每个物品有 u_i 个,从中选取 m 个物品的种类数是多少?要求用指数型母函数方法实现。

【实验思路】

先构造指数型母函数 $G_e(x)$ 求 m 个物品的排列数,$G_e(x)$ 的乘积式以及通项式都会包含阶乘的倒数:

$$G_e(x) = \prod_{i=1}^{m}\left(\sum_{j=0}^{u_i}\frac{x^j}{j!}\right) = \left(1 + \frac{x}{1!} + \frac{x^2}{2!} + \cdots + \frac{x^{u_1}}{u_1!}\right)\left(1 + \frac{x}{1!} + \frac{x^2}{2!} + \cdots + \frac{x^{u_2}}{u_2!}\right)\cdots$$

$$\left(1 + \frac{x}{1!} + \frac{x^2}{2!} + \cdots + \frac{x^{u_n}}{u_n!}\right)$$

$$= 1 + a_1\frac{x}{1!} + a_2\frac{x^2}{2!} + a_3\frac{x^3}{3!} + \cdots + a_m\frac{x^m}{m!} + \cdots$$

将这 n 个因式连乘得到 $G_e(x)$。拆开这个多项式因式:先把前面两个因式相乘,得到一个因式,代替第二个因式;然后用新的第二个因式和第三个因式相乘,代替第三个因式……递归计算到最后一个因式,得出结果。具体编程时,把已经计算出来的因式的系数存放到数组 c1 里面,把当前因式与下一个因式相乘得到的因式的系数放到数组 c2 里面。两

个因式乘完了,就把 c2 里面的数据放到 c1 里面,把 c2 清空。重复上面的步骤,直到最后一个因式都处理完成时结束。

【参考代码】

```cpp
#include <iostream>
#include <cstring>
using namespace std;
#define maxn 100
int a[maxn],num[maxn];
double c1[maxn],c2[maxn];
void init()
{
    a[0]=1;
    a[1]=1;
    for(int i=2;i<=maxn;i++){
        a[i]=a[i-1] * i;
    }
}
int main()
{
    init();
    int n,m;
    while(cin>>n>>m)
    {
        for(int i=1;i<=n;i++)
        {
            cin>>num[i];
        }
        memset(c1,0,sizeof c1);
        memset(c2,0,sizeof c2);
        for(int i=0;i<=num[1];i++)
        {
            c1[i]=1.0/a[i];
        }
        for(int i=2;i<=n;i++)
        {
            for(int j=0;j<=m;j++)
                for(int k=0;k+j<=m&&k<=num[i];k++)
                    c2[j+k]+=c1[j]/a[k];
            for(int j=0;j<=m;j++)
            {
                c1[j]=c2[j];
                c2[j]=0;
            }
        }
        printf("%.1f\n",c1[m] * a[m]);
    }
    return 0;
}
```

代数系统与数论

代数系统与数论知识广泛应用于有限状态机、开关线路的计数、数据纠错、信息安全等领域。例如,在计算机和数据通信中,经常需要传递二进制数字信号,这种传递的距离一般很远,所以难免会出现错误。通常采用纠错码避免这种错误的发生,而构造纠错码的数学基础就是代数系统,设计纠错码中的一致校验矩阵需要用到代数系统中群的概念。另外,在群码的校正中要用到代数系统中的陪集。本章讲述代数系统的概念、性质、特异元素,并介绍重要而特殊的代数系统——群及其陪集,最后介绍数论基本知识及其在密码学中的应用。

◆ 5.1 代数系统的概念

由非空集合和该集合上的一个或多个运算组合的系统称为代数系统。在计算机科学中,常用代数系统描述可计算函数,研究运算的复杂性,分析程序设计语言的语义等。首先考察非空集合上的 n 元运算。

定义 5.1(n 元运算) 设 A 和 B 都是非空集合,n 是一个正整数,若 Φ 是 A^n 到 B 的一个映射,则称 Φ 是 A 到 B 的一个 n 元运算。当 $B=A$ 时,称 Φ 是 A 上的 n 元运算,简称 A 上的运算,并称该 n 元运算在 A 上是封闭的。

通常用 $\circ$、$\cdot$、$*$ 等运算符表示 n 元运算。例如,n 元运算 $f(a_1,a_2,\cdots,a_n)=b$ 可简记为 $\circ(a_1,a_2,\cdots,a_n)=b$,$n=1$ 时 $\circ(a_1)=b$ 是一元运算,$n=2$ 时 $\circ(a_1,a_2)=b$ 是二元运算;若 $f:s\times s\to s$ 是集合 S 上的二元运算,对任意 $x,y\in S$,如果 x 与 y 运算的结果是 z,即 $f(x,y)=z$,该运算 $\circ$ 简记为 $x\circ y=z$。以下所涉及的 n 元运算主要是一元运算和二元运算。

例 5.1 以下是一元运算和二元运算的示例:

(1) 求一个数的倒数是非零实数集 $\mathbf{R}^*$ 上的一元运算。

(2) 有理数集合 $\mathbf{Q}$ 上每一个数 a 映射成它的整数部分 $[a]$,或者将 $\mathbf{Q}$ 上的每一个数 a 映射成它的相反数 $-a$,这两个映射都是集合 $\mathbf{Q}$ 上的一元运算。

(3) 在有理数集合 $\mathbf{Q}$ 上,对任意两个数所进行的普通加法和乘法都是集合 $\mathbf{Q}$ 上的二元运算。

(4) 非零实数集 $\mathbf{R}^*$ 上的乘法和除法都是 $\mathbf{R}^*$ 上的二元运算,而加法和减法不是。

(5) S 是一个非空集合,S^s 是 S 到 S 上的所有函数的集合,则复合运算 $\circ$ 是

S^s 上的二元运算。

（6）设 $M_n(\mathbf{R})$ 表示所有 n 阶($n \geq 2$)实矩阵的集合，即

$$M_n(\mathbf{R}) = \left\{ \begin{bmatrix} a_{11} & a_{12} & \cdots & a_{1n} \\ a_{21} & a_{22} & \cdots & a_{2n} \\ \vdots & \vdots & \ddots & \vdots \\ a_{n1} & a_{n2} & \cdots & a_{nn} \end{bmatrix} \middle| a_{ij} \in \mathbf{R}, i,j = 1,2,\cdots,n \right\}$$

则矩阵加法和矩阵乘法都是 $M_n(\mathbf{R})$ 上的二元运算。

以上示例有一个共同的特征，那就是其运算的结果都是落在原来的集合中，称这种运算具有封闭性；相反，没有这种特征的运算就是不封闭的。例如，设 $\mathbf{N}$ 是自然数集，$\mathbf{Z}$ 是整数集，普通的减法是 $\mathbf{N} \times \mathbf{N}$ 到 $\mathbf{Z}$ 的运算，但因为两个自然数相减可以不是自然数，所以减法运算不是自然数集 $\mathbf{N}$ 上的闭运算。

若集合 $X = \{x_1, x_2, \cdots, x_n\}$ 是有限集，X 上的一元运算和二元运算也可用运算表的形式给出。表 5.1 和表 5.2 分别是一元运算表和二元运算表。

表 5.1　一元运算表

S_i	$\circ(S_i)$
S_1	$\circ(S_1)$
S_2	$\circ(S_2)$
$\vdots$	$\vdots$
S_n	$\circ(S_n)$

表 5.2　二元运算表

$\circ$	S_1	S_2	$\cdots$	S_n
S_1	$S_1 \circ S_1$	$S_1 \circ S_2$	$\cdots$	$S_1 \circ S_n$
S_2	$S_2 \circ S_1$	$S_2 \circ S_2$	$\cdots$	$S_2 \circ S_n$
$\vdots$	$\vdots$	$\vdots$	$\vdots$	$\vdots$
S_n	$S_n \circ S_1$	$S_n \circ S_2$	$\cdots$	$S_n \circ S_n$

例 5.2　设集合 $B = \{0,1\}$，给出 B 的幂集 $P(B)$ 上求补运算 $\sim$ 和求对称差运算 $\oplus$ 的运算表，其中全集是 B。

解：所求运算表如表 5.3 和表 5.4 所示。

表 5.3　求补运算表

S_i	$\sim S_i$
$\varnothing$	$\{0,1\}$
$\{0\}$	$\{1\}$
$\{1\}$	$\{0\}$
$\{0,1\}$	$\varnothing$

表 5.4　求对称差运算表

$\oplus$	$\varnothing$	$\{0\}$	$\{1\}$	$\{0,1\}$
$\varnothing$	$\varnothing$	$\{0\}$	$\{1\}$	$\{0,1\}$
$\{0\}$	$\{0\}$	$\varnothing$	$\{0,1\}$	$\{1\}$
$\{1\}$	$\{1\}$	$\{0,1\}$	$\varnothing$	$\{0\}$
$\{0,1\}$	$\{0,1\}$	$\{1\}$	$\{0\}$	$\varnothing$

定义 5.2（代数系统）　一个非空集合 A 连同若干个定义在该集合上的运算 $f_1, f_2, \cdots, f_k$ 所组成的系统称为一个代数系统，记为 $<A, f_1, f_2, \cdots, f_k>$。对给定的集合，可以相当任意地在这个集合上规定运算，使它成为代数系统。

例 5.3　由集合 B 的幂集 $P(B)$ 以及该幂集上的运算 $\cup$、$\cap$、$\sim$ 组成一个代数系统 $<P(B)$, $\cup, \cap, \sim>$，$B_1 \in P(B)$，B_1 的补集 $\sim B_1 = B - B_1$，也常记为 $\overline{B_1}$。又如整数集 $\mathbf{Z}$ 以及 $\mathbf{Z}$ 上的普通加法运算组成一个代数系统 $<\mathbf{Z}, +>$。

◆ 5.2 代数系统的运算及其性质

本节主要讨论一般二元运算的某些性质。

定义 5.3（交换律） 设 * 是定义在集合 S 上的二元运算。如果对于任意的 $x,y \in S$,都有 $x * y = y * x$,则称二元运算 * 是可交换的或满足交换律。

例 5.4 设 $\mathbf{Z}$ 是整数集,$\triangle$、$\star$ 分别是 $\mathbf{Z}$ 上的二元运算。其定义为:对任意的 a、$b \in \mathbf{Z}$, $a \triangle b = ab - a - b$,$a \star b = ab - a + b$,$\mathbf{Z}$ 上的运算 $\triangle$、$\star$ 是否满足交换律?

解:因为对 $\mathbf{Z}$ 中任意元素 a 和 b,$a \triangle b = ab - a - b = ba - b - a = b \triangle a$ 成立,所以运算 $\triangle$ 满足交换律。

又因为对 $\mathbf{Z}$ 中的数 0 和 1,$0 \star 1 = 0 \times 1 - 0 + 1 = 1$,$1 \star 0 = 1 \times 0 - 1 + 0 = -1$,所以,$0 \star 1 \neq 1 \star 0$,从而运算 $\star$ 不满足交换律。

定义 5.4（结合律） 设 * 是定义在集合 S 上的二元运算。如果对于 S 上的任意元素 x、y、z 都有 $(x * y) * z = x * (y * z)$,则称二元运算 * 是可结合的或满足结合律。

例 5.5 设 $\mathbf{Q}$ 是有理数集合,$\circ$、$*$ 分别是 $\mathbf{Q}$ 上的二元运算。其定义为:对于任意的 $a,b \in \mathbf{Q}$,$a \circ b = a$,$a * b = a - 2b$,证明运算 $\circ$ 满足结合律,并举例说明运算 $*$ 不满足结合律。

解:因为对任意的 $a,b,c \in \mathbf{Q}$ 都有

$$(a \circ b) \circ c = a \circ c = a, a \circ (b \circ c) = a \circ b = a$$

所以 $(a \circ b) \circ c = a \circ (b \circ c)$,即运算 $\circ$ 满足结合律。

又因为对 $\mathbf{Q}$ 中的数 0 和 1 有

$$(0 * 0) * 1 = 0 * 1 = 0 - 2 = -2,$$
$$0 * (0 * 1) = 0 * (-2) = 0 - 2 \times (-2) = 4$$

所以 $(0 * 0) * 1 \neq 0 * (0 * 1)$,从而运算 $*$ 不满足结合律。

说明:在一个只满足结合律的二元运算表达式中,可以去掉标记运算顺序的括号。例如,实数集上的加法运算是可结合的,所以表达式 $(x+y)+(u+v)$ 可简写为 $x+y+u+v$。

说明:若 $<S, \circ>$ 是代数系统,其中 $\circ$ 是 S 上的二元运算且满足结合律,n 是正整数,$a \in S$,那么,$a \circ a \circ a \cdots a$ 是 S 中的一个元素,称其为 a 的 n 次幂,记为 a^n。关于 a 的幂,用数学归纳法不难证明以下公式:

$$a^m \circ a^n = a^{m+n}, (a^m)^n = a^{mn}$$

其中 m、n 为正整数。

定义 5.5（幂等律） 设 $*$ 是集合 S 上的二元运算。如果对于任意的 $x \in S$,都有 $x * x = x$,则称运算 $*$ 是幂等的或满足幂等律。

例 5.6 设 $\mathbf{Z}$ 是整数集,在 $\mathbf{Z}$ 上定义两个二元运算 $\circ$ 和 $*$,对于任意 $x,y \in \mathbf{Z}$,$x \circ y = \max(x,y)$,$x * y = \min(x,y)$,验证运算 $\circ$ 和 $*$ 都是幂等的。

解:对于任意的 $x \in \mathbf{Z}$,有

$$x \circ x = \max(x,x) = x, x * x = \min(x,x) = x$$

因此运算 $\circ$ 和运算 $*$ 都是幂等的。

例 5.7 $\mathbf{Z}$、$\mathbf{Q}$、$\mathbf{R}$ 分别为整数集、有理数集、实数集;$\mathbf{M}_n(\mathbf{R})$ 为 n 阶实矩阵集合,$n \geq 2$;$P(B)$ 为幂集;A^A 为从 A 到 A 的函数,$|A| \geq 2$。这些集合上的相关运算是否满足交换律、

结合律、幂等律？

解：以上集合上的相关运算的性质如表 5.5 所示。

表 5.5　例 5.7 集合上的相关运算的性质

集合	运算	交换律	结合律	幂等律
$\mathbf{Z},\mathbf{Q},\mathbf{R}$	普通加法（＋）	是	是	否
	普通乘法（×）	是	是	否
$\mathbf{M}_n(\mathbf{R})$	矩阵加法（＋）	是	是	否
	矩阵乘法（×）	是	是	否
$P(B)$	并（∪）	是	是	是
	交（∩）	是	是	是
	相对补（－）	否	否	否
	对称差（⊕）	是	是	否
A^A	函数复合	否	是	否

在表 5.5 中，对于任意的 $x,y,z\in\mathbf{Z}$，有

$$x+y=y+x \qquad \text{（交换律）}$$
$$(x+y)+z=x+(y+z) \qquad \text{（结合律）}$$

又如，B 是集合，$P(B)$ 是 B 的幂集，代数系统 $<P(B),\cup>$ 和 $<P(B),\cap>$ 中的 $\cup$、$\cap$ 运算都满足交换律和结合律。

定义 5.6（分配律）　设 $\circ$、$*$ 是定义在集合 S 上的两个二元运算。如果对于任意的 $x,y,z\in S$，都有

$$x\circ(y*z)=(x\circ y)*(x\circ z)$$
$$(y*z)\circ x=(y\circ x)*(z\circ x)$$

则称运算 $\circ$ 对运算 $*$ 是可分配的，也称运算 $\circ$ 对运算 $*$ 满足分配律。

例 5.8　设集合 $A=\{0,1\}$，在 A 上定义两个二元运算 $\circ$ 和 $*$，如表 5.6 和表 5.7 所示。运算 $*$ 对运算 $\circ$ 和运算 $\circ$ 对运算 $*$ 分别是否可分配？

表 5.6　$\circ$ 运算表

$\circ$	0	1
0	0	1
1	1	0

表 5.7　$*$ 运算表

$*$	0	1
0	0	0
1	0	1

解：容易验证运算 $*$ 对运算 $\circ$ 是可分配的，但运算 $\circ$ 对运算 $*$ 不满足分配律。因为 $1\circ(0*1)=1\circ1=1$，而 $(1\circ0)*(1\circ1)=1*0=0$，所以 $\circ$ 对 $*$ 不满足分配律。

定义 5.7（吸收律）　设 $\circ$ 和 $*$ 是集合 S 上的两个可交换的二元运算，如果对任意 $x,y\in S$，都有

$$x*(x\circ y)=x,\ x\circ(x*y)=x$$

则称运算 $\circ$ 和 $*$ 满足吸收律。

例 5.9　讨论下列集合上的二元运算是否满足分配律和吸收律。

（1）整数集 $\mathbf{Z}$、有理数集 $\mathbf{Q}$ 和实数集 $\mathbf{R}$。

（2）n 阶实矩阵集合 $M_n(\mathbf{R})$。

（3）幂集 $P(B)$。

解：以上集合上的二元运算的性质如表 5.8 所示。

表 5.8　例 5.9 集合上的二元运算的性质

集　　合	运　　算	分　配　律	吸　收　律
$\mathbf{Z},\mathbf{Q},\mathbf{R}$	普通加法（＋）与乘法（×）	×对＋可分配 ＋对×不可分配	否
$M_n(\mathbf{R})$	矩阵加法（＋）与乘法（×）	×对＋可分配 ＋对×不可分配	否
$P(B)$	并（∪）与交（∩）	∪对∩可分配 ∩对∪可分配	是
	交（∩）与对称差（⊕）	∩对⊕可分配	否

在表 5.8 中，对任意 $C,D\in P(B)$，由集合相等及 ∩ 和 ∪ 的定义可得

$$C\cup(C\cap D)=C,C\cap(C\cup D)=C$$

因此，∩ 和 ∪ 满足吸收律。

定义 5.8（单位元）　设 ∘ 是定义在集合 S 上的一个二元运算。如果有一个元素 $e_l\in S$，使得对任意元素 $x\in S$ 都有 $e_l\circ x=x$，则称 e_l 为 S 中关于运算 ∘ 的左单位元；如果有一个元素 $e_r\in S$，使得对任意元素 $x\in S$ 都有 $x\circ e_r=x$，则称 e_r 为 S 中关于运算 ∘ 的右单位元；如果 S 中有一个元素 e 既是左单位元又是右单位元，则称 e 是 S 中关于运算 ∘ 的单位元。

对给定的集合和运算，有些存在单位元，有些不存在单位元。

例 5.10　在整数集 $\mathbf{Z}$ 中加法的单位元是 0，乘法的单位元是 1；另外，$\mathbf{R}^*$ 是非零的实数集合，∘ 是 $\mathbf{R}^*$ 上如下定义的二元运算：对任意的元素 $a,b\in\mathbf{R}^*$，$a\circ b=b$，则 $\mathbf{R}^*$ 中不存在右单位元；但对任意的 $a\in\mathbf{R}^*$，对所有的 $b\in\mathbf{R}^*$ 都有 $a\circ b=b$，所以，$\mathbf{R}^*$ 的任一元素 a 都是运算 ∘ 的左单位元，$\mathbf{R}^*$ 中的运算 ∘ 有无穷多个左单位元，没有右单位元和单位元。又如，在偶数集合中，普通乘法运算没有左单位元、右单位元和单位元。

定理 5.1　设 ∗ 是定义在集合 S 上的二元运算，e_l 和 e_r 分别是 S 中关于运算 ∗ 的左单位元和右单位元，则有 $e_l=e_r=e$，且 e 为 S 上关于运算 ∗ 的唯一的单位元。

证明：因为 e_l 和 e_r 分别是 S 中关于运算 ∗ 的左单位元和右单位元，所以 $e_l=e_l*e_r=e_r$，把 $e_l=e_r$ 记为 e。假设 S 中存在 e_l'，则有 $e_l'=e*e_l'=e$。所以，e 是 S 中关于运算 ∗ 的唯一单位元。

定义 5.9（零元）　设 ∗ 是定义在集合 S 上的一个二元运算。如果有一个元素 $\theta_l\in S$，使得对任意的元素 $x\in S$ 都有 $\theta_l*x=\theta_l$，则称 θ_l 为 S 关于运算 ∗ 的左零元；如果有一个元素 $\theta_r\in S$，使得对任意的元素 $x\in S$ 都有 $x*\theta_r=\theta_r$，则称 θ_r 为 S 关于运算 ∗ 的右零元；如果 S 中有一个元素 θ 既是左零元又是右零元，则称 θ 为 S 关于运算 ∗ 的零元。

例 5.11　整数集 $\mathbf{Z}$ 上普通乘法的零元是 0，加法没有零元；在集合 S 的幂集 $P(S)$ 中，运算 ∪ 的零元是 S，运算 ∩ 的零元是 $\varnothing$；在非零的实数集 $\mathbf{R}^*$ 上定义运算 ∗，使得对任意的元素 $a,b\in\mathbf{R}^*$ 都有 $a*b=a$，那么，$\mathbf{R}^*$ 的任何元素都是运算 ∗ 的左零元，而 $\mathbf{R}^*$ 中运算 ∗ 没有右零元，也没有零元。

定理 5.2　设。是集合 S 上的二元运算，θ_l 和 θ_r 分别是 S 中运算。的左零元和右零元，则有 $\theta_l = \theta_r = \theta$ 且 θ 是 S 上关于运算。的唯一零元。

定理 5.3　设 $<S, *>$ 是一个代数系统，其中 $*$ 是 S 上的一个二元运算，且集合 S 中的元素个数大于 1，若这个代数系统中存在单位元 e 和零元 θ，则 $e \neq \theta$。

证明：用反证法。若 $e = \theta$，那么对于任意的 $x \in S$，必有 $x = e * x = \theta * x = \theta = e$，于是 S 中的所有元素都相同，即 S 中只有一个元素，这与 S 中元素个数大于 1 矛盾。所以，$e \neq \theta$。

定义 5.10（逆元）　设 $<S, *>$ 是代数系统，其中 $*$ 是 S 上的二元运算，$e \in S$ 是 S 中运算 $*$ 的单位元。对于 S 中任意元素 x，如果有 S 中的元素 y_l 使 $y_l * x = e$，则称 y_l 为 x 的左逆元；若有 S 中的元素 y_r 使 $x * y_r = e$，则称 y_r 为 x 的右逆元；如果有 S 中的元素 y 既是 x 的左逆元又是 x 的右逆元，则称 y 是 x 的逆元。

例 5.12　设集合 $A = \{a_1, a_2, a_3, a_4, a_5, a_6\}$，定义在 A 上的二元运算 $*$ 的运算表如表 5.9 所示，试指出代数系统 $<A, *>$ 中各元素的左、右逆元的情况。

表 5.9　定义在 A 上的二元运算 $*$ 的运算表

$*$	a_1	a_2	a_3	a_4	a_5
a_1	a_1	a_2	a_3	a_4	a_5
a_2	a_2	a_4	a_1	a_1	a_4
a_3	a_3	a_1	a_2	a_3	a_1
a_4	a_4	a_3	a_1	a_4	a_3
a_5	a_5	a_4	a_2	a_3	a_5

解：由表 5.9 可知，a_1 是单位元，a_1 的逆元是 a_1；a_2 的左逆元和右逆元都是 a_3，即 a_2 和 a_3 互为逆元；a_4 的左逆元是 a_2，而右逆元是 a_3，a_2 有两个右逆元 a_3 和 a_4；a_5 有左逆元 a_3，但 a_5 没有右逆元。

说明：一般，对给定的集合和其上的一个二元运算来说，左逆元、右逆元、逆元和单位元、零元不同。如果单位元和零元存在，一定是唯一的；而左逆元、右逆元、逆元是与集合中某个元素相关的，一个元素的左逆元不一定是右逆元，一个元素的左逆元和右逆元可以不止一个，但一个元素若有逆元，则存在唯一的逆元。

定理 5.4　设 $<S, *>$ 是一个代数系统，其中 $*$ 是定义在 S 上的一个可结合的二元运算，e 是该运算的单位元。对于 $x \in S$，如果存在左逆元 y_l 和右逆元 y_r，则有 $y_l = y_r = y$，且 y 是 x 的唯一的逆元。

证明：根据题意，
$$y_l = y_l * e = y_l * (x * y_r) = (y_l * x) * y_r = e * y_r = y_r$$
令 $y_l = y_r = y$，则 y 是 x 的逆元。假设 $y_1 \in S$ 也是 x 的逆元，则有
$$y_1 = y_1 * e = y_1 * (x * y) = (y_1 * x) * y = e * y = y$$
所以，y 是 x 的唯一的逆元。

由定理 5.4 可知，对于可结合的二元运算，元素 x 的逆元如果存在，则存在唯一的逆元。通常把 x 唯一存在的逆元记为 x^{-1}。

定理 5.5　设 $<S,*>$ 是代数系统,其中 $*$ 是 S 上可结合的二元运算,S 有单位元 e。若 S 中的每个元素都有右逆元,则这个右逆元也是左逆元,从而是该元素唯一的逆元。

证明:对任一元素 $a\in S$,由条件可设 $b,c\in S$,b 是 a 的右逆元,c 是 b 的右逆元。因为 $b*(a*b)=b*e=b$,所以

$$e=b*c=(b*(a*b))*c=b*((a*b)*c)=b*(a*(b*c))=b*(a*e)=b*a$$

因此,b 也是 a 的左逆元。从而由定理 5.4 知,b 是 a 的唯一逆元,由 $a\in S$ 的任意性知定理 5.5 成立。

例 5.13　讨论下列集合关于二元运算的特异元素,即单位元、零元、逆元情况。

(1) 集合 $\mathbf{N}$,集合 $\mathbf{Z}$、$\mathbf{Q}$、$\mathbf{R}$,集合 $\mathbf{Q}$、$\mathbf{R}$。

(2) 集合 $M_n(\mathbf{R})$。

(3) 集合 $P(B)$。

解:这些集合关于二元运算的特异元素如表 5.10 所示。

表 5.10　例 5.13 集合关于二元运算的特异元素

集合	运算	单位元	零元	逆元
$\mathbf{N}$	普通加法(+)	0	无	0 的逆元为 0
$\mathbf{Z}$、$\mathbf{Q}$、$\mathbf{R}$	普通加法(+)	0	无	x 的逆元为 $-x$
$\mathbf{Q}$、$\mathbf{R}$	普通乘法(×)	1	0	x 的逆元为 x^{-1}
$M_n(\mathbf{R})$	矩阵加法(+)	n 阶全零矩阵	无	x 的逆元为 $-x$
	矩阵乘法(×)	n 阶全零矩阵	n 阶全零矩阵	x 的逆元为逆矩阵(若 x 可逆)
$P(B)$	并(∪)	$\varnothing$	B	$\varnothing$ 的逆元为 $\varnothing$
	交(∩)	B	$\varnothing$	B 的逆元为 B

在表 5.10 中,$\mathbf{N}$ 和 $\mathbf{Z}$ 分别表示自然数集和整数集,× 为普通乘法,+ 为普通加法,则代数系统 $<\mathbf{N},+>$ 有单位元 0 且只有 0 有逆元,0 的逆元是 0,其他自然数都没有加法逆元;代数系统 $<\mathbf{Z},+>$ 中有单位元 0,所有元素都有逆元,$\mathbf{Z}$ 中任何整数 x 关于加法运算的逆元是它的相反数 $-x$;$<\mathbf{Z},\times>$ 中 $\mathbf{Z}$ 关于乘法运算有单位元 1,且只有 -1 和 1 有逆元,分别是 -1 和 1。

说明:若 $<S,\circ>$ 是代数系统,其中 $\circ$ 是有限非空集合 S 上的二元运算,那么该运算的部分性质可以从运算表直接看出,例如:

(1) 当且仅当运算表中每个元素都属于 S 时,运算 $\circ$ 具有封闭性。

(2) 当且仅当运算表关于主对角线对称时,运算 $\circ$ 具有可交换性。

(3) 当且仅当运算表主对角线上的元素与它所在的行(列)的表头相同时,运算 $\circ$ 具有幂等性。

(4) S 关于运算 $\circ$ 有单位元 e,当且仅当表头 e 所在的列与左边一列相同且表中左边一列 e 所在的行与表头一行相同。

(5) S 关于运算 $\circ$ 有零元 θ,当且仅当表头 θ 所在的列和表中左边一列 θ 所在的行都是 θ。

(6) 设 S 关于运算 $\circ$ 有单位元,当且仅当位于 a 所在的行与 b 所在的列交叉点上的元素以及 b 所在的行与 a 所在的列交叉点上的元素都是单位元时,a 与 b 互为逆元。

代数系统 $<S,\circ>$ 中一个元素是否有左逆元或右逆元也可以从运算表中观察出来,但运算是否满足结合律在运算表上一般不易直接观察出来。

◈ 5.3　半群与含幺半群

半群与含幺半群是特殊的代数系统,在计算机科学领域中已得到了卓有成效的应用。

定义 5.11（半群）　设$<S, *>$是一个代数系统,$*$是S上的一个二元运算。如果运算$*$是可结合的,即对任意的$x, y, z \in S$,都有$(x * y) * z = x * (y * z)$,则称代数系统$<S, *>$为半群。半群中的二元运算也叫乘法,运算的结果也叫积。

由定义 5.11 易得,$<\mathbf{N}, +>$和$<\mathbf{N}, \times>$是半群,其中 $\mathbf{N}$ 是自然数集,$+$、$\times$分别是普通的加法和乘法。设 A 是任一集合,$P(A)$是 A 的幂集,则$<P(A), \bigcup>$,$<P(A), \bigcap>$都是半群。

例 5.14　设 $S = \{a, b, c\}$,S 上的二元运算 $\circ$ 的运算表如表 5.11 所示,验证$<S, \circ>$是半群。

表 5.11　S 上的二元运算 $\circ$ 的运算表

$\circ$	a	b	c
a	a	b	c
b	a	b	c
c	a	b	c

解：由表 5.11 知,运算 $\circ$ 在 S 上是封闭的,而且对任意 $x_1, x_2 \in S$ 有 $x_1 \circ x_1 = x_1$,所以$<S, \circ>$是代数系统,且 a、b、c 都是左单位元,从而对任意的 $x, y, z \in S$ 都有 $x \circ (y \circ z) = x \circ z = z = y \circ z = (x \circ y) \circ z$,因此,运算 $\circ$ 是可结合的,$<S, \circ>$是半群。

例 5.15　设 k 是一个非负整数,集合定义为 $S_k = \{x \mid x$ 是整数且 $x \geqslant k\}$,那么,$<S_k, +>$是半群,其中 $+$ 是普通的加法运算。

解：因为 k 是非负整数,运算 $+$ 在 S_k 上是封闭的,且普通加法运算是可结合的,所以$<S_k, +>$是半群。

易知,代数系统$<\mathbf{Z}, ->$和$<\mathbf{R} - \{0\}, />$都不是半群,这里 $-$ 和 $/$ 分别是普通的减法和除法。

定理 5.6　设$<S, *>$是半群,B 是 S 的非空子集,且二元运算 $*$ 在 B 上封闭,即对任意的 $a, b \in B$ 有 $a * b \in B$,那么,$<B, *>$也是半群。通常称$<B, *>$是$<S, *>$的子半群。

证明：因为运算 $*$ 在 S 上是可结合的,而 B 是 S 的非空子集且 $*$ 在 B 上是封闭的,所以 $*$ 在 B 上也是可结合的,因此,$<B, *>$是半群。

例 5.16　设 $\cdot$ 表示普通的乘法运算,那么$<\{-1, 1\}, \cdot>$,$<[-1, 1], \cdot>$和$<\mathbf{Z}, \cdot>$都是半群$<\mathbf{R}, \cdot>$的子半群。

解：首先,运算 $\cdot$ 在 R 上是封闭的,且是可结合的,所以$<\mathbf{R}, \cdot>$是半群。其次,运算 $\cdot$ 在 $\{-1, 1\}$,$[-1, 1]$ 和 $\mathbf{Z}$ 上都是封闭的,$\{-1, 1\}$,$[-1, 1]$ 和 $\mathbf{Z}$ 都是 $\mathbf{R}$ 的非空子集,由定理 5.6 知 $\{-1, 1\}$,$[-1, 1]$ 和$<\mathbf{Z}, \cdot>$都是$<\mathbf{R}, \cdot>$的子半群。

定义 5.12（方幂）　半群$<S, \circ>$中的任一元素 a 的方幂 a^n 定义为 $a^1 = a$,$a^{n+1} = a^n \circ a$

（n 是大于或等于 1 的整数）。

可以证明，对于任意 $a \in S$ 和任意正整数 m、n 都有

$$a^m \circ a^n = a^{m+n}, (a^m)^n = a^{mn}$$

若 $a^2 = a$，则称 a 为幂等元素。

定义 5.13（可交换半群）　若半群 $<S, \circ>$ 的运算 $\circ$ 满足交换律，则称 $<S, \circ>$ 是一个可交换半群。

在可交换半群 $<S, \circ>$ 中，有 $(a \circ b)^n = a^n \circ b^n$，其中 n 是正整数，$a, b \in S$。

定义 5.14（含幺半群）　含有单位元的半群称为含幺半群或独异点。

例 5.17　代数系统 $<\mathbf{R}, \cdot>$ 是含幺半群，其中 $\mathbf{R}$ 是实数集，$\cdot$ 是普通乘法，这是因为 $<\mathbf{R}, \cdot>$ 是半群，且 1 是 $\mathbf{R}$ 关于运算 $\cdot$ 的单位元。代数系统 $<\{-1, 1\}, \cdot>$ 和 $<\mathbf{Z}, \cdot>$ 都是具有单位元 1 的半群，因此它们都是含幺半群。另外，设集合 $A = \{1, 2, 3, \cdots\}$，则 $<A, +>$ 是半群但不含单位元，所以它不是含幺半群。

定理 5.7　设 S 是至少有两个元素的有限集合，且 $<S, *>$ 是一个含幺半群，则在关于运算 $*$ 的运算表中任何两行或两列都是不相同的。

证明：假设 S 关于运算 $*$ 的单位元是 e。对于任意 $a, b \in S$ 且 $a \neq b$，总有

$$e * a = a \neq b = e * b, a * e = a \neq b = b * e$$

所以在运算 $*$ 表中不可能有两行和两列是相同的。

例 5.18　设 $\mathbf{Z}$ 是整数集合，m 是任意正整数，$\mathbf{Z}_m$ 是由模 m 的同余类组成的集合，在 $\mathbf{Z}_m$ 上分别定义两个二元运算 $+_m$ 和 $\times_m$ 如下：对任意的 $[i], [j] \in \mathbf{Z}_m$，$[i] +_m [j] = [(i+j)(\mathrm{mod}\ m)]$，$[i] \times_m [j] = [(i \times j)(\mathrm{mod}\ m)]$。证明 $m > 1$ 时在这两个二元运算的运算表中任何两行或两列都不相同。

证明：考察非空集合 $\mathbf{Z}_m$ 上的二元运算 $+_m$ 和 $\times_m$。

（1）由运算 $+_m$ 和 $\times_m$ 的定义易得，它们在 $\mathbf{Z}_m$ 上都是封闭的且都是可结合的，所以，$<\mathbf{Z}_m, +_m>$ 和 $<\mathbf{Z}_m, \times_m>$ 都是半群。

（2）因为 $[0] +_m [i] = [i] = [i] +_m [0]$，所以 $[0]$ 是 $<\mathbf{Z}_m, +_m>$ 中的单位元；因为 $[1] \times_m [i] = [i] = [i] \times_m [1]$，所以 $[1]$ 是 $<\mathbf{Z}_m, \times_m>$ 中的单位元。

由上可知，代数系统 $<\mathbf{Z}_m, +_m>$ 和 $<\mathbf{Z}_m, \times_m>$ 都是含幺半群。从而由定理 5.7 知，$\mathbf{Z}_m$ 中的两个运算 $+_m$、$\times_m$ 的运算表的任何两行或两列都不相同。

表 5.12 和表 5.13 分别给出了 $m = 4$ 时 $+_4$ 和 $\times_4$ 的运算表。在这两个运算表中没有两行或两列是相同的。

表 5.12　$+_4$ 运算表

$+_4$	[0]	[1]	[2]	[3]
[0]	[0]	[1]	[2]	[3]
[1]	[1]	[2]	[3]	[0]
[2]	[2]	[3]	[0]	[1]
[3]	[3]	[0]	[1]	[2]

表 5.13　$\times_4$ 运算表

$\times_4$	[0]	[1]	[2]	[3]
[0]	[0]	[0]	[0]	[0]
[1]	[0]	[1]	[2]	[3]
[2]	[0]	[2]	[0]	[2]
[3]	[0]	[3]	[2]	[1]

定理 5.8　设<S,∘>是含幺半群,对于任意的 $x,y \in S$,当 x、y 均有逆元时,有

(1) $(x^{-1})^{-1} = x$。

(2) $x \circ y$ 有逆元,且 $(x \circ y)^{-1} = y^{-1} \circ x^{-1}$。

证明:(1)因 x^{-1} 是 x 的逆元,所以 $x^{-1} \circ x = x \circ x^{-1} = e$,从而由逆元的定义及唯一性得 $(x^{-1})^{-1} = x$。

(2) 因为
$$(x \circ y) \circ (y^{-1} \circ x^{-1}) = x \circ (y \circ y^{-1}) \circ x^{-1} = x \circ e \circ x^{-1} = x \circ x^{-1} = e$$
同理可证 $(y^{-1} \circ x^{-1}) \circ (x \circ y) = e$,所以由逆元的定义及唯一性得 $(x \circ y)^{-1} = y^{-1} \circ x^{-1}$。

定义 5.15(子含幺半群)　设<M,∘>是含幺半群<S,∘>的子半群,且<S,∘>的单位元 $e_s \in M$,则<M,∘>称为<S,∘>的子含幺半群。

例 5.19　<**Z**,∘>是含幺半群,**Z** 中所有幂等元的集合为 $M = \{x \mid x \in S$ 且 $x^2 = x\}$,则<M,∘>是<**Z**,∘>的子含幺半群。

证明:显然,<**Z**,∘>是含幺半群,且满足交换律。设该含幺半群的单位元为 e,$M = \{x \mid x \in S$ 且 $x^2 = x\}$,因为 $e^2 = e$,所以 $e \in M$。又因为对任意 $a,b \in M$,有
$$(a \circ b) \circ (a \circ b) = a \circ (b \circ a) \circ b = (a \circ a) \circ (b \circ b) = a \circ b$$
所以 $a \circ b \in M$,从而运算∘在 M 上封闭。故<M,∘>是<**Z**,∘>的子含幺半群。

5.4　群 与 子 群

群的理论在数学和包括计算机科学在内的很多学科中发挥了重要的作用,本节主要介绍群与子群的一些基本知识。

定义 5.16(群)　设<G,∘>是一个代数系统,其中 G 是非空集合,∘是 G 上的一个二元运算。如果<G,∘>满足以下条件,则称其为一个群。①运算∘是封闭的;②运算∘是可结合的;③<G,∘>中有单位元 e;④对每个元素 $a \in G$ 都存在相应的逆元 a^{-1}。

由以上定义可知:群一定是含幺半群,反之不一定成立。

例 5.20　若集合 $G = \{g\}$,定义二元运算∘为 $g \circ g = g$,则<G,∘>是半群。事实上,由运算∘的定义可得,<G,∘>满足群定义的条件①、②,同时,g 是<G,∘>的单位元,$g \in G$ 的逆元是 g,所以<G,∘>是群。

例 5.21　有理数集 **Q** 关于普通加法构成群<**Q**,+>,单位元是 0,$a \in \mathbf{Q}$,a 的逆元是 $-a$;类似地,若 **Z** 是整数集,则<**Z**,+>是群,但<**Z**,×>是只含单位元的半群而不是群。

例 5.22　设 $G = \{a,b,c\}$,二元运算∘的运算表由表 5.14 给出,则<G,∘>是一个群。

表 5.14　G 上的二元运算。的运算表

。	a	b	c
a	a	b	c
b	b	c	a
c	c	a	b

事实上，。运算在 G 上是封闭的，a 是单位元，$b^{-1}=c$，$c^{-1}=b$，结合律也成立，因此，$<G,\circ>$ 是一个群。值得说明的是：这里结合律是否成立需要验证 $3^3=27$ 次。这里只验证一个，$(c\circ b)\circ c=a\circ c=c$，$(c\circ b)\circ c=c\circ a=c$，其余留作练习。

定义 5.17（群的阶）　设 $<G,\circ>$ 是一个群。如果 G 是有限集，则称 $<G,\circ>$ 是有限群，G 中的元素个数称为 G 的阶，记为 $|G|$；如果 G 是无限集，则称 $<G,\circ>$ 为无限群，也称 G 的阶为无限阶。

例如，例 5.20 中的群是阶数为 1 的有限群，例 5.21 中的群 $<\mathbf{Q},+>$ 和 $<\mathbf{Z},+>$ 都是无限群。

定义 5.18（群中元素的阶）　G 是群，$a\in G$，使得等式

$$a^k=e$$

成立的最小正整数 k 称为 a 的阶，记为 $|a|=k$，这时也称 a 为 k 阶元。若不存在这样的正整数 k，则称 a 为无限阶元。

例 5.23　在 $<\mathbf{Z}_6,\oplus>$ 中，2 和 4 是 3 阶元，3 是 2 阶元，而 1 和 5 是 6 阶元，0 是 1 阶元。在 $<\mathbf{Z},+>$ 中，0 是 1 阶元，其他整数都是无限阶元。在 Klein 四元群中，e 为 1 阶元，其他元素都是 2 阶元。

定理 5.9　设 $<G,\circ>$ 是群，则对 G 中任意 n 个元 $a_1,a_2,\cdots,a_n$ 有

$$(a_1\circ a_2\circ\cdots\circ a_n)^{-1}=(a_n^{-1}\circ a_{n-1}^{-1}\circ\cdots\circ a_1^{-1})$$

对群中任意元素 a，约定 $a^0=e$，$a^{-n}=(a^{-1})^n$，n 为正整数，则可以得到以下结论。

定理 5.10　若 $<G,\circ>$ 是群，则对 G 中任意元素 a 和任意整数 m、n 有

(1) $a^n\circ a^m=a^{n+m}$。

(2) $(a^n)^m=a^{nm}$

定理 5.11　群 $<G,\circ>$ 满足消去律，即对 $a,b,c\in G$，

(1) 若 $a\circ b=a\circ c$，则 $b=c$。

(2) 若 $b\circ a=c\circ a$，则 $b=c$。

证明：

(1) 因为 $<G,\circ>$ 是群，$a\in G$，所以，存在 a 的逆元 $a^{-1}\in G$，用 a^{-1} 从左边乘 $a\circ b=a\circ c$ 两边，可得

$$a^{-1}\circ(a\circ b)=a^{-1}\circ(a\circ c)$$

由此推出

$$(a^{-1}\circ a)\circ b=(a^{-1}\circ a)\circ c$$

进而 $e\circ b=e\circ c$，所以 $b=c$。

(2) 的证明与(1)类似。

定理 5.12　设 $<G,\circ>$ 是群,则对任意的 $a,b\in G$,

(1) 存在唯一的元素 $x\in G$,使 $a\circ x=b$。

(2) 存在唯一的元素 $y\in G$,使 $y\circ a=b$

证明:

(1) 因为 $a\circ(a^{-1}\circ b)=(a\circ a^{-1})\circ b=e\circ b=b$,所以至少有一个元素 $x=a^{-1}\circ b\in G$ 满足 $a\circ x=b$。若 x' 是 G 中另一个满足方程 $a\circ x=b$ 的元素,则 $a\circ x'=a\circ x$。由定理 5.11 知 $x'=x=a^{-1}\circ b$。因此,$x=a^{-1}\circ b$ 是 G 中唯一满足 $a\circ x=b$ 的元素。

(2)的证明与(1)类似。

定理 5.13　设 $<G,\circ>$ 是群,$a\in G$,则 a 是幂等元当且仅当 a 是 G 的单位元 e。

证明:因为 $e\circ e=e$,所以 e 是 G 的幂等元。现设 $a\in G,a\neq e$,若 $a^2=a\circ a=a$,则

$$a=e\circ a=(a^{-1}\circ a)\circ a=a^{-1}\circ(a\circ a)=a^{-1}\circ a=e$$

与 $a\neq e$ 矛盾。原结论成立。

定义 5.19(子群)　设 $<G,\circ>$ 是群,S 是 G 的非空子集。如果 $<S,\circ>$ 也构成群,则称 $<S,\circ>$ 是 $<G,\circ>$ 的子群。

定理 5.14　设 $<S,\circ>$ 是群 $<G,\circ>$ 的子群,则 S 的单位元就是 G 的单位元,S 中任意元素 a 在 H 中的逆元 a_H^{-1} 就是 a 在 G 中的逆元 a^{-1}。

证明:设 e_H 和 e 分别是 H 和 G 的单位元,e_H^{-1} 为 e_H 在 G 中逆元,则

$$e_H=e\circ e_H=(e_H^{-1}\circ e_H)\circ e_H=e_H^{-1}\circ(e_H\circ e_H)=e_H^{-1}\circ e_H=e$$

又,对任意 $a\in H$,有

$$a_H^{-1}=a_H^{-1}\circ e_H=a_H^{-1}\circ e=a_H^{-1}\circ(a\circ a^{-1})=(a_H^{-1}\circ a)\circ a^{-1}=e_H\circ a^{-1}=a^{-1}$$

证毕。

设 $<G,\circ>$ 是群,e 是 G 的单位元,由子群的定义可得 $\{e\}$、G 都是 G 的平凡子群。若 H 是 G 的子群且 $H\neq\{e\}$,$H\neq G$,则称 H 为 G 的真子群。

例 5.24　$<\mathbf{Z},+>$ 是整数加群,$\mathbf{Z}_E=\{x\,|\,x=2n,n\in\mathbf{Z}\}$,证明 $<\mathbf{Z}_E,+>$ 是 $<\mathbf{Z},+>$ 的一个子群。

证明:因为 $0\in\mathbf{Z}_E$,所以 $\mathbf{Z}_E\neq\varnothing$。

(1) 对于任意的 $x,y\in\mathbf{Z}_E$,可设 $x=2n_1,y=2n_2,n_1,n_2\in\mathbf{Z}_E$,

$$x+y=2n_1+2n_2=2(n_1+n_2),n_1,n_2\in\mathbf{Z}$$

所以,$x+y\in\mathbf{Z}_E$,即 $+$ 在 $\mathbf{Z}_E$ 上封闭;

(2) 运算 $+$ 在 $\mathbf{Z}$ 上可结合,从而在 $\mathbf{Z}$ 上可结合。

(3) $<\mathbf{Z},+>$ 的单位元 0 也是 $<\mathbf{Z}_E,+>$ 的单位元。

(4) 对任意 $x\in\mathbf{Z}_E$,有 $x=2n,n\in\mathbf{Z}$,而 $-x=-2n=2(-n),-n\in\mathbf{Z}$,所以 $-x\in\mathbf{Z}_E$ 使 $-x+x=x+(-x)=0$,$-x$ 是 x 在 $\mathbf{Z}_E$ 中的逆元,因此,$<\mathbf{Z}_E,+>$ 是群,从而是 $<\mathbf{Z},+>$ 的子群。

实际上,群的非空子集构成子群的条件可以简化,见定理 5.15。

定理 5.15　设 $<G,\circ>$ 是群,S 是 G 的非空子集,则 S 关于运算 $\circ$ 是 $<G,\circ>$ 的子群的充分必要条件是

(1) 对任意的 $a,b\in S$,有 $a\circ b\in S$。

(2) 对任意的 $a\in S$,有 $a^{-1}\in S$。

证明：必要性显然成立。

证充分性。条件(1)说明运算。在 S 上是封闭的；由于 G 中的运算。满足结合律，所以 S 中运算。是可结合的。对任意 $a \in S$，由条件(2)知 $a^{-1} \in S$，再由条件(1)知 $e = a \circ a^{-1} \in S$，易得 e 是 $<S, \circ>$ 的单位元，a^{-1} 是 a 在 $<S, \circ>$ 中的逆元，所以 $<S, \circ>$ 是群，从而是 $<G, \circ>$ 的子群。

定理 5.16 设 $<G, \circ>$ 是群，S 是 G 的非空子集，则 S 关于运算。是 $<G, \circ>$ 的子群的充分必要条件是：对任意的 $a, b \in S$ 有 $a \circ b^{-1} \in S$。

证明：必要性易得。

证充分性。任取 $a \in S$，由条件 $a \circ a^{-1} \in S$ 知 $e \in S$，又因为 $e, a \in S$，所以 $a^{-1} = e \circ a^{-1} \in S$，这说明，若 $a, b \in S$，则 $a, b^{-1} \in S$，由已知条件 $(a, b \in S$ 有 $a \circ b^{-1} \in S)$ 可得 $a \circ b = a \circ (b^{-1})^{-1} \in S$。根据定理 5.15 知，$<S, \circ>$ 是 $<G, \circ>$ 的子群。

定理 5.17 设 $<G, \circ>$ 是群，B 是 G 的一个有限非空子集，则 B 关于运算。是群 $<G, \circ>$ 的子群的充分必要条件是：对任意的 $a, b \in B$ 有 $a \circ b \in B$。

证明：必要性由子群的定义可得。

证充分性。设 a 是 B 中的任意元素，由条件知 $a^2 = a \circ a \in B$，$a^3 = a^2 \circ a \in B$，$\cdots$，因为 B 是有限集，所以必存在正整数 i 和 j，使 $i \neq j$，$a^i = a^j$，不妨设 $i < j$，则 $a^j = a^i \circ a^{j-i}$，这说明 a^{j-i} 是 $<G, \circ>$ 中的单位元，这个单位元也在子集 B 中。

如果 $j - i > 1$，那么由 $a^{j-i} = a \circ a^{j-i-1}$ 知 a^{j-i-1} 是 a 的逆元且 $a^{j-i-1} \in B$。如果 $j - i = 1$，那么 a 就是单位元且 a 的逆元就是 a。总之，对任意元素 $a \in B$，有 $a^{-1} \in B$。由定理 5.15 知，$<B, \circ>$ 是 $<G, \circ>$ 的子群。

例 5.25 设 $<G, \circ>$ 是群，$C = \{a \mid a \in G$ 且对任意的 $x \in G$ 有 $a \circ x = x \circ a\}$，求证 $<C, \circ>$ 是 $<G, \circ>$ 的一个子群。

证明：设 e 是群 $<G, \circ>$ 的单位元，则 $e \in C$，又对任意的 $a, b \in C$ 和任意的 $x \in G$，有 $a \circ x = x \circ a$，$b \circ x = x \circ b$，所以 $b^{-1} \circ b \circ x \circ b^{-1} = b^{-1} \circ x \circ b \circ b^{-1}$，$x \circ b^{-1} = b^{-1} \circ x$，从而 $(a \circ b^{-1}) \circ x = a \circ (b^{-1} \circ x) = a \circ (x \circ b^{-1}) = (a \circ x) \circ b^{-1} = x \circ (a \circ b^{-1})$。故 $a \circ b^{-1} \in C$。由定理 5.16 知，$<C, \circ>$ 是群 $<G, \circ>$ 的子群。这个子群称为群 G 的中心。

例 5.26 设 $<H, \circ>$ 和 $<K, \circ>$ 都是群 $<G, \circ>$ 的子群，证明 $<H \cap K, \circ>$ 也是 $<G, \circ>$ 的子群。

证明：设 e 是群 $<G, \circ>$ 的单位元，则因 H、K 都是 G 的子群，所以 $e \in H$，$e \in K$，从而 $e \in H \cap K$。对任意的 $a, b \in H \cap K$，有 $a, b \in H$ 且 $a, b \in K$，由 H、K 都是 G 的子群，得 $a \circ b^{-1} \in H$ 且 $a \circ b^{-1} \in K$，所以 $ab^{-1} \in H \cap K$，故 $<H \cap K, \circ>$ 是群 $<G, \circ>$ 的子群。

例 5.27 设 $<G, \circ>$ 是群，a 是 G 的一个固定元，$H = \{a^n \mid n \in \mathbf{Z}\}$，则 $<H, \circ>$ 是 $<G, \circ>$ 的子群。

事实上，G 的单位元 $e = a^0 \in H$，对 H 中的任意元素有 a^n 和 a^m，

$$a^n \circ (a^m)^{-1} = a^n \circ a^{-m} = a^{n-m} \in H$$

由定理 5.16 知 $<H, \circ>$ 是 $<G, \circ>$ 的子群。

◈ 5.5 交换群与循环群

本节讨论几种具体的群，这几种群在理论和应用上都是非常重要的。

定义 5.20（交换群） 如果群 $<G, \circ>$ 中的运算。是可交换的，则称该群为交换群，或称

为阿贝尔(Abel)群。

例 5.28　$<\mathbf{Z},+>$、$<\mathbf{Q},+>$、$<\mathbf{R},+>$ 和 $<\mathbf{R}\backslash\{0\},\times>$ 都是交换群。

例 5.29　设 n 是一个大于 1 的整数，G 为所有 n 阶非奇异(满秩)矩阵的集合，。表示矩阵的乘法，则 $<G,\circ>$ 是不可交换群。

事实上，任意两个 n 阶非奇异矩阵相乘后还是一个 n 阶非奇异矩阵，所以 G 上的运算。是封闭的；矩阵的乘法运算是可结合的；n 阶单位矩阵 $\boldsymbol{E}$ 是 G 中的单位元；任意一个非奇异的 n 阶矩阵 $\boldsymbol{A}$ 存在唯一的非奇异的 n 阶逆矩阵 $\boldsymbol{A}^{-1}$，且 $\boldsymbol{A}^{-1}\circ\boldsymbol{A}=\boldsymbol{A}\circ\boldsymbol{A}^{-1}=\boldsymbol{E}$，但 G 中的矩阵运算。不满足交换律，因此 $<G,\circ>$ 是群，但不是交换群。

例 5.30　设 $<G,\circ>$ 是群，e 是 G 的单位元。若对任意的 $x\in G$，都有 $x^2=x\circ x=e$，则 $<G,\circ>$ 是交换群。

证明：对任意的 a，$b\in G$，由条件 $a^2=e$，$b^2=e$，得到 $a=a^{-1}$，$b=b^{-1}$，又 $a\circ b\in G$，所以 $(a\circ b)^2=e$，从而 $a\circ b=(a\circ b)^{-1}=b^{-1}\circ a^{-1}=b\circ a$，故 $<G,\circ>$ 是交换群。

定义 5.21(循环群)　设 $<G,\circ>$ 是群，若 G 中存在一个元素 a，使得 G 中任意元素都是 a 的幂，即对任意的 $b\in G$ 都有整数 n 使 $b=a^n$，则称 $<G,\circ>$ 为循环群，元素 a 称为循环群 G 的生成元。

例 5.31　$<\mathbf{Z},+>$ 是由 1 生成的无限阶循环群。

例 5.32　设 $\mathbf{Z}$ 是整数集，m 是一个正整数，$\mathbf{Z}_m$ 是由模 m 的剩余类组成的集合，$\mathbf{Z}_m$ 上的二元运算 $+_m$ 定义为：对 $[i]$，$[j]\in\mathbf{Z}_m$，$[i]+_m[j]=[(i+j)(\bmod\ m)]$，则 $<\mathbf{Z}_m,+_m>$ 是以 $[1]$ 为生成元的循环群。该群称为模 m 的剩余类加群。

证明：由例 5.18 知，$<\mathbf{Z}_m,+_m>$ 是含幺半群，单位元为 $[0]$，又 $\mathbf{Z}_m$ 中 $[0]$ 的逆元是 $[0]$，$[i]\in\mathbf{Z}_m$，当 $1\leqslant i\leqslant m-1$ 时，$[i]$ 的逆元是 $[m-i]$，所以 $<\mathbf{Z}_m,+_m>$ 是群。又对任意 $[i]\in\mathbf{Z}_m$，有 $[i]=[1]^i(0\leqslant i\leqslant m-1)$，所以 $<\mathbf{Z}_m,+_m>$ 是以 $[1]$ 为生成元的循环群。

定理 5.18　任何循环群都是交换群。

证明：设 $<G,\circ>$ 是循环群，a 是它的一个生成元，那么，对任意 $x,y\in G$，必有 $r,s\in\mathbf{Z}$ 使得 $x=a^r,y=a^s$，所以 $x\circ y=a^r\circ a^s=a^{r+s}=a^{s+r}=a^s\circ a^r=y\circ x$，$<G,\circ>$ 是交换群。

对于有限循环群，有下面的结论。

定理 5.19　设 $<G,\circ>$ 是一个由元素 a 生成的循环群且是有限群。如果 G 的阶是 n，即 $|G|=n$，则 $a^n=e$ 且 $G=\{a,a^2,\cdots,a^n=e\}$，其中 e 是 $<G,\circ>$ 的单位元，n 是使 $a^n=e$ 的最小正整数(称 n 为元素 a 的阶)。

证明：因为 G 是有限群，$a\in G$，所以，存在正整数 s 使 $a^s=e$。假设对某个正整数 m，$m<n$ 使 $a^m=e$，那么，由于 $<G,\circ>$ 是一个 a 生成的循环群，所以 G 中任何元素都能写成 $a^k(k\in\mathbf{Z})$ 的形式。又 $k=mg+r$，其中 $g,r\in\mathbf{Z}$ 且 $0\leqslant r\leqslant m-1$。这样就有 $a^k=a^{mg+r}=(a^m)^g a^r=a^r$，所以 G 中每个元素都能写成 $a^r(0\leqslant r\leqslant m-1)$ 的形式，这样 G 中最多有 m 个不同的元素，与 $m<n$ 且 $|G|=n$ 矛盾，所以 $a^m=e(0<m<n)$ 是不可能的。

下面证明 $a,a^2,\cdots,a^n$ 是互不相同的，用反证法。若 $a^i=a^j$，其中 $1\leqslant i<j\leqslant n$，就有 $a^{j-i}=e$ 且 $0<j-i<n$，上面已经证明这是不可能的。所以 $a,a^2,\cdots,a^n$ 是互不相同的，又已知 $|G|=n$，所以 $G=\{a,a^2,\cdots,a^n\}$，因为 $e\in G,a^m\neq e(1\leqslant m<n)$，所以 $a^n=e$。

◆ 5.6　陪集与拉格朗日定理

定义 5.22（右陪集）　设 H 是 G 的子群，$a \in G$。令
$$Ha = \{ha \mid h \in H\}$$
称 Ha 是子群 H 在 G 中的右陪集，称 a 为 Ha 的代表元素。

例 5.33　设 $G = \{e, a, b, c\}$ 是 Klein 四元群，$H = \{e, a\}$ 是 G 的子群。H 所有的右陪集是
$$He = \{e, a\} = H, Ha = \{a, e\} = H, Hb = \{b, c\}, Hc = \{c, b\}$$
不同的右陪集只有两个，即 H 和 $\{b, c\}$。

例 5.34　设 $A = \{1, 2, 3\}$，$f_1, f_2, \cdots, f_6$ 是 A 上的双射函数。其中：
$$f_1 = \{<1,1>, <2,2>, <3,3>\}$$
$$f_2 = \{<1,2>, <2,1>, <3,3>\}$$
$$f_3 = \{<1,3>, <2,2>, <3,1>\}$$
$$f_4 = \{<1,1>, <2,3>, <3,2>\}$$
$$f_5 = \{<1,2>, <2,3>, <3,1>\}$$
$$f_6 = \{<1,3>, <2,1>, <3,2>\}$$

令 $G = \{f_1, f_2, \cdots, f_6\}$，则 G 关于函数的复合运算构成群。考虑 G 的子群 $H = \{f_1, f_2\}$，H 的全体右陪集如下所示：
$$Hf_1 = \{f_1 \circ f_1, f_2 \circ f_1\} = \{f_1, f_2\} = H$$
$$Hf_2 = \{f_1 \circ f_2, f_2 \circ f_2\} = \{f_2, f_1\} = H$$
$$Hf_3 = \{f_1 \circ f_3, f_2 \circ f_3\} = \{f_3, f_5\}$$
$$Hf_4 = \{f_1 \circ f_4, f_2 \circ f_4\} = \{f_4, f_6\}$$
$$Hf_5 = \{f_1 \circ f_5, f_2 \circ f_5\} = \{f_5, f_3\}$$
$$Hf_6 = \{f_1 \circ f_6, f_2 \circ f_6\} = \{f_6, f_4\}$$

集合 H 共有 3 个不同的右陪集。

定理 5.20　H 是群 G 的子群。

（1）任取 $a, b \in G$，则 $Ha = Hb$ 或 $Ha \cap Hb = \varnothing$。

（2）$\bigcup \{Ha \mid a \in G\} = G$。

说明：给定群 G 的子群 H，H 所有右陪集的集合 $\{Ha \mid a \in G\}$ 恰好构成 G 的一个划分。

定理 5.21　设 H 是群 G 的子群，则 $\forall a, b \in G$ 有
$$a \in Hb \Leftrightarrow ab^{-1} \in H \Leftrightarrow Ha = Hb$$
该定理给出了两个右陪集相等的充分必要条件，并且说明右陪集中的任何元素都可以作为它的代表元素。

定义 5.23（左陪集）　设 H 是 G 的子群，$a \in G$。令
$$aH = \{ah \mid h \in H\}$$
称 aH 是子群 H 在 G 中的左陪集，称 a 为 aH 的代表元素。

说明：H 的左陪集个数与右陪集个数是相等的，因为可以证明 $f(Ha) = a^{-1}H$，f 在 H 的右陪集和左陪集之间建立了一一对应关系。今后不再区分 H 的右陪集数和左陪集

数,统称为 H 在 G 中的陪集数,也称为 H 在 G 中的指数,记为 $[G:H]$。对于有限群 G,H 在 G 中的指数 $[G:H]$ 和 $|G|$、$|H|$ 有密切的关系,这就是著名的拉格朗日定理。

定理 5.22(拉格朗日定理)　设 G 是有限群,H 是 G 的子群,则 $|G|=|H|\cdot[G:H]$。

证明:设 $[G:H]=r$,$a_1,a_2,\cdots,a_r$ 分别是 H 的 r 个右陪集的代表元素。

根据定理 5.20 知:
$$G=Ha_1\bigcup Ha_2\bigcup\cdots\bigcup Ha_r$$

由于这 r 个右陪集是两两不交的,所以有
$$|G|=|Ha_1|+|Ha_2|+\cdots+|Ha_r|$$

由陪集定义可知,
$$|Ha_i|=|H|,i=1,2,\cdots,r$$

所以
$$|G|=|H|r=|H|[G:H]$$

定理 5.23　设 G 是 n 阶群,则 $\forall a\in G$,$|a|$ 是 n 的因子,且有 $a^n=e$。

证明:任取 $a\in G$,则 $<a>$ 是 G 的子群。由拉格朗日定理可知,$<a>$ 的阶是 n 的因子。另外,$<a>$ 是由 a 生成的子群,若 $|a|=r$,则 $<a>=\{a_0=e,a_1,a_2,\cdots,a_{r-1}\}$,这说明 $<a>$ 的阶与 $|a|$ 相等,所以 $|a|$ 是 n 的因子。所以 $a^n=e$。

定理 5.24　对阶为素数的群 G,必存在 $a\in G$,使得 $G=<a>$。

证明:设 $|G|=p$,p 是素数。由 $p\geqslant 2$ 可知,G 中必存在非单位元。

任取 $a\in G$,$a\neq e$,则 $<a>$ 是 G 的子群。

根据拉格朗日定理,$<a>$ 的阶是 p 的因子,即 $<a>$ 的阶是 p 或 1,显然 $<a>$ 的阶不是 1,这就推出 $G=<a>$。

定理 5.25　如果群 G 只含 1 阶元和 2 阶元,则 G 是阿贝尔群。

证明:设 a 为 G 中任意元素,根据题意,有 $a^1=e$ 或 $a^2=e$,即有 $a^{-1}=a$。

任取 $x,y\in G$,$xy=(xy)^{-1}=y^{-1}x^{-1}=yx$,因此 G 是阿贝尔群。

例 5.35　证明 6 阶群中必含有 3 阶元。

证明:设 G 是 6 阶群,由定理 5.23 可知,G 中只含 1 阶元、2 阶元、3 阶元或 6 阶元。若 G 中含有 6 阶元,设这个 6 阶元是 a,则 a^2 是 3 阶元。

若 G 中不含 6 阶元,下面证明 G 中必含有 3 阶元。如若不然,G 只含 1 阶元和 2 阶元,即 $\forall a\in G$,有 $a^2=e$,由定理 5.25 可知 G 是阿贝尔群。

取 G 中两个不同的 2 阶元 a 和 b,令 $H=\{e,a,b,ab\}$,易证 H 是 G 的子群,但 $|H|=4$,$|G|=6$,与拉格朗日定理矛盾。

例 5.36　证明阶小于 6 的群都是阿贝尔群。

证明:1 阶群是平凡的,显然是阿贝尔群。2、3 和 5 都是素数,由定理 5.23 可知 2 阶群、3 阶群和 5 阶群都是由一个元素生成的群,它们都是阿贝尔群。(因为 $\forall a^i$、$a^j\in G$,有 $a^ia^j=a^{i+j}=a^{j+i}=a^ja^i$。)

设 G 是 4 阶群。若 G 中含有 4 阶元,设为 a,则 $G=<a>$,由刚才的分析可知 G 是阿贝尔群。若 G 中不含 4 阶元,根据拉格朗日定理,G 中只含 1 阶元和 2 阶元。由定理 5.25 可知 G 也是阿贝尔群。

◈ 5.7   数论基础知识

在数学理论或在较旧的使用中,数论叫作算术,是专门研究整数性质的一门理论数学分支。古代已发现整数间一些简单而奇妙的关系,由于近代计算机科学和应用数学的发展,数论得到了广泛的应用,例如在计算方法、代数编码、组合论等方面都广泛使用了初等数论范围内的许多研究成果。

5.7.1   素数

2000 年前,古希腊数学家欧几里得已提出属于现代数论的"有无限多个素数存在"的证明。

定义 5.24(素数和合数)   大于 1 且只能被 1 和自身整除的正整数称为素数,也称质数。大于 1 且不是素数的数称为合数。

例 5.37   2、3、5、7、11 是素数,4、6、8、9 是合数。

说明:合数必有素数因子。

定理 5.26   设 p 是素数且 $p \mid ab$,则必有 $p \mid a$ 或者 $p \mid b$。一般地,设 p 是素数且 $p \mid a_1 a_2 \cdots a_k$,则必存在 $1 \leqslant i \leqslant k$,使得 $p \mid a_i$。

定理 5.27(算术基本定理)   设整数 $a > 1$,则 $a = p_1^{r_1} p_2^{r_2} \cdots p_k^{r_k}$,其中 $p_1, p_2, \cdots, p_k$ 是不相同的素数,$r_1, r_2, \cdots, r_k$ 是正整数,并且在不考虑顺序的情况下,该表示是唯一的。该表达式称为整数 a 的素因子分解。

例 5.38 $30 = 2 \times 3 \times 5, 117 = 32 \times 13, 1024 = 2^{10}$。

定理 5.28   设 $a = p_1^{r_1} p_2^{r_2} \cdots p_k^{r_k}$,其中 $p_1, p_2, \cdots, p_k$ 是不相同的素数,$r_1, r_2, \cdots, r_k$ 是正整数,则正整数 d 为 a 的因子的充分必要条件是 $d = p_1^{s_1} p_2^{s_2} \cdots p_k^{s_k}$,其中 $0 \leqslant s_i \leqslant r_i, i = 1, 2, \cdots, k$。

例 5.39   21 560 有多少个正因子?

解:
$$21\,560 = 2^3 \times 5 \times 7^2 \times 11$$

由定理 5.28 知,21 560 的正因子的个数为 $4 \times 2 \times 3 \times 2 = 48$。

定理 5.29   如果 a 是合数,则 a 必有小于或等于 $\sqrt{a}$ 的真因子。

证明:由定理 5.26,$a = bc$,其中 $1 < b < a, 1 < c < a$。显然,b 和 c 中必有一个小于或等于 $\sqrt{a}$。否则,$bc > (\sqrt{a})^2 = a$,矛盾。

定理 5.30   如果 a 是合数,则 a 必有小于或等于 $\sqrt{a}$ 的素因子。

证明:由定理 5.29,a 有小于或等于 $\sqrt{a}$ 的真因子 b。如果 b 是素数,则结论成立;如果 b 是合数,由定理 5.26,b 有素因子 $p < b \leqslant \sqrt{a}$,p 也是 a 的因子,结论也成立。

根据定理 5.30,可以判断某个自然数是否为素数。

例 5.40   判断 157 和 161 是否是素数。

解:$\sqrt{157}$ 和 $\sqrt{161}$ 都小于 13,小于 13 的素数有 2、3、5、7、11。

157 不能被 2、3、5、7、11 整除,是素数。

161 能被 7 整除,是合数。

说明：根据定理 5.30，甚至可以找出小于某个自然数的所有素数，这就是著名的埃拉托斯特尼（Eratosthene）筛法（简称埃氏筛或爱氏筛），它是由希腊数学家埃拉托斯特尼提出的一种简单检定素数的算法。要得到自然数 n 以内的全部素数，必须把不大于 $\sqrt{n}$ 的所有素数的倍数剔除，剩下的就是 n 以内的素数。先用素数 2 去筛，即把 2 留下，把 2 的倍数剔除；再用下一个素数 3 去筛，把 3 留下，把 3 的倍数剔除；接着用下一个素数 5 去筛，把 5 留下，把 5 的倍数剔除……

例 5.41 利用埃拉托斯特尼筛法，列出 2～25 的素数。

（1）写出 2～25 的数字序列：

2 3 4 5 6 7 8 9 10 11 12 13 14 15 16 17 18 19 20 21 22 23 24 25

（2）划掉序列中 2 的倍数，序列变成

2 3 5 7 9 11 13 15 17 19 21 23 25

（3）因为 25 大于 2 的平方，剩余序列中的第一个素数是 3，将序列中 3 的倍数划掉，序列变成

2 3 5 7 11 13 17 19 23 25

得到的素数有 2、3。

（4）因为 25 大于 3 的平方，所以还要继续，剩余序列中第一个素数是 5，将序列中 5 的倍数划掉，序列变成

2 3 5 7 11 13 17 19 23

此时得到的素数有 2、3、5

（5）因为 23 小于 5 的平方，结束。

所以，2～25 的素数是 2、3、5、7、11、13、17、19、23。

5.7.2 辗转相除法

中学就讲到了最大公约数、最小公倍数的概念。本节先回顾这些概念，并应用辗转相除法进行求解。

定义 5.25（公约数和公倍数） d 是 a 与 b 的公约数：$d \mid a$ 且 $d \mid b$。m 是 a 与 b 的公倍数：$a \mid m$ 且 $b \mid m$。

定义 5.26（最大公约数和最小公倍数） 设 a 和 b 是两个不全为 0 的整数，称 a 与 b 的公约数中最大的为 a 与 b 的最大公约数，记作 $\gcd(a,b)$；设 a 和 b 是两个非零整数，称 a 与 b 中公倍数最小的为 a 与 b 的最小公倍数，记作 $\mathrm{lcm}(a,b)$

例 5.42 $\gcd(12,18)=6,\mathrm{lcm}(12,18)=36$。对任意的正整数 a，$\gcd(0,a)=a$，$\gcd(1,a)=1$，$\mathrm{lcm}(1,a)=a$。

辗转相除法又称欧几里得算法，专门用于计算两个非负整数 a、b 的最大公约数。辗转相除法，顾名思义，即反复除，最终得到两数的最大公约数。

定理 5.31 设 $a=qb+r$，其中 a、b、q、r 都是整数，则

$$\gcd(a,b)=\gcd(b,r)$$

证明：只需证 a 与 b 和 b 与 r 有相同的公约数。设 d 是 a 与 b 的公约数，即 $d \mid a$ 且 $d \mid b$，由 $r=a-qb$，有 $d \mid r$，从而 $d \mid b$ 且 $d \mid r$，即 d 也是 b 与 r 的公约数。反之一样，设 d 是 b 与 r 的公约数，即 $d \mid b$ 且 $d \mid r$，由于 $a=qb+r$，故有 $d \mid a$，从而 $d \mid a$ 且 $d \mid b$，即 d 也是 a 与 b 的公

约数。

例 5.43 求 210 与 715 的最大公约数。

解： $715=3\times210+85,210=2\times85+40,85=2\times40+5,40=8\times5$

得 $\gcd(715,210)=5$。

定理 5.32（扩展欧几里得算法） 设 a 和 b 不全为 0，则存在整数 x 和 y 使得

$$\gcd(a,b)=xa+yb$$

扩展欧几里得算法是欧几里得算法（即辗转相除法）的扩展。除了计算 a、b 两个整数的最大公约数 $\gcd(a,b)$，此算法还能找到整数 x、y（其中一个很可能是负数）。

证明： 记 $a=r_0,b=r_1$，利用辗转相除法得

$$r_i=q_{i+1}r_{i+1}+r_{i+2},i=0,1,\cdots,k-2$$

$$r_{k-1}=q_kr_k$$

$$\gcd(a,b)=r_k$$

把上式改写成 $r_{i+2}=r_i-q_{i+1}r_{i+1},i=k-2,k-3,\cdots,0$

从后向前逐个回代，就可将 r_k 表示成 a 和 b 的线性组合。

在例 5.43 中，$\gcd(715,210)=5$。由

$$715=3\times210+85,210=2\times85+40,85=2\times40+5,40=8\times5$$

于是有

$$5=85-2\times40=85-2\times(210-2\times85)=5\times85-2\times210$$
$$=5\times(715-3\times210)-2\times210=5\times715-17\times210$$

5.7.3 同余及同余方程

定义 5.27（同余） 若两个整数 a、b 被自然数 m 除有相同的余数，那么称 a、b 对于模 m 同余，或称 a 模 m 同余于 b，记作 $a\equiv b(\bmod\ m)$，并称该式为同余式；否则，称 a 和 b 对模 m 不同余，记作 $a\not\equiv b(\bmod\ m)$。

例 5.44 $15\equiv3(\bmod\ 4),16\equiv0(\bmod\ 4),14\equiv-2(\bmod\ 4),15\equiv16(\bmod\ 4)$。

由同余的定义，可以得到一些非常重要的结论。

定理 5.33（同余定理） 若两个数 a、b 除以同一个数 m 得到的余数相同，即 $a\bmod m=b\bmod m$，则 a、b 的差一定能被 m 整除，即 $m|(a-b)$ 或 $a-b=mk,k$ 是整数。

证明： 设除数为 m，第一个商为 k_1，余数为 c，则第一个被除数为 mk_1+c。设第二个商为 $k_2(n<m)$，余数为 c，则第二个被除数为 mk_2+c。两个被除数的差为 $(k_1-k_2)m$，$(k_1-k_2)m$ 是 m 的倍数，所以，两个被除数的差一定能被 m 整除。

定理 5.34（余数的加法定理） a 与 b 的和除以 c 的余数，等于 a、b 分别除以 c 的余数之和或这个和除以 c 的余数。

证明： 设除数为 c，第一个商为 k_1，余数为 d，则第一个被除数为 ck_1+d。设第二个商为 k_2，余数为 e，则第二个被除数为 ck_2+e。两个被除数相加为 $c(k_1+k_2)+d+e$，因为 $c(k_1+k_2)$ 是 c 的倍数，所以两个被除数的和除以 c 得到的余数为 $d+e$。若 $d+e>c$，则所求余数为 $d+e$ 再除以 c 所得的余数。

例 5.45 23、16 除以 5 的余数分别是 3 和 1，所以 23 和 16 的和 39 除以 5 的余数等于 4，即 23、16 除以 5 的两个余数的和 $3+1$。当余数的和比除数大时，所求的余数等于余数之

和再除以 c 的余数。例如,23、19 除以 5 的余数分别是 3 和 4,所以 23 和 19 的和 42 除以 5 的余数等于 3 和 4 的和 7 除以 5 的余数,为 2。

定理 5.35(余数的乘法定理)　a 与 b 的乘积除以 c 的余数等于 a、b 分别除以 c 的余数的积或者这个积除以 c 所得的余数。

证明:设除数为 c,第一个商为 k_1,余数为 d,则第一个被除数为 ck_1+d。设第二个商为 k_2,余数为 e,则第二个被除数为 ck_2+e。两个被除数相乘为
$$(ck_1+d)\times(ck_2+e)=k_1k_2cc+k_1ec+k_2dc+ed$$

因为 $(k_1k_2c+k_1e+k_2d)c$ 是 c 的倍数,所以两个被除数的积除以 c 得到的余数为 ed。若 $ed>c$,则所求余数为 ed 再除以 c 所得的余数。即,当余数的积比除数大时,所求的余数等于余数之积再除以 c 的余数。

例 5.46　23、16 除以 5 的余数分别是 3 和 1,所以 23×16 除以 5 的余数等于 3×1=3。23、19 除以 5 的余数分别是 3 和 4,所以 23×19 除以 5 的余数等于 3×4 除以 5 的余数,为 2。

定理 5.36(消去律)　如果 $\gcd(c,p)=1$,则 $ac\equiv bc(\bmod\ p)\Rightarrow a\equiv b(\bmod\ p)$。

定义 5.28(一元线性同余方程)　设 a、b 是整数,m 是正整数。形如 $ax\equiv b(\bmod\ m)$ 且 x 是未知整数的同余式称为一元线性同余方程。

一元线性同余方程的解是使方程成立的整数。

例 5.47　$2x\equiv0(\bmod\ 4)$ 的解为 $x\equiv0(\bmod\ 2)$,$2x\equiv1(\bmod\ 4)$ 无解。

定理 5.37　方程 $ax\equiv b(\bmod\ m)$ 有解的充要条件是 $\gcd(a,m)|b$。

证明:先证充分性。记 $d=\gcd(a,m)$,$a=da_1$,$m=dm_1$,$b=db_1$,其中 a_1 与 m_1 互素。由定理 5.32,存在 x_1 和 y_1 使得 $a_1x_1+m_1y_1=1$。令 $x=b_1x_1$,$y=b_1y_1$,得 $a_1x+m_1y=b_1$,等式两边同乘 d,得 $ax+my=b$。所以 $ax\equiv b(\bmod\ m)$。

再证必要性。x 是方程的解,则存在 y 使得 $ax+my=c$。由 $d=\gcd(a,m)$,有 $d|c$。

定理 5.38(同余方程的解)　设 a、b 是整数,m 是正整数。如果 $\gcd(a,m)=d|b$,则方程恰有 d 个模 m 的不同余的解;否则方程无解。

证明:方程有解时 $ax-b=ym$,y 为整数,即 $ax-ym=b$。由裴蜀定理可知,对任何整数 a、b 和它们的最大公约数 d,在关于未知数 x 和 y 的线性不定方程(称为裴蜀等式)中,若 a、b 是整数且 $\gcd(a,b)=d$,那么对于任意的整数 x、y 都有 $ax+by$ 一定是 d 的倍数。特别地,一定存在整数 x、y,使 $ax+by=d$ 成立。因为 y 为整数,不是定值,所以把上式化为 $ax/d-my/d=b/d$,随着 y 值变化,x 存在 d 个不同余的解。所以,如果 $(a,m)=d(a,m)=d$,$d|b$,那么方程恰有 d 个不同余的解,d 个解分别关于 m/d 同余,分别为 x、$x+m/d$、$x+2m/d,\cdots,x+(d-1)m/d$。

例 5.48　解一元线性同余方程 $6x\equiv3(\bmod\ 9)$。

解:$\gcd(6,9)=3|3$,方程有解。取模 9 等价类的代表 $x=-4,-3,-2,-1,0,1,2,3,4$,检查它们是否为方程的解,计算结果如下:
$$6\times(-4)\equiv6\times(-1)\equiv6\times2\equiv3(\bmod\ 9)$$
$$6\times(-3)\equiv6\times0\equiv6\times3\equiv0(\bmod\ 9)$$
$$6\times(-2)\equiv6\times1\equiv6\times4\equiv6(\bmod\ 9)$$
得方程的解 $x=-4,-1,2$,方程的最小正整数解是 2。

定义 5.29 如果 $ab \equiv 1 \pmod{m}$，则称 b 是 a 的模 m 逆，记作 $a^{-1} \pmod{m}$ 或 a^{-1}，$a^{-1} \pmod{m}$ 是方程 $ax \equiv 1 \pmod{m}$ 的解。

定理 5.39

（1）a 的模 m 逆存在的充要条件是 a 与 m 互素。

（2）设 a 与 m 互素，则在模 m 下 a 的模 m 逆是唯一的。

证明：

（1）这是定理 5.38 的直接推论。

（2）设 $ab_1 \equiv 1 \pmod{m}$，$ab_2 \equiv 1 \pmod{m}$，得 $a(b_1 - b_2) \equiv 0 \pmod{m}$。由 a 与 m 互素，$b_1 - b_2 \equiv 0 \pmod{m}$，即 $b_1 \equiv b_2 \pmod{m}$。

例 5.49 求 5 的模 7 逆。

解：5 与 7 互素，故 5 的模 7 逆存在。利用辗转相除法求得整数 b、k，使得 $5b + 7k = 1$，则 b 是 5 的模 7 逆。计算如下：

$$7 = 5 + 2, 5 = 2 \times 2 + 1$$

回代：

$$1 = 5 - 2 \times 2 = 5 - 2 \times (7 - 5) = 3 \times 5 - 2 \times 7$$

得 $5^{-1} \equiv 3 \pmod{7}$。

5.7.4 欧拉函数及欧拉定理

定义 5.30（欧拉函数） $\{0, 1, \cdots, n-1\}$ 中与 n 互素的数的个数记为 $\varphi(n)$，称为欧拉函数。

例 5.50 $\varphi(1) = \varphi(2) = 1$，$\varphi(3) = \varphi(4) = 2$。当 n 为素数时 $\varphi(n) = n - 1$，当 n 为合数时 $\varphi(n) < n - 1$。

对于一般的数 n，其欧拉函数计算公式如下：

（1）对于正整数 $n = p^k$，其欧拉函数为

$$\varphi(n) = p^k - p^{k-1}$$

证明：小于 p^k 的正整数个数为 $p^k - 1$ 个，其中和 p^k 不互素的正整数有 $\{p \times 1, p \times 2, \cdots, p(p^{k-1} - 1)\}$，共计 $p^{k-1} - 1$ 个，所以 $\varphi(n) = p^k - 1 - (p^{k-1} - 1) = p^k - p^{k-1}$。

（2）设 p、q 是两个互素的正整数，$\gcd(p, q) = 1$，它们的乘积 $n = pq$ 的欧拉函数为

$$\varphi(n) = \varphi(pq) = \varphi(p)\varphi(q) = (p-1)(q-1)$$

证明：这是因为 $\mathbf{Z}_n = \{1, 2, \cdots, n-1\} - \{p, 2p, \cdots, (q-1)p\} - \{q, 2q, \cdots, (p-1)q\}$，则 $\varphi(n) = (n-1) - (q-1) - (p-1) = (p-1)(q-1) = \varphi(p)\varphi(q)$，所以有 $\varphi(pq) = \varphi(p)\varphi(q)$。

（3）任意一个整数 n 都可以表示为素因子的乘积 $n = p_1^{k_1} p_2^{k_2} \cdots p_n^{k_n}$，所有 $p_i^{k_i}$ 都互素，由欧拉函数的性质，任意正整数 n 的欧拉函数为

$$\varphi(n) = p_1^{k_1-1}(p_1 - 1) p_2^{k_2}(p_2 - 1) \cdots p_n^{k_n}(p_n - 1) = n \frac{p_1 - 1}{p_1} \frac{p_2 - 1}{p_2} \cdots \frac{p_n - 1}{p_n}$$

定义 5.31（完全余数集合） 小于 n 且和 n 互素的数构成的集合为 $\mathbf{Z}_n$，称这个集合为 n 的完全余数集合，显然 $|\mathbf{Z}_n| = \varphi(n)$。

定理 5.40（欧拉定理） 对于互素的正整数 a 和 n，有 $a^{\varphi(n)} \equiv 1 \pmod{n}$。

证明：首先,由欧拉函数定义可知,在 $1\sim n$ 的数中,一共有 $\varphi(n)$ 个与 n 互素的数,把这 $\varphi(n)$ 个数 $x_1,x_2,\cdots,x_{\varphi(n)}$ 拿出来放到设定的集合 $\mathbf{Z}_n$ 中,$\mathbf{Z}_n=\{x_1,x_2,\cdots,x_{\varphi(n)}\}$。然后,可以再设定一个集合 S,$S=\{ax_1 \bmod n,ax_2 \bmod n,\cdots,ax_{\varphi(n)} \bmod n\}$,则集合 $\mathbf{Z}_n=S$。证明如下。

(1) 因为 a 与 n 互素,$x_i(1\leqslant i\leqslant\varphi(n))$ 与 n 互素,所以 ax_i 与 n 互素,这样 $ax_i \bmod n\in\mathbf{Z}_n$。

(2) 若 $i\neq j$,那么 $x_i\neq x_j$,且由 a、n 互素可得 $ax_i \bmod n\neq ax_j \bmod n$(消去律),即 S 中任意两个数都不模 n 同余。

由(1)、(2)可得 $\mathbf{Z}_n=S$,这样 S 中的数分别与 $\mathbf{Z}_n$ 中对应的数模 n 同余。

因此
$$m_1m_2\cdots m_{\varphi(n)}\equiv x_1x_2\cdots x_{\varphi(n)}(\bmod n)$$

现在把 m_i 替换成 x 的形式,就可以得到
$$ax_1ax_2\cdots ax_{\varphi(n)}\equiv x_1x_2\cdots x_{\varphi(n)}(\bmod n)$$

将左式中 $\varphi(n)$ 个 a 乘起来：
$$a^{\varphi(n)}(x_1x_2\cdots x_{\varphi(n)})\equiv x_1x_2\cdots x_{\varphi(n)}(\bmod n)$$

对其进行移项：
$$(a^{\varphi(n)}-1)(x_1x_2\cdots x_{\varphi(n)})\equiv 0(\bmod n)$$

对比等式的左右两端,并由已知 $x_i(1\leqslant i\leqslant\varphi(n))$ 与 n 互素,即可得到
$$a^{\varphi(n)}\equiv 1(\bmod n)$$

即以上欧拉定理成立,证毕。

定理 5.41（费马小定理）　设 p 是素数,正整数 a 与 p 互素,则
$$a^{p-1}\equiv 1(\bmod p)$$

该定理的另一种形式是：设 p 是素数,则对任意的整数 a,有
$$a^p\equiv a(\bmod p)$$

证明费马小定理非常简单,由于 $\varphi(p)=p-1$,代入欧拉定理即可得证。

费马小定理提供了一种不用因子分解就能断定一个数是合数的新途径。

例 5.51　$2^{9-1}\equiv 4(\bmod 9)$,可以断定 9 是合数。

5.7.5　中国剩余定理

中国剩余定理是中国古代求解一元线性同余方程组的方法。一元线性同余方程组问题最早可见于公元 5 世纪的数学著作《孙子算经》中的"物不知数"问题："有物不知其数,三三数之剩二,五五数之剩三,七七数之剩二。问物几何?"即,一个整数除以 3 余 2,除以 5 余 3,除以 7 余 2,求这个整数。《孙子算经》中首次提到了一元线性同余方程组问题以及以上具体问题的解法,因此在中文数学文献中也会将中国剩余定理称为孙子定理。中国剩余定理给出了以下一元线性同余方程组有解的判定条件,并且给出了在有解情况下解的具体形式：

$$S:\begin{cases}x\equiv a_1(\bmod m_1)\\x\equiv a_2(\bmod m_2)\\\quad\vdots\\x\equiv a_n(\bmod m_n)\end{cases}$$

定理 5.42（中国剩余定理） 假设 $m_1,m_2,\cdots,m_n$，则对任意的整数 $a_1,a_2,\cdots,a_n$，一元线性同余方程组 S 有解，并且通解可以用如下方式构造得到：设 $M=m_1m_2\cdots m_n=\prod\limits_{i=1}^{n}m_i$ 是整数 $m_1,m_2,\cdots,m_n$ 的乘积，并设 $M_i=M/m_i,\forall i\in\{1,2,\cdots,n\}$ 是除了 m_i 以外的 $n-1$ 个整数的乘积。设 $t_i=M_i^{-1}$ 为 M_i 模 m_i 的数论倒数 $M_it_i\equiv1(\mathrm{mod}\ m_i),\forall i\in\{1,2,\cdots,n\}$（$t_i$ 为 M_i 模 m_i 意义下的逆元），方程组 S 的通解形式为

$$x=a_1t_1M_1+a_2t_2M_2+\cdots+a_nt_nM_n+kM=kM+\sum_{i=1}^{n}a_it_iM_i,k\in\mathbf{Z}$$

在模 M 的意义下，方程组 S 有一个解：

$$x=\Big(\sum_{i=1}^{n}a_it_iM_i\Big)\ \mathrm{mod}\ M$$

证明： 从假设可知，对任何 $i\in\{1,2,\cdots,n\}$，由于 $\forall j\in\{1,2,\cdots,n\},j\neq i,\gcd(m_i,m_j)=1$，所以 $\gcd(m_i,M_i)=1$，这说明存在整数 t_i 使得 $t_iM_i\equiv1(\mathrm{mod}\ m_i)$，这样的 t_i 称为 M_i 的模 m_i 逆。考察乘积 $a_it_iM_i$ 可知：$a_it_iM_i\equiv a_i\cdot1\equiv a_i(\mathrm{mod}\ m_i),\forall j\in\{1,2,\cdots,n\},j\neq i$，$a_it_iM_i\equiv0(\mathrm{mod}\ m_j)$，所以 $x=a_1t_1M_1+a_2t_2M_2+\cdots+a_nt_nM_n$ 满足

$$\forall i\in\{1,2,\cdots,n\},x=a_it_iM_i+\sum_{j\neq i}a_jt_jM_j\equiv a_i+\sum_{j\neq i}0\equiv a_i(\mathrm{mod}\ m_i)$$

这说明 x 就是方程组 S 的一个解。

另外，假设 x_1 和 x_2 都是方程组 S 的解，那么 $\forall i\in\{1,2,\cdots,n\},x_1-x_2\equiv0(\mathrm{mod}\ m_i)$，而 $m_1,m_2,\cdots,m_n$ 两两互素，这说明 $M=\prod\limits_{i=1}^{n}m_i$ 整除 x_1-x_2，所以方程组 S 的任何两个解之间必然相差 M 的整数倍。而 $x=a_1t_1M_1+a_2t_2M_2+\cdots+a_nt_nM_n$ 是一个解，同时，所有形式为 $a_1t_1M_1+a_2t_2M_2+\cdots+a_nt_nM_n+kM=kM+\sum\limits_{i=1}^{n}a_it_iM_i,k\in\mathbf{Z}$ 的整数也是方程组 S 的解。所以，方程组所有解的集合就是

$$\Big\{kM+\sum_{i=1}^{n}a_it_iM_i,k\in\mathbf{Z}\Big\}$$

例 5.52 有若干人排队，每 9 人一排多 5 人，每 7 人一排多 1 人，每 5 人一排多 2 人，至少有多少人？

解： 9、7、5 两两互素，则

$$\mathrm{lcm}(7,5)=35,\mathrm{lcm}(9,5)=45,\mathrm{lcm}(9,7)=63,\mathrm{lcm}(9,7,5)=315$$

为了使 35 的倍数被 9 除余 1，用 8 乘以 35，为 280；为了使 45 的倍数被 7 除余 1，用 5 乘以 45，为 225；为了使 63 的倍数被 5 除余 1，用 2 乘以 63，为 126。然后，根据中国剩余定理，有 $280\times5+225\times1+126\times2=1877$。因为 $1877>315$，所以 $1877-315\times5=302$，这就是所求的数。

◇ 5.8　数论与密码学

密码学是研究信息隐藏的科学，一开始主要用于军事目的，在两次世界大战期间都起到了关键的作用。现在，由于计算机广泛应用于商业目的，信息和网络安全是电子商务的关键

保障,而密码学是信息和网络安全的核心。本章介绍的同余理论可以用于非常简单的信息保密。加密算法有很多,如恺撒(Caesar)密码、维吉尼亚(Vigenere)密码、RSA 公钥密码等。信息保密涉及一些基本概念,如私钥密码体制、公钥密码体制。

定义 5.32(私钥密码体制)　加密密钥和解密密钥都必须严格保密的密码体制称为私钥密码体制。

定义 5.33(公钥密码体制)　加密密钥公开、解密密钥保密的密码体制称为公钥密码体制。

1. 恺撒密码

例如,明文为

SEE YOU TOMORROW

密文为

VHH BRX WRPRUURZ

加密算法:$E(i)=(i+k)\bmod 26, i=0,1,\cdots,25$。

解密算法:$D(i)=(i-k)\bmod 26, i=0,1,\cdots,25$。

其中,密钥 k 是一个取定的整数,在上面的例子中取 $k=3$。

2. 维吉尼亚密码

把明文分成若干段,每一段有 n 个数字,密钥 $k=k_1,k_2,\cdots,k_n$。

加密算法:$E(i_1i_2\cdots i_n)=c_1c_2\cdots c_n$。

其中,$c_j=(i_j+k_j)\bmod 26, i_j=0,1,\cdots,25, j=1,2,\cdots,n$。

3. RSA 公钥密码

RSA 算法是一种非对称加密技术,即加密时用的密钥(公钥)和解密时用的密钥(私钥)不同。其基本原理是:将两个很大的素数相乘很容易得到乘积,但是将该乘积分解为原来的两个素数却很困难。例如,对计算机来说,997 210 243 分解为素数很困难,只能从 2 开始一个个测试,而计算 $9973\times 99\,991=997\,210\,243$ 却很容易。

说明:取两个大素数 p 和 $q(p\neq q)$,记 $n=pq$,$\phi(n)=(p-1)(q-1)$,选择正整数 e 使其与 $\phi(n)$ 互素,计算其对于 $\phi(n)$ 的逆元 d,使得 d 满足 $de=1\bmod(\phi(n))$,则 (n,e) 为公钥,(n,d) 为私钥。

传统 RSA 算法的加密和解密的流程如下:

(1) RSA 算法使用公钥加密。若要加密明文 $m_1=m$,则要计算 $c=m_1^e\bmod n$,c 为密文。

(2) RSA 算法使用私钥解密。若要解密密文 c,则需要计算 $m_2=c^d\bmod n$,m_2 为明文,即 $m_2=m_1$。

下面证明 RSA 算法的正确性。

要证 $m=c^d\bmod n$,即证 $c^d\equiv m(\bmod n)$,亦即 $m^{de}\equiv m(\bmod n)$。

由 $de\equiv 1(\bmod \phi(n))$,存在 k 使得 $de=k\phi(n)+1$,有两种可能:

(1) m 与 n 互素,由欧拉定理,有

$$m^{\phi(n)}\equiv 1(\bmod n)$$

得
$$m^{de}\equiv m^{k\phi(n)+1}\equiv m(\bmod n)$$

(2) m 与 n 不互素,不妨设 $m=cp$ 且 q 不能整除 m,由费马小定理,有

$$m^{q-1} \equiv 1 (\bmod\ q)$$

于是
$$m^{k\phi(n)} \equiv m^{k(p-1)(q-1)} \equiv 1^{k(p-1)} \equiv 1 (\bmod\ q)$$

从而存在 h 使得

$$m^{k\phi(n)} = hq + 1$$

两边同乘以 m，并注意到 $m = cp$，有

$$m^{k\phi(n)+1} = hcpq + m = hcn + m \equiv m (\bmod\ n)$$

从而可得

$$m^{de} \equiv m (\bmod\ n)$$

4. 基于中国剩余定理的 RSA 解密加速

由于在实际应用中 RSA 公钥通常很短，而私钥和模的位长一样，导致解密（或签名）时大数指数模运算比较慢。可以利用中国剩余定理约简模数和解密指数，以加快运算。

由中国剩余定理可知，对于互相独立的大素数 p 和 q，$n = pq$，任意 (m_1, m_2)（$0 \leqslant m_1 < p, 0 \leqslant m_2 < p$），必然存在一个唯一的 m，$0 \leqslant m < n$，使得

$$m_1 = m \bmod p, m_2 = m \bmod q$$

换句话说，给定一个 (m_1, m_2)，满足上述等式的 m 必定唯一存在。因此，解密时要计算的 $c^d \bmod n$ 可以分解为 $m_1 = c^d \bmod p$ 以及 $m_2 = c^d \bmod q$，然后再计算 m。

根据 $c^d \bmod p$ 或者 $c^d \bmod q$，模数从 n 降为 p 或 q，但是指数 d 还是比较大。

令 $d = k(p-1) + r$，则

$$c^d \bmod p = c^{k(p-1)+r} \bmod p$$
$$= c^r c^{k(p-1)} \bmod p = c^r \bmod p$$

以上根据欧拉定理，有 $c^{p-1} \bmod p = 1$，且 r 是 d 除以 $p-1$ 的余数，即 $r = d \bmod (p-1)$。

所以，$c^d \bmod p$ 可以降阶为 $c^{d \bmod (p-1)} \bmod p$。

同理，$c^d \bmod q$ 可以降阶为 $c^{d \bmod (q-1)} \bmod q$。

其中，令 $d_p = d \bmod (p-1)$，$d_q = d \bmod (q-1)$，d_p 和 d_q 可以提前直接计算。另外，通过分别计算 e 对 $p-1$ 和 $q-1$ 的逆也可得到 d_p 和 d_q，这个计算可以更简单，只是需要比较复杂的证明，限于篇幅，此处从略。

说明：使用公钥加密并利用中国剩余定理加速 RSA 算法解密的流程如下。

（1）准备。

首先，在生成公钥、私钥时，需要多生成几个数。d 是 e 对 $\phi(n)$ 的逆。现在需要另外两个逆，分别是对 $p-1$ 和 $q-1$ 的逆。

① 计算 d_p，使得 $d_p e = 1 \bmod (p-1)$。

② 计算 d_q，使得 $d_q e = 1 \bmod (q-1)$。

③ 计算 q 对 p 的逆 q_{Inv}，使得 $q_{\text{Inv}} q = 1 \bmod p$。

上面 3 个逆都作为私钥的一部分。

（2）计算。

使用公钥加密：若要加密明文 m，则需要计算 $c = m^e \bmod n$，c 为密文。

使用私钥解密：

① $m_1 = c^{d_p} \bmod p$。

② $m_2 = c^{d_q} \bmod q$。

③ $h=(q_{\text{Inv}}((m_1-m_2)\bmod p))\bmod p$。

④ $m=m_2+hq$。

m 就是明文。

例 5.53　对于 $p=13,q=131$，有 $n=137\times131=17\,947$，计算 $\phi(n)=136\times130=17\,680$，取 $e=3$，使用欧几里得算法计算 e 对于 $\phi(n)$ 的逆 d。由 $3d=1\bmod17\,680$ 推出 $3d-17\,680x=1$，而 $-17\,680=-5893\times3-1$，所以得到以下两个解：

$$d=-5893,x=-1$$
$$d=11\,787,x=2$$

若要加密明文 513

(1) 使用公钥加密和私钥解密流程(传统方式)。

密文为 $513^3\bmod17\,947=8363$。

若要解密密文 8363，则计算 $8363^{11\,787}\bmod17\,947=513$，解密成功。

(2) 使用公钥加密和私钥解密流程(中国剩余定理)。

预先计算 3 个逆：

$$d_p=91,d_q=87,q_{\text{Inv}}=114$$

解密 $c=8363$ 时，执行如下计算即可：

① $m_1=c^{d_p}\bmod p=102$。

② $m_2=c^{d_q}\bmod q=120$。

③ $h=(q_{\text{Inv}}((m_1-m_2)\bmod p))\bmod p=(114\times((-18)\bmod137))\bmod137=114\times119\bmod137$。

④ $m=m_2+hq=120+3\times131=513$。

◈ 习　题

1. 判断下列集合对所给的二元运算是否封闭。

(1) 非零整数集合 $\mathbf{Z}^*$ 和普通的除法运算。

(2) 全体 $n\times n$ 实可逆矩阵集合关于矩阵加法及乘法运算，其中 $n\geq2$。

(3) 正实数集合 $\mathbf{R}^+$ 和。运算，其中。运算定义为

$$\forall a,b\in\mathbf{R}^+,a\circ b=ab-a-b$$

(4) $A=\{a_1,a_2,\cdots,a_n\},n\geq2$，。运算定义如下：

$$\forall a,b\in A,a\circ b=b$$

2. 设 $A=\{3,6,9\}$，A 上的二元运算 $*$ 定义为

$$a*b=\min\{a,b\}$$

则在独异点 $<A,*>$ 中单位元和零元分别是什么？

3. 证明：若 $<S,\cdot>$ 是可交换独异点，T 为 S 中所有幂等元的集合，则 $<T,\cdot>$ 是 $<S,\cdot>$ 的子独异点。

4. 设 $\mathbf{Z}$ 为整数集合，在 $\mathbf{Z}$ 上定义二元运算如下：

$$\forall x,y\in\mathbf{Z},x\circ y=x+y-2$$

$\mathbf{Z}$ 关于。运算能否构成群？为什么？

5. 证明在不少于两个元素的群中不存在零元。

6. 设 G 为非阿贝尔群。证明 G 中存在非单位元 a、b，$a \neq b$ 且 $ab = ba$。

7. 设 G 为群，a 是 G 中给定元素，a 的正规化子集 $N(a)$ 表示 G 中与 a 可交换的元素构成的集合，即 $N(a) = \{x \mid x \in G \wedge xa = ax\}$。证明 $N(a)$ 构成 G 的子群。

8. 设 $<\mathbf{Z}_6, +>$ 是一个群，这里 $+$ 是模 6 加法，$\mathbf{Z}_6 = \{[0], [1], [2], [3], [4], [5]\}$。求出 $<\mathbf{Z}_6, +>$ 的所有子群及其相应左陪集。

9. 利用素因数分解法求 24 和 60 的最大公约数以及 6 和 15 的最小公倍数。

10. 利用辗转相除法计算 319、377 的最大公约数。

第6章

代数系统与数论程序实践

本章共 10 个实验,内容包括判断二元运算是否满足结合律、判断代数系统是否为群、判断整数能否被给定数整除、利用埃氏筛选法筛选素数、求一个数的所有因子及因子数目、正整数唯一分解定理、利用辗转相除法求两个数的最大公约数和最小公倍数、线性同余方程求解、利用中国剩余定理求解线性同余方程组及利用中国剩余定理加快 RSA 加密解密。

实验环境: Windows 7 旗舰版。

实验工具: Dev-C++ 5.8.3。

◆ 实验 1　判断二元运算是否满足结合律

【实验目的】

(1) 掌握二元运算是否满足结合律的判断方法。

(2) 提高编程能力。

【实验内容】

验证代数系统中的二元运算是否满足结合律。

【实验思路】

判断某二元运算是否满足结合律,只要验证任意元素 A、B、C 是否满足 $(AB)C = A(BC)$ 成立。

【参考代码】

```c
//本程序只针对大于 0 且小于 1000 的数字
#include <stdio.h>
int a[1000][1000];
int main()
{
    int i,j,k,n,m,flag=0;
    printf("请输入运算表中的元素个数及元素:\n");
    while(scanf("%d",&n)!=EOF)
    {
        for(i=0;i<n;i++)
            for(j=0;j<n;j++)
            {
                scanf("%d",&m);
```

```
                a[i][j]=m;
            }
        flag=0;
        for(i=0;i<n;i++)
            for(j=0;j<n;j++)
                for(k=0;k<n;k++)
                {
                    if([a[i][j]][k]!=a[i][a[j][k]])
                        flag=1;
                    if(flag)
                        printf("运算不满足结合律!\n");
                    else
                        printf("运算满足结合律!\n");
                    printf("请继续输入下一组数据: \n")
                }
        }
        return 0;
}
```

◈ 实验 2　判断代数系统是否为群

【实验目的】

(1) 理解特定代数系统(群、半群、含幺半群)的满足条件,判断给定代数系统是否为群。

(2) 提高编程能力。

【实验内容】

给出一个代数系统$<G,*>$,其中$G=\{1,2,\cdots,n\}$,$*$运算由运算表矩阵给出。作出以下判断:

(1) $<G,*>$是否为半群。

(2) $<G,*>$是否为含幺半群。

(3) $<G,*>$是否为群。

【实验思路】

根据群的概念,判断给定代数系统是否具有封闭性、结合性、幺元和逆4个条件。分别用4个函数实现上述4个条件的判断。封闭性即判断输入的运算表中的每个数是否在$[1,n]$区间,若是,则返回1。结合性即$(x*y)*z=x*(y*z)$,利用三重循环和输入的运算表进行运算比较。关于是否有幺元,可以判断某一行所有元素是否与其列坐标对应元素相等或某一列元素是否与其行坐标对应相等。若相等,则有幺元,幺元是其行坐标或列坐标对应元素。判断逆元即在前3种条件都成立的情况下看幺元的行列坐标对应的元素是否也同为幺元。若是,则有逆。以上4个条件若都成立,则给定代数系统是群;反之则不是。

【参考代码】

```
#include <iostream>
using namespace std;
int Y=0;
int S[100][100];
```

```
int guangqun(int n)
{
    for(int i=1;i<=n;i++)
        for(int j=1;j<=n;j++)
        {
            if(S[i][j]<1||S[i][j]>n)
                return 0;
            else
                return 1;
        }
}
int banqun(int n)
{
    int flag=1;
    for(int i=1;i<=n;i++)
        for(int j=1;j<=n;j++)
        for(int k=1;k<=n;k++)
        {
            int x=S[i][j];
            int y=S[j][k];
            if(S[x][k]!=S[i][y])
                flag=0;
        }
        return flag;
}
int yaoqun(int n)
{
    for(int i=1;i<=n;i++)
        for(int j=1;j<=n;j++)
        if(S[i][j]==j && S[j][i]==j)
        {
            Y=i;
            return 1;
        }
    return 0;
}
int qun(int n)
{
    int flag3=guangqun(n);
    int flag1=banqun(n);
    int flag2=yaoqun(n);
    if(flag1&&flag2&&flag3)
    {
        for(int i=1;i<=n;i++)
            for(int j=1;j<=n;j++)
                if(S[i][j]==Y&&S[j][i]==Y)
                    return 1;
    }
    else
    return 0;
```

```
}
int main()
{
    cout<<"请输入代数系统的阶数:";
    int n;
    cin>>n;
    cout<<"请输入 * 运算的运算表:"<<endl;
    for(int i=1;i<=n;i++)
        for(int j=1;j<=n;j++)
            cin>>S[i][j];
    int flag=qun(n);
    if(flag)
        cout<<"该代数系统是群!"<<endl;
    else
        cout<<"该代数系统不是群!"<<endl;
    return 0;
}
```

◇ 实验 3　判断整数能否被给定数整除

【实验目的】

(1) 掌握整除的判断原理。

(2) 提高编程能力。

【实验内容】

编写程序,确定一个正整数是否能被 2、3、4、7、8、11 或 13 整除。

【实验思路】

如果一个数能被另一个数整除,相除之后的余数为 0。按此原理编写一个函数实现这个判断。后面每输入一个数,就调用这个函数进行判断。

【参考代码】

```
#include<iostream>
using namespace std;
int main()
{
    long num;
    int a;
    int zhengchu(long num,int a);
    cout<<"请输入正整数!\n";
    cin>>num;
    cout<<"请输入除数!\n";
    cin>>a;
    if(zhengchu(num,a)==1)
        cout<<num<<"可以被"<<a<<"整除!\n";
    else
        cout<<num<<"不可以被"<<a<<"整除!\n";
```

```
    return 0;
}
int zhengchu(long num,int a)
{
    if(num%a==0)
        return 1;
    else
        return 0;
}
```

◆ 实验 4　利用埃氏筛选法筛选素数

【实验目的】

（1）掌握埃氏筛选法的原理。

（2）提高编程能力。

【实验内容】

编写程序,输出 $100\sim200$ 的素数。

【实验思路】

埃氏筛选法的原理是：如果 n 能被 $2\sim n-1$ 的任意整数整除,其两个因子必定有一个小于或等于 $\sqrt{n}$,另一个大于或等于 $\sqrt{n}$,这样,至少有一半的因子不会超过 $\sqrt{n}$。n 不必用 $2\sim n-1$ 的每一个整数去除,只需要用 $2\sim\sqrt{n}$ 的某个或某几个整数去除就可以了。如果 n 不能被 $2\sim\sqrt{n}$ 的任何整数整除,n 必定是素数(见参考代码中的代码 1)。

要得到自然数 n 以内的全部素数,必须把不大于 $\sqrt{n}$ 的所有素数的倍数剔除,剩下的就是素数(见参考代码中的代码 2)。举个例子,要判断 100 是不是素数,只要判断 10 以内有无 100 的因子即可。找到 $[0,n]$ 内所有素数的算法基本思路如下：

（1）将 0、1 排除,创建 $2\sim n$ 的连续整数序列 $2,3,\cdots,n$。

（2）初始化 $p=2$,因为 2 是最小的素数。

（3）枚举所有 p 的倍数($2p,3p,4p,\cdots$),标记为非素数(合数)并剔除。

（4）找到下一个没有标记且大于 p 的素数。如果没有,结束运算;如果有,将该值赋予 p,重复步骤(3)。

（5）运算结束后,剩下所有未标记的数都是 $[0,n]$ 内的素数。

【参考代码】

代码 1：

```
#include <stdio.h>
#include <math.h>
#include <stdlib.h>
int isPrime(int n)
{
    if(n== 1||n<1)
    {
        return 0;
```

```
    }
    for(int i=2; i<sqrt(n*1.0); i++)
    {
        if(n%i==0)                        //如果 n 被 i 整除,则它不是素数
        {
            return 0;                     //这不是素数
        }
    }
    return 1;                             //这是素数
}
int main()                                //输出 100~200 的素数
{
    int num=0;
    for(num=100; num<=200; num++)
    {
        if(isPrime(num)==1)               //这是一个素数
        {
            printf("%d", num);
        }
    }
    system("pause");
    return 0;
}
```

代码 2:

```
#include <iostream>
#include <cstdio>
using namespace std;
const int maxn=5000000;
long prime[maxn];                         //存储确定为素数的数
bool is_prime[maxn+1];                     //标记指定范围内的所有素数
int p = 0;
int isPrime(int n)
{
    if(n==1||n<1)
    {
        return 0;
    }
    for(int i=2; i<sqrt(n*1.0); i++)
    {
        if(n%i==0)                        //如果 n 被 i 整除,则它不是素数
        {
            return 0;                     //这不是素数
        }
    }
    return 1;                             //这是素数
}
int sieve(int n)
```

```
{
    p = 0;
    for(int i=0;i<=n;i++)
        is_prime[i]=true;                //所有数先标记为 true
    is_prime[0]=is_prime[1]=false;       //把数字 0、1 标记为非素数
    for(int i=2;i<=n;i++)
    {
        if(is_prime[i])                  //如果这个数没有被标记为 false
        {
            prime[p++]=i;
            //用 prime 数组保存这个数,同时 p 表示素数个数
            for(int j=i*i;j<=n;j+=i)
                is_prime[j]=false;
        }
    }
    return p;                            //返回素数个数
}
int main()
{
    int n;
    while(~scanf("%d",&n))
    {
        printf("素数个数是: %d\n",sieve(n));
        printf("素数有:\n");
        for(int i=0; i<p; i++)
        {
            printf("%d", prime[i]);
            printf("\n\n");
        }
    }
    system("pause");
}
```

◆ 实验 5　求一个数的所有因子及因子数目

【实验目的】

（1）理解求一个数的因子的原理；

（2）提高编程能力。

【实验内容】

编写程序,求一个数的所有因子及因子数目。例如,输入整数 $n=4$,其有 1、2、4 共 3 个因子。

【实验思路】

从 1 到 n 遍历,只要这个数能被 n 整除,就把这个数记录下来,这种方法计算量较大。可以将问题规模缩减至 $\sqrt{n}$,该方法的依据是：如果一个整数 n 能被 $\sqrt{n}$ 前的数 i 整除,那么一定存在大于 $\sqrt{n}$ 的一个数 $b=n/i$ 能被 n 整除(见参考代码中的代码 1)。

因子数目求法(见参考代码中的代码2):整数 n 的因子起码有两个(自身和1);然后从 $i=2$ 开始到 $\sqrt{n}$ 进行循环。如果 $n\%i=0$,则因子数加2;如果两个因子相同,则因子数去重。

【参考代码】

代码1:

```cpp
#include <cstdio>
#include <iostream>
#include <queue>
#include <cstring>
#include <cmath>
using namespace std;
int n;
int fac[100],t=0;
void get_fac(int n)
{
    for(int i=1; i<=sqrt(n); i++)          //根号前
    {
        if(n%i==0)
        {
            fac[t++]=i;                     //i能被n除尽,所以i是n的因子
            if(n/i!=i)                      //n/i和i可能相同
            {
                fac[t++]=n/i;
            }
        }
    }
}
int main()                                  //求一个数的所有因子
{
    cin>>n;
    get_fac(n);
    for(int i=0; i<t; i++)
    {
        cout<<fac[i]<<" ";                  //输出
    }
    return 0;
}
```

代码2:

```cpp
#include <iostream>
#include <cmath>
using namespace std;
int num(int n)
{
    int count=2;
    for(int i=2;i<=sqrt(n);i++)
    {
        if(n%i==0)
```

```
        {
            if(i==sqrt(n) && n/i==i)        //如果两个因子相同,则只加1;否则加2
            {
                count++;
            }
            else
                count+=2;
        }
    }
    return count;                           //返回的是因子数目
}
void main()
{
    int n;
    cin>>n;
    if(n==1)
        cout<<1<<endl;
    else
        cout<<num(abs(n))<<endl;            //负数要变成正数考虑,正数不变
}
```

◆ 实验 6　算术基本定理——正整数唯一分解定理

【实验目的】

(1) 深刻理解正整数唯一分解的算法原理。

(2) 提高编程能力。

【实验内容】

算术基本定理(将一个正整数分解为素数)又称为正整数唯一分解定理,即:每个大于1的自然数(且不是素数)均可分解为素数的积,而且这些素数按大小排列之后,仅有唯一的写法。编写程序,对输入的正整数进行素数分解。例如,输入 90,打印出 90=2*3*3*5。

【实验思路】

将一个正整数 $t=t_0$ 分解为素数,按下述步骤完成:

(1) 从 2 开始,寻找从 2 到 t 的素数 i。

(2) 若 i 能整除 t,说明素数 i 是正整数 t 的素因子。输出找到的素因子 i,并用 t 除以 i 的商作为新的要分解的正整数 t,转第(4)步。

(3) 若 i 不能整除 t,则 t 保持不变,转第(4)步。

(4) 进一步增大自然数 i,即把 $i+1$ 作为 i 的值,重复执行以上步骤,直到 i 增大到原来要分解的正整数 t_0,由此找到并输出正整数 $t=t_0$ 从小到大排列的所有素因子 i,分解过程结束。

需要说明的是:在第(1)步寻找从 2 到 t 的素数 i 时,还要用到以下定理:一个合数 i 的最小正因子必小于 $\sqrt{i}$。根据该定理,判断一个自然数 i 是否是素数,只要看从 2 到 $\sqrt{i}$ 的自然数 m 是否能整除 i。也就是说,若 i 不存在小于 $\sqrt{i}$ 的因子 m,则 i 是素数。

【参考代码】

```cpp
#include <iostream>
#include <math.h>
using namespace std;
int main()
{
    int t0;
    int sum = 1;
    bool flag;
    cin >> t0;
    int t=t0;
    for(int i = 2; i< t0; i++)
    {
        flag = true;
        for(int m = 2; m < sqrt(i); m++)
        {
            if(i%m == 0)
            {
                flag = false;
                break;
            }
        }
        if(flag)
        {
            while(t%i == 0)
            {
                sum = sum * i;
                if(sum <t0)
                {
                    cout << i << " * ";
                }
                else if(sum ==t0)
                    cout << i << endl;
                t = t / i;
            }
        }
    }
    return 0;
}
```

◈ 实验7　利用辗转相除法求两个数的最大公约数和最小公倍数

【实验目的】

(1) 深刻理解辗转相除法及最大公约数、最小公倍数的计算原理。

(2) 提高编程能力。

【实验内容】

给定两个数,计算这两个数的最大公约数和最小公倍数。

【实验思路】

根据辗转相除法倒推回去,计算两个数 a、b 的最大公约数 $\gcd(a,b)$。根据 $\mathrm{lcm}(a,b)$ $\gcd(a,b)=ab$ 和以上获得的 $\gcd(a,b)$ 求出最小公倍数 $\mathrm{lcm}(a,b)$。

【参考代码】

```cpp
#include <bits/stdc++.h>
using namespace std;
int gcd(int m, int n)
{
    if(m % n == 0)
    {
        return n;
    }
    else
    {
        return gcd(n, m % n);
    }
}
int main()
{
    int m,n;
    cin >> m >> n;
    cout << gcd (m,n) << endl;
    return 0;
}
int lcm(int a, int b)                    //最小公倍数
{
    return a * b/gcd(a,b);               //定理:lcm(a,b)gcd(a,b)=ab
}
```

◆ 实验 8　线性同余方程求解

【实验目的】

(1) 深刻理解线性同余方程的解法。

(2) 提高编程能力。

【实验内容】

编写程序,对线性同余方程进行求解。

【实验思路】

$ax \equiv b \pmod{n}$ 方程有解当且仅当 b 能够被 a 与 n 的最大公约数整除(记作 $\gcd(a,n) \mid b$)。

【参考代码】

```cpp
#include <iostream>
using namespace std;
```

```cpp
int main()
{
    int a,b;
    int m;
    int aa,bb;
    int extended_euclid(int a,int b,int &x,int &y);
    int d;
    cout<<"请输入 a,b,m 的值,ax==b(mod m)\n";
    cin>>a>>b>>m;
    if(a>=m)
    {
        d=extended_euclid(a,m,aa,bb);
        if(b%d==0)
        {
            aa=b/d*aa;
            bb=b/d*bb;
            cout<<"x=("<<aa<<"+"<<m/b<<"i)"<<"(mod "<<m<<")"<<endl;
        }
        else
            cout<<"线性同余方程无解!\n";
    }
    else
    {
        d=extended_euclid(m,a,bb,aa);
        if(b%d==0)
        {
            aa=b/d*aa;
            bb=b/d*bb;
            cout<<"x=("<<aa<<"+"<<m/b<<"i)"<<"(mod "<<m<<")"<<endl;
        }
        else
            cout<<"线性同余方程无解!\n";
    }
    return 0;
}
int extended_euclid(int a,int b,int &x,int &y)        //ax+by=d
{
    int xx,yy;
    int result;
    if(b==0)
    {
        x=1;
        y=0;
        return a;
    }
    else
    {
        result=extended_euclid(b,a%b,xx,yy);
        x=yy;
        y=xx-a/b*yy;
```

```
        return result;
    }
}
```

◇ 实验 9　利用中国剩余定理求解线性同余方程组

【实验目的】

(1) 深刻理解线性同余方程组的解法。

(2) 提高编程能力。

【实验内容】

编写程序,利用中国剩余定理求解线性同余方程组。给定 $2n$ 个整数 $a_1,a_2,\cdots,a_n$ 和 $m_1,m_2,\cdots,m_n$,求一个最小的非负整数 x,满足 $\forall i \in [1,n]$,$x \equiv m_i (\bmod\ a_i)$。

【实验原理】

对于由 k 个线性同余方程($x \equiv a_i (\bmod\ m_i)$,$m_i$ 两两互素)组成的线性同余方程组,通过以下步骤求解:

(1) 求出所有模数 m 的乘积,记为 M。

(2) 对于第 i 个线性同余方程:

① 令 $n_i = M/m_i$。

② 求出 n_i 在 $\bmod\ m_i$ 意义下的逆 n_i^{-1}。

③ 令 $c_i = n_i n_i^{-1}$。

(3) 方程组的唯一解为 $\sum\limits_{i=1}^{k} a_i c_i (\bmod\ m_i)$,具体见参考代码中的代码 1。

对于一般的线性同余方程组,一次将两个方程合并为一个,合并 $k-1$ 次,最终得到一个线性同余方程。其中,利用欧几里得原理有 $\gcd(a,b) = \gcd(b,a\%b)$,具体见参考代码中的代码 2。

【参考代码】

代码 1:

```cpp
#include <iostream>
using namespace std;
int main()
{
    int k;
    int i,j;
    long * a, * m, * c;
    long multi=1;
    long x=0;
    cout<<"请输入同余方程式的个数!\n";
    cin>>k;
    a=new long [k];
    m=new long [k];
    c=new long [k];
```

```
        for(i=0;i<k;i++)
        {
            cout<<"请输入第"<<i+1<<"组同余数 a 和 m 的值!(x=a(mod m))\n";
            cin>>a[i]>>m[i];
            multi*=m[i];
        }
        for(i=0;i<k;i++)
        {
            c[i]=multi/m[i]%m[i];
        }
        for(i=0;i<k;i++)
        {
            for(j=0;j<m[i];j++)
            {
                if(j*c[i]%m[i]==1)
                {
                    c[i]=j;
                    break;
                }
            }
        }
        for(i=0;i<k;i++)
        {
            x+=a[i]*c[i]*(multi/m[i]);
        }
        x=x%multi;
        cout<<"x="<<x<<"(mod "<<multi<<")"<<endl;
        delete [] a;
        delete [] m;
        delete [] c;
        return 0;
    }
```

输入格式:

第 1 行包含整数 n。

第 $2 \sim n+1$ 行每行包含两个整数 a_i 和 m_i,两数之间用空格隔开。

输出格式:

输出最小非负整数 x。如果 x 不存在,则输出 -1。

如果存在 x,则保证数据 x 一定在 64 位整数范围内。

数据范围:

- $1 \leqslant a_i \leqslant 2^{31}-1$。

- $0 \leqslant m_i < a_i$。

- $1 \leqslant n \leqslant 25$。

输入样例:

```
2
8 7
11 9
```

输出样例：

31

代码 2：

```cpp
#include <iostream>
#include <cstdio>
#include <cstring>
#include <algorithm>
#include <cmath>
using namespace std;
typedef long long LL;
int n;
LL exgcd(LL a, LL b, LL &x, LL &y)
{
    if(!b)
    {
        x=1, y=0;
        return a;
    }
    LL d=exgcd(b, a%b, y, x);
    y-=a/b*x;
    return d;
}
int main(void)
{
    scanf("%d", &n);
    bool flag=true;
    LL a1, m1;
    scanf("%lld%lld", &a1, &m1);
    for(int i=0; i<n-1; i++)
    {
        LL a2, m2;
        scanf("%lld%lld", &a2, &m2);
        LL k1, k2;
        LL d=exgcd(a1, a2, k1, k2);
        if((m2-m1)%d)
        {
            flag=false;
            break;
        }
        k1*=(m2-m1)/d;
        LL t=a2/d;
        k1=(k1%t+t)%t;                   //可得到方程的最小整数解
        m1=k1*a1+m1;
        a1=abs(a1/d*a2);
    }
    if(flag)
        printf("%lld\n", (LL)(m1%a1+a1)%a1);
```

```
        else
            printf("-1\n");
        return 0;
}
```

◇ 实验 10　利用中国剩余定理加快 RSA 加密解密

【实验目的】

(1) 掌握公钥加密和私钥解密的 RSA 算法原理。

(2) 理解中国剩余定理降阶降模运算的数论知识和解法思想。

(3) 提高编程能力。

【实验内容】

编写一个程序实现 RSA 算法，利用公钥对明文加密，利用私钥对密文解密，在此过程中利用中国剩余定理将大数运算降阶降模，减少运算量，加速实现密文解密。

【实验原理】

中国剩余定理表明，对一个较大的模数进行操作与对该模数的素因数操作是等价的。因此，可以利用中国剩余定理将 RSA 解密过程中比较大的私钥指数 d 以及公共模数 n 转换为较小的两个数，然后进行运算，再将运算结果转换回问题域。

(1) 准备。

生成两个大素数 p、q，计算 $n=pq$。

因为 p、q 是素数，所以欧拉函数 $\phi(n)=(p-1)(q-1)$。

随机取与 $\phi(n)$ 互素的数 e，计算其对于 $\phi(n)$ 的逆元，即求 d，使得 d 满足 $de=1 \bmod (\phi(n))$，则 (n,e) 为公钥，(n,d) 为私钥。

① 计算 d_p，使得 $d_p e=1 \bmod (p-1)$。

② 计算 d_q，使得 $d_q e=1 \bmod (q-1)$。

③ 计算 q 对 p 的逆元 q_{Inv}，使得 $q_{Inv} q=1 \bmod p$。

(2) 加密解密过程。

使用公钥加密。若要加密明文 m_1，则需要计算 $c=m_1^e \bmod n$，c 为密文。

使用私钥解密：

① $m_1=c^{d_p} \bmod p$。

② $m_2=c^{d_q} \bmod q$。

③ $h=(q_{Inv}((m_1-m_2)\bmod p))\bmod p$。

④ $m=m_2+hq$。

m 就是明文。

【参考代码】

```
#include <cstdio>
#include <ctime>
#include <cstring>
```

```cpp
#include <cstdlib>
#include <iostream>
#include <gmp.h>
#define KEY_LENGTH 2048                        //公钥的长度
#define BASE 16                                //输入输出的数字进制
using namespace std;
struct key_pair
{
    char * n;
    char * d;
    int e;
}
//生成两个大素数
mpz_t * gen_primes()
{
    gmp_randstate_t grt;
    gmp_randinit_default(grt);
    gmp_randseed_ui(grt, time(NULL));
    mpz_t key_p, key_q;
    mpz_init(key_p);
    mpz_init(key_q);
    mpz_urandomb(key_p, grt, KEY_LENGTH / 2);
    mpz_urandomb(key_q, grt, KEY_LENGTH / 2);  //随机生成两个大整数
    mpz_t * result = new mpz_t[2];
    mpz_init(result[0]);
    mpz_init(result[1]);
    mpz_nextprime(result[0], key_p);           //使用 GMP 中的素数生成函数
    mpz_nextprime(result[1], key_q);
    mpz_clear(key_p);
    mpz_clear(key_q);
    return result;
}
//生成密钥对
key_pair * gen_key_pair()
{
    mpz_t * primes = gen_primes();
    mpz_t key_n, key_e, key_f;
    mpz_init(key_n);
    mpz_init(key_f);
    mpz_init_set_ui(key_e, 65537);             //设置 e 为 65 537
    mpz_mul(key_n, primes[0], primes[1]);      //计算 n=pq
    mpz_sub_ui(primes[0], primes[0], 1);       //p=p-1
    mpz_sub_ui(primes[1], primes[1], 1);       //q=q-1
    mpz_mul(key_f, primes[0], primes[1]);      //计算欧拉函数 φ(n)=(p-1)(q-1)
    mpz_t key_d;
    mpz_init(key_d);
    mpz_invert(key_d, key_e, key_f);           //计算数论倒数
    key_pair * result = new key_pair;
    char * buf_n = new char[KEY_LENGTH + 10];
    char * buf_d = new char[KEY_LENGTH + 10];
```

```
    mpz_get_str(buf_n, BASE, key_n);
    result->n = buf_n;
    mpz_get_str(buf_d, BASE, key_d);
    result->d = buf_d;
    result->e = 65537;
    mpz_clear(primes[0]);                    //释放内存
    mpz_clear(primes[1]);
    mpz_clear(key_n);
    mpz_clear(key_d);
    mpz_clear(key_e);
    mpz_clear(key_f);
    delete []primes;
    return result;
}
//加密函数
char * encrypt(const char * plain_text, const char * key_n, int key_e)
{
    mpz_t M, C, n;
    mpz_init_set_str(M, plain_text, BASE);
    mpz_init_set_str(n, key_n, BASE);
    mpz_init_set_ui(C, 0);
    mpz_powm_ui(C, M, key_e, n);             //使用 GMP 中的模幂计算函数
    char * result = new char[KEY_LENGTH + 10];
    mpz_get_str(result, BASE, C);
    return result;
}
//解密函数
char * decrypt(const char * cipher_text, const char * key_n, const char * key_d)
{
    mpz_t M, C, n, d;
    mpz_init_set_str(C, cipher_text, BASE);
    mpz_init_set_str(n, key_n, BASE);
    mpz_init_set_str(d, key_d, BASE);
    mpz_init(M);
    mpz_powm(M, C, d, n);                     //使用 GMP 中的模幂计算函数
    char * result = new char[KEY_LENGTH + 10];
    mpz_get_str(result, BASE, M);
    return result;
}
int main()
{
    key_pair * p = gen_key_pair();
    cout<<"n = "<<p->n<<endl;
    cout<<"d = "<<p->d<<endl;
    cout<<"e = "<<p->e<<endl;
    char buf[KEY_LENGTH + 10];
    cout<<"请输入要加密的数字,二进制长度不超过"<<KEY_LENGTH<<endl;
    cin>>buf;
    char * cipher_text = encrypt(buf, p->n, p->e);
    cout<<"密文为:"<<cipher_text<<endl;
```

```
char * plain_text = decrypt(cipher_text, p->n, p->d);
cout<<"明文为:"<<plain_text<<endl;

if(strcmp(buf, plain_text) != 0)
    cout<<"无法解密!"<<endl;
else
    cout<<"解密成功!"<<endl;
return 0;
}
```

以上实验过程中需要用到 GMP,其全称为 the GNU Multiple Precision arithmetic library,是一个著名的基于 C 语言的任意精度算术运算开源库,它支持任意精度的整数、有理数以及浮点数的四则运算、求模、求幂、开方等基本运算,还支持部分数论相关运算。Maple、Mathematica 等大型数学软件的高精度算术运算功能都是利用 GMP 实现的。Windows 下 GMP 的配置比较麻烦,需要使用 MinGW。使用 GMP 时,只需要包含头文件 gmp.h,然后在使用 gcc 编译时加上参数-lgmp 即可。

GMP 要求一个 mpz_t 类型变量在被使用前人工进行初始化,并且不允许对已经初始化的变量进行初始化。下面是本书中使用到的部分函数,其他函数的介绍以及用法请参考 GMP 官方文档。

mpz_t x:声明一个多精度整型变量 x。

void mpz_init (mpz_t x):初始化 x。任何一个 mpz_t 类型的变量在使用前都应该初始化。

void mpz_init_set_ui (mpz_t rop, unsigned long int op):初始化 rop,并将其值设置为 op。

int mpz_init_set_str (mpz_t rop, const char * str, int base):初始化 rop 并赋值为 str,其中 str 是一个表示 base 进制整数的字符数组。

void mpz_clear (mpz_t x):释放 x 所占用的内存空间。

void mpz_sub_ui (mpz_t rop, const mpz_t op1, unsigned long int op2):计算 op1 $-$ op2,结果保存在 rop 中。

void mpz_mul (mpz_t rop, const mpz_t op1, const mpz_t op2):计算 op1 * op2,结果保存在 rop 中。

void gmp_randinit_default (gmp_randstate_t state):设置 state 的随机数生成算法,默认为梅森旋转算法。

void gmp_randseed_ui (gmp_randstate_t state, unsigned long int seed):设置 state 的随机化种子为 seed。

void mpz_urandomb (mpz_t rop, gmp_randstate_t state, mp_bitcnt_t n):根据 state 生成一个在 $0 \sim 2^{n-1}$ 内均匀分布的整数,结果保存在 rop 中。

char * mpz_get_str (char * str, int base, const mpz_t op):将 op 以 base 进制的形式保存到字符数组中。该函数要求指针 str 为 NULL(GMP 会自动为其分配合适的空间),或者 str 指向的数组拥有足够存放 op 的空间。

int gmp_printf (const char * fmt,…):其语法与 C 语言中的标准输出函数 printf 类

似。它在 printf 的基础上增加了 mpz_t 等数据类型的格式化输出功能。fmt 为输出格式。例如,fmt＝"％Zd"时,表示输出一个十进制的多精度整型。其后的所有参数均为输出的内容。

int mpz_probab_prime_p (const mpz_t n, int reps):检测 n 是否为素数。该函数首先对 n 进行试除,然后使用米勒-拉宾素性检验对 n 进行测试,reps 表示进行检测的次数。 如果 n 为素数,返回 2;如果 n 可能为素数,返回 1;如果 n 为合数,返回 0。

图 论 理 论

　　图论是应用数学的一个分支,是离散数学中的重要内容,也是一门新兴学科。之所以用图解决问题,是因为图(由点和边构成)是对实际问题的一种抽象,它通过深刻挖掘问题的本质,搭建合适的模型,用点表示事物,用连接两点的线表示两个事物间的某种特定关系,从而能把纷繁复杂的关系或信息表示得有序、直观、清晰,例如,用工艺流程图描述某项工程中各工序的先后关系,用网络图描述通信系统中各通信站之间的信息传递关系,用开关电路图描述集成电路中各元件连接关系,等等。事实上,任何一个包含了某种二元关系的结构或系统都可以用图表现或模拟,集成电路布线、网络线路铺设、网络信息流量统计、社交网络分析、生产管理、交通运输、军事布局等多种结构及系统都可以利用图论的概念、理论、方法、性质,对其进行数学建模、分析和求解,从而达到解决问题的目的。近几十年来,计算机科学技术的飞速发展大大地促进了图论研究和应用。图论的理论和方法已大量应用到物理学、化学、运筹学、计算机科学、电子学、信息论、控制论、网络管理、建筑学、经济学、社会学等几乎所有的学科领域。图论研究的内容非常广泛,包括图的基本概念和性质、图的理论及其应用等,如图的连通性、一笔画问题、图的单源最短路径和多源最短路径、最小生成树、图的着色、图的匹配等。

◈ 7.1　图的基本概念

　　图是由若干给定的点及连接两点的线构成的图形,这种图形通常用来描述某些事物之间的某种特定关系。由于人们感兴趣的是两个对象之间是否有某种特定关系,所以图中点之间是否有连线最重要,而点的位置以及连线的曲直无关紧要,这是图论中的图与几何图形的本质区别。一个图可以用数学语言描述为 $G(V(G)$,$E(G))$,V 是图的顶点集,E 是图的边集。根据边是否有方向,可将图分为有向图和无向图。另外,有些图的边上还可能有权值,这样的图称为带权图。

　　定义 7.1（无序积）　设 A、B 是任意集合,集合 $\{(a,b)|a\in A$ 且 $b\in B\}$ 称为 A 和 B 的无序积,记为 $A\&B$。在无序积中,两个元素间的顺序是无关紧要的,即 $(a,b)=(b,a)$。

　　定义 7.2（无向图）　无向图 G 是一个二元组 $<V,E>$,记作 $G=<V,E>$。其中,V 是一个非空有限集合,其元素称为顶点;E 是一个 $V\times V$ 的多重子集,其元素称为边(无向边)。

可以用平面上的点表示顶点,用两点间的连线表示边,从而将一个无向图用图形表示出来。

例 7.1 无向图 $G=<V,E>$,其中 $V=\{v_1,v_2,v_3,v_4,v_5,v_6\}$,$E=\{(v_1,v_1),(v_1,v_2),(v_1,v_5),(v_2,v_5),(v_2,v_3),(v_2,v_3),(v_4,v_5)\}$,如图 7.1 所示。

定义 7.3(有向图) 有向图 G 是一个二元组 $<V,E>$,记作 $G=<V,E>$。其中,V 是一个非空有限集合,其元素称为顶点;E 是一个 $V \times V$ 的多重子集,其元素称为有向边或弧。

说明:

(1) 在有向图 $G=<V,E>$ 中,若 $e=\langle u,v\rangle$,则称 u 和 v 分别为边 e 的起点和终点。

(2) 将有向图中的各有向边均改成无向边后得到的无向图称为原来的有向图的基图。

例 7.2 有向图 $G=<V,E>$,其中 $V=\{v_1,v_2,v_3,v_4\}$,$E=\{<v_1,v_2>,<v_1,v_3>,<v_2,v_3>,<v_3,v_1>,<v_4,v_1>,<v_4,v_3>,<v_4,v_3>\}$,如图 7.2 所示。

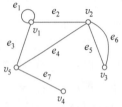 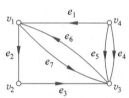

图 7.1　无向图　　　　　　　　图 7.2　有向图

定义 7.4(带权图) 对于无向图或有向图,给每一条边都赋予权(正实数)的图称为带权图(或赋权图),记为 $G=<V,E,W>$,称 $W(e)=W_{ij}$ 为边 e 的权(表示长度、流量或其他)。在带权图中,通路中所有边的权重之和称为通路的权重。

定义 7.5(图的基本概念) 在无向图或有向图中,

(1) 若 $|V(G)|$ 与 $|E(G)|$ 均为有限数,则称 G 为有限图。

(2) 若 $|V(G)|=n$,则称 G 为 n 阶图。

(3) 若边集 $E(G)=\varnothing$,则称 G 为零图;又若 G 为 n 阶图,则称 G 为 n 阶零图。规定顶点集为空集的图为空图,记为 $\varnothing$。

(4) 对于无向图,若边 $e=(u,v)$,则称边 e 关联于 u 和 v,u 和 v 是边 e 的端点。

- 若 $u \neq v$,则称边 e 与 u 或边 e 与 v 的关联次数为 1。
- 若 $u=v$,则称边 e 为环,即关联于同一个顶点的边称为环(自回路),且该边(环)与顶点的关联次数是 2。

(5) 若存在边 $e=(u,v)$,则称顶点 u 和 v 是相邻的。若 e_k 与 e_l 至少有一个公共端点,则称边 e_k 与 e_l 是相邻的。

(6) 对于有向图,若边 $e=<u,v>$,则称 u 邻接到 v,u 和 v 是边 e 的端点,且 u 是边 e 的起点,v 是边 e 的终点。

(7) 在无向图中,若关联于同一对顶点的边多于一条时,称这些边为平行边,平行边的条数称为边的重数。在有向图中,若关联一对顶点的有向边多于 1 条,并且这些边的起点和终点相同(也就是它们的方向相同),则称这些边为平行边。

(8) 不与任何顶点邻接的顶点称为孤立点。含有平行边的图称为多重图。既不含有平行边也不含有环的图称为简单图。

定义 7.6（顶点的度）

（1）在无向图 $G=\langle V,E\rangle$ 中，$v\in V$，与 v 关联的边数称为 v 的度，记为 $\deg(v)$，且最大度和最小度分别为

$$\Delta(G)=\max\{d(v)\,|\,v\in V(G)\}$$
$$\delta(G)=\min\{d(v)\,|\,v\in V(G)\}$$

（2）在有向图 $G=\langle V,E\rangle$ 中，度分为入度和出度。$v\in V$，以 v 为起点的边数称为 v 的出度，记为 $\deg^+(v)$。以 v 为终点的边数称为 v 的入度，记为 $\deg^-(v)$。$\deg(v)=\deg^+(v)+\deg^-(v)$ 为 v 的度。

最大入度和最小入度分别为

$$\Delta^-(G)=\max\{d^-(v)\,|\,v\in V(G)\}$$
$$\delta^-(G)=\min\{d^-(v)\,|\,v\in V(G)\}$$

最大出度和最小出度分别为

$$\Delta^+(G)=\max\{d^+(v)\,|\,v\in V(G)\}$$
$$\delta^+(G)=\min\{d^+(v)\,|\,v\in V(G)\}$$

称度为 1 的顶点为悬挂顶点，与它关联的边称为悬挂边。度为偶数（奇数）的顶点称为偶度（奇度）顶点。

说明：若顶点有环（自回路），则顶点的度因此增加 2；若有向图的顶点 v 有环（自回路），则它的入度和出度分别因此增加 1；孤立顶点的度为 0。

例 7.3　求图 7.3 所示的有向图中 v_1 顶点的出度、入度和度。

在这个图中，v_2、v_3、v_4 顶点可以到达 v_1 顶点，且 v_2 顶点两次到达 v_1 顶点，v_1 顶点的环使 v_1 顶点提供入度加 1，出度加 1，所以 v_1 顶点的入度为 5，出度为 1。

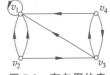

图 7.3　有向图的度

定理 7.1（握手定理）　在图 $G=\langle V,E\rangle$ 中，$|E|=m$，则 $\displaystyle\sum_{v\in V}\deg(v)=2\,|\,E\,|$。即，在任何无向图中，各顶点度之和等于边数的两倍。

证明：G 中每条边（包括环）均有两个端点，所以在计算 G 各顶点度之和时，每条边均使度增加 2，当然，m 条边的图，其度为 $2m$。

定理 7.2（握手定理推论）　任何图均含有偶数个度为奇数的顶点。

证明：设 $G=\langle V,E\rangle$ 为任意的图，令

$$V_1=\{v\,|\,v\in V\wedge d(v)\text{为奇数}\},\quad V_2=\{v\,|\,v\in V\wedge d(v)\text{为偶数}\}$$

则 $V_1\bigcup V_2=V$，$V_1\bigcap V_2=\varnothing$，由握手定理可知

$$2m=\sum_{v\in V}d(v)=\sum_{v\in V_1}d(v)+\sum_{v\in V_2}d(v)$$

由于 $2m$ 和一个加数 $\displaystyle\sum_{v\in V_2}d(v)$ 均为偶数，所以另一个加数 $\displaystyle\sum_{v\in V_1}d(v)$ 必然为偶数。

但因 V_1 中每个顶点度数为奇数，所以 $|V_1|$ 必为偶数。

定理 7.3　在有向图 $G=\langle V,E\rangle$ 中，$V=\{v_1,v_2,\cdots,v_n\}$，$|E|=m$，则有

$$\sum_{v=1}^{n}\deg(v_i)=2m\text{ 且 }\sum_{v\in V}\deg^+(v)=\sum_{v\in V}\deg^-(v)=|\,E\,|=m$$

即有向图中各顶点度之和等于边数的两倍。此外，有向图所有顶点的入度之和等于所有顶

点的出度之和,也等于边的总条数。

定义 7.7（度序列、入度序列和出度序列） 设 $G=<V,E>$ 为一个 n 阶无向图,$V=\{v_1,v_2,\cdots,v_n\}$,称 $d(v_1),d(v_2),\cdots,d(v_n)$ 为 G 的度序列。类似地,设 $D=<V,E>$ 为一个 n 阶有向图,$V=\{v_1,v_2,\cdots,v_n\}$,称 $d(v_1),d(v_2),\cdots,d(v_n)$ 为 D 的度序列。另外,称 $d^-(v_1),d^-(v_2),\cdots,d^-(v_n)$ 与 $d^+(v_1),d^+(v_2),\cdots,d^+(v_n)$ 分别为 D 的入度序列和出度序列。

例 7.4 按顶点的标定顺序,图 7.4 所示的图的度序列为 $4,3,1,2,4$。

定义 7.8（可图化） 对于顶点标定的无向图,它的度序列是唯一的。反之,对于给定的非负整数列 $d=\{d_1,d_2,\cdots,d_n\}$,若存在 $V=\{v_1,v_2,\cdots,v_n\}$ 为顶点集的 n 阶无向图 G,使得 $d(v_i)=d_i$,则称 d 是可图化的。特别地,若所得图是简单图,则称 d 是可简单图化。

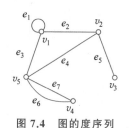

图 7.4 图的度序列

定理 7.4 设非负整数列 $d=(d_1,d_2,\cdots,d_n)$,则 d 是可图化的当且仅当

$$\sum_{i=1}^{n} d_i \equiv 0 (\mathrm{mod}\ 2)$$

定理 7.4 说明,度序列可图化的充要条件是度序列中所有数之和是偶数。

定理 7.5 设 G 为任意 n 阶无向简单图,则 $\Delta(G) \leqslant n-1$。

证明：因为 G 既无平行边也无环,所以 G 中任意顶点 v 至多与其余的 $n-1$ 个顶点均相邻,于是 $d(v) \leqslant n-1$。由于 v 的任意性,所以最大度 $\Delta(G) \leqslant n-1$。

定理 7.6（可简单图化的判定定理,也称 Havel 定理） 设非负整数序列 $d=(d_1,d_2,\cdots,d_n)$ 满足

$$d_1+d_2+\cdots+d_n \equiv 0(\mathrm{mod}\ 2), d_1 \geqslant d_2 \geqslant \cdots \geqslant d_n$$

则 d 可简单图化当且仅当 $d'=\{d_2-1,d_3-1,\cdots,d_{d_1+1}-1,d_{d_1+2},d_{d_1+3},\cdots,d_n\}$ 可简单图化。

简单地说,把 d 序列排列成不增序列后,找出度最大的顶点(设度为 d_1),把它与度次大的 d_1 个顶点分别用边连接,然后这个顶点就可以不管了。一直继续这个过程,直到生成完整的图,或出现负度等明显不合理的情况时为止。

证明：将度序列 $d=(d_1,d_2,\cdots,d_n)$ 按从大到小的顺序排列,形成一个不增序列,即 $n-1 \geqslant d_1 \geqslant d_2 \geqslant \cdots \geqslant d_n \geqslant 0$,首先将度最大的顶点删除,即先删除顶点 d_1,再将其后的 d_1 个顶点($d_2,d_3,\cdots,d_{d1+1}$)的度全部减 1,表示将度最大的顶点与该顶点连接的边全部删除。若经过这一操作形成的新度序列可以生成一个简单图,那么原来的度序列也可以生成一个简单图。而要判断新度序列是否可以生成一个简单图,按以上思路递归执行即可,只是顶点数每次减 1。当顶点数很少时,很容易判断该图是否为简单图。

例 7.5 判断下列各非负整数序列哪些是可图化的,哪些是可简单图化的,为什么?

(1) $5,5,4,4,2,1$。

(2) $5,4,3,2,2$。

(3) $3,3,3,1$。

解：

(1) 不可图化。度序列之和不是偶数。

(2) 可图化,不可简单图化。若它可简单图化,设所得图为 G,则 $\Delta(G)=\max\{5,4,3,$

$2,2\}=5$，这与定理 7.5 矛盾。

(3) 可图化，不可简单图化。假设该序列可以简单图化，设简单图 $G=<V,E>$ 以该序列为度序列。不妨设 $V=\{v_1,v_2,v_3,v_4\}$ 且 $d(v_1)=d(v_2)=d(v_3)=3$，$d(v_4)=1$，由于 $d(v_4)=1$，因而 v_4 只能与 v_1、v_2、v_3 之一相邻，于是 v_1、v_2、v_3 不可能都是 3 度顶点，因而 (3) 中序列也不可简单图化。

定义 7.9（子图） 设图 $G=<V,E>$，$G'=<V',E'>$。

(1) 若 $V'\in V$，$E'\in E$，则称 G' 是 G 的子图，记为 $G'\subseteq G$。

(2) 若 $G'\subseteq G$ 且 $V'\subset V$ 或 $E'\subset E$，则称 G' 是 G 的真子图，记为 $G'\subsetneqq G$。

(3) 若 $G'\subseteq G$ 且 $V'=V$，则称 G' 是 G 的生成子图。

(4) $V'\in V$，以 V' 为顶点集，以所有端点均在 V' 中的 G 的边为边集的图称为由 V' 诱导出的 G 的子图。

(5) $E'\in E$，以 E' 为边集，以 E' 中的边的端点为顶点集的图称为由 E' 诱导出的 G 的子图。

定义 7.10（补图） 设 $G=<V,E>$ 为 n 阶无向简单图。以 V 为顶点集，以所有使 G 成为完全图 K_n 的添加边集合为边集的图称为 G 的补图，记为 $\bar{G}$。

定义 7.11（自补图） 若图 $G\cong\bar{G}$，则称 G 是自补图。其中 $\cong$ 表示图的同构，同构见定义 7.17。

定义 7.12（无向完全图） 在无向简单图 $G=\langle V,E\rangle$ 中，$|V|=n$。若每对顶点都邻接（即每对顶点之间都有边），G 中每个顶点均与其余的 $n-1$ 个顶点相邻，则称 G 为 n 阶无向完全图，记为 $K_n(n\geqslant 1)$。

定义 7.13（有向完全图） 设 D 为 n 阶有向简单图。若 D 中每个顶点都邻接到其余的 $n-1$ 个顶点，又邻接于其余的 $n-1$ 个顶点，则称 D 是 n 阶有向完全图。

定义 7.14（竞赛图） 设 D 为 n 阶有向简单图。若 D 的基图为 n 阶无向完全图 K_n，则称 D 是 n 阶竞赛图。

例 7.6 5 阶无向完全图 K_5、3 阶有向完全图、4 阶竞赛图如图 7.5 所示。

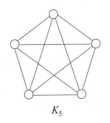

K_5 3 阶有向完全图   4 阶竞赛图

图 7.5 几个特殊的图

说明：根据以上定义，n 阶无向完全图的边数为 $n(n-1)/2$，n 阶有向完全图的边数为 $n(n-1)$，n 阶竞赛图的边数为 $n(n-1)/2$。

定义 7.15（二部图） 设 $G=<V,E>$ 为一个无向图，若能将 V 分成 V_1 和 V_2（$V_1\bigcup V_2=V$，$V_1\bigcap V_2=\varnothing$），使得 G 中每条边的两个顶点分别属于 V_1 和 V_2，则称 G 为二部图（或二分图、偶图），称 V_1 和 V_2 为互补顶点子集。常将二部图 G 记为 $<V_1,V_2,E>$。

若 G 是简单二部图，V_1 中每个顶点均与 V_2 中所有顶点相邻，则称 G 为完全二部图，记为 $K_{r,s}$，其中 $|V_1|=r$，$|V_2|=s$。

例 7.7 图 7.6 中的图都是二部图。

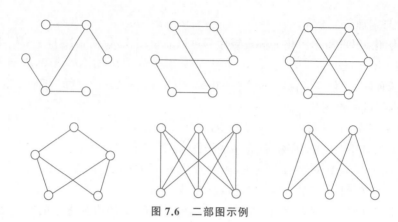

图 7.6　二部图示例

定义 7.16（轮图）　在 $n-1(n\geqslant4)$ 边形 C_{n-1} 内放置一个顶点,使这个顶点与 C_{n-1} 上的所有顶点均相邻,所得 n 阶简单图称为 n 阶轮图,记为 W_n。

n 为奇数的轮图称为奇阶轮图,n 为偶数的轮图称为偶阶轮图。

例 7.8　图 7.7 所示的图是 6 阶轮图。

定义 7.17（图的同构）　设图 $G_1=<V_1,E_1>$,$G_2=<V_2,E_2>$。若存在双射 $f: V_1 \longrightarrow V_2$,满足 $\forall u,v\in V_1$,$[u,v]\in E_1$,$[f(u)$,$f(v)]\in E_2$ 且 $[u,v]$ 的重数和 $[f(u),f(v)]$ 的重数相等($[u,v]$ 在这里实际上还包括 (u,v)),则称 G_1 和 G_2 同构,记为 $G_1\cong G_2$。

图 7.7　6 阶轮图示例

由于一个图是由其顶点集和边集所决定的,而同构的两个图中顶点集之间存在一一对应关系,且这种对应关系保持顶点间的邻接关系及边的重数,故抽象地看,两个同构的图本质上是一样的。两个图同构的必要条件是:顶点数相等;边数相等;所有顶点度之和相等;度相同的顶点数相等。

7.2　通路、回路、图的连通性

定义 7.18（通路）　给定图 $G=\langle V,E\rangle$,设 $v_0,v_1,\cdots,v_n\in V$,$e_1,e_2,\cdots,e_n\in E$,顶点和边交替出现的序列 $v_0e_1v_1e_2\cdots e_nv_n$ 称为从顶点 v_0 到 v_n 的通路,v_0 和 v_n 分别称为该通路的起点和终点,通路上的边数称为该通路的长度。

当 v_0 和 v_n 相等时,称该通路为回路或圈。长度为奇数的圈称为奇圈,长度为偶数的圈称为偶圈。

若通路(回路)的所有边都各不相同,则称该通路(回路)为简单通路(回路)。

若通路(回路)的所有顶点都各不相同(自然,所有边也各不相同),则称该通路(回路)为初级通路(回路)。

每一条初级通路(回路)一定是简单通路(回路),反之则不然。

定理 7.7　给定图 $G=<V,E>$,$|V|=n$,$u,v\in V$。若存在一条从 u 到 v 的通路,则必有一条从 u 到 v 的长度不超过 $n-1$ 的通路。

定理 7.8　给定图 $G=<V,E>$,$|V|=n$,$u\in V$。若存在经过 u 的一条回路,则必有一条经过 u 的长度不超过 n 的回路。

说明：在一个具有 n 个顶点的图中,任何初级通路的长度均不大于 $n-1$,任何初级回路的长度均不大于 n。

定义 7.19（顶点可达）　给定图 $G=\langle V,E\rangle$, $u,v\in V$。若存在从 u 到 v 的通路,则称从 u 到 v 是可达的或称 u 可达 v。规定任一个顶点总是可达自身。

定义 7.20（连通图）　给定无向图 $G=\langle V,E\rangle$,若 G 的任意两个顶点是相互可达的,则称 G 是连通图;否则称 G 是非连通图。

连通关系～是一个等价关系。在无向图 $G=\langle V,E\rangle$中,V 关于顶点之间的连通关系～可以构成商集 $V/\sim=\{V_1,V_2,\cdots,V_k\}$, V_i 为等价类,称导出子图 $G[V_i](i=1,2,\cdots,k)$为 G 的连通分支,连通分支数 k 常记为 $p(G)$。每个顶点在且仅在一个连通分支中。

说明：

(1) 完全图 $K_n(n\geqslant1)$都是连通图;零图 $N_n(n\geqslant2)$都是分离图;在所有 n 阶无向图中 n 阶零图是连通分支最多的,$p(N_n)=n$。

(2) 若 G 为连通图,则其连通分支 $p(G)=1$;若 G 为非连通图,则 $p(G)\geqslant2$。

定义 7.21（强连通图、单向连通图、弱连通图）　给定有向图 $G=\langle V,E\rangle$。

(1) 若图 G 的任意两个顶点 $u,v\in V$ 相互可达,则称 G 是强连通图。

(2) 若对任意两个顶点,至少有一个顶点可达另一个顶点,即对任意两个顶点 u 和 v,如果顶点 u 可以到达顶点 v（条件 1）,或者顶点 v 可以到达顶点 u（条件 2）,只要满足一个条件,则称 G 是单向连通图。

(3) 如果将有向图 G 转换成无向图,这个无向图是连通的,即其基图是连通的,则称原 G 是弱连通图。

说明：强连通图一定是单向连通图,单向连通图一定是弱连通图;反之不一定成立。

例 7.9　图 7.8 给出了强连通图、单向连通图、弱连通图示例。其中的弱连通图不是单向连通图。

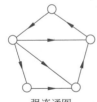 

　　　强连通图　　　　　　　　　单向连通图　　　　　　　　弱连通图

图 7.8　有向图的连通性

定义 7.22（短程线）　给定图 $G=\langle V,E\rangle$, $u,v\in V$,若 u 可达 v,则称从 u 到 v 长度最短的通路为 u 与 v 之间的短程线,其短程线的长度称为 u 到 v 的距离,记为 $d(u,v)$。

定理 7.9　设 A 为 n 阶有向图 D 的邻接矩阵,则 $A^l(l\geqslant1)$中的元素 $a_{ij}^{(l)}$ 等于 D 中 v_i 到 v_j 长度为 l 的通路（含回路）数,$a_{ii}^{(l)}$ 等于 v_i 到自身长度为 l 的回路数,$\sum_{i=1}^{n}\sum_{j=1}^{n}a_{ij}^{(l)}$ 等于 D 中长度为 l 的通路（含回路）总数,$\sum_{i=1}^{n}a_{ii}^{(l)}$ 等于 D 中长度为 l 的回路总数。

定理 7.10　设 $B^l=A+A^2+\cdots+A^l(l\geqslant1)$,则 B^l 中的元素 $b_{ij}^{(l)}$ 等于 n 阶有向图 D 中 v_i 到 v_j 长度小于或等于 l 的通路（含回路）数,$b_{ii}^{(l)}$ 等于 D 中 v_i 到 v_i 长度小于或等于 l 的回

路数，$\sum_{i=1}^{n}\sum_{j=1}^{n}b_{ij}^{(l)}$ 等于 D 中长度小于或等于 l 的通路（含回路）数，$\sum_{i=1}^{n}b_{ii}^{(l)}$ 等于 D 中长度小于或等于 l 的回路数。

◆ 7.3 点割集、割点、边割集、桥

定义 7.23（点割集和割点） 设无向图 $G=\langle V,E\rangle$，若存在顶点子集 $V'\subset V$，使 G 删除 V' 后，所得子图 $G-V'$ 的连通分支数 $P(G-V')>P(G)$，而删除 V' 的任何真子集 V'' 后，$P(G-V'')=P(G)$，则 V' 为 G 的点割集。如果 V' 只有一个顶点 v，则称 v 为割点。

定义 7.24（边割集和桥） 设无向图 $G=\langle V,E\rangle$，若存在边子集 $E'\subset V$，使 G 删除 E' 后，所得子图 $G-E'$ 的连通分支数 $P(G-E')>P(G)$，而删除 E' 的任何真子集 E'' 后，$P(G-E'')=P(G)$，则 E' 为 G 的边割集。如果 E' 只有一条边 e，则称 e 为桥（或割边）。

例 7.10 在图 7.9 中，$\{v_2,v_4\}$、$\{v_3\}$、$\{v_5\}$ 都是点割集，v_3、v_5 都是割点，v_1 与 v_6 不在任何点割集中。$\{e_6\}$、$\{e_5\}$、$\{e_2,e_3\}$、$\{e_1,e_2\}$、$\{e_3,e_4\}$、$\{e_1,e_4\}$、$\{e_1,e_3\}$、$\{e_2,e_4\}$ 都是边割集，e_6、e_5 是桥。

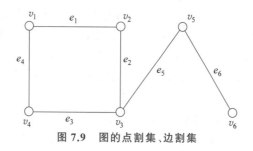

图 7.9 图的点割集、边割集

◆ 7.4 图的矩阵表示

7.4.1 关联矩阵

定义 7.25（无向图的关联矩阵） 设无向图 $G=<V,E>$，$V=\{v_1,v_2,\cdots,v_n\}$，$E=\{e_1,e_2,\cdots,e_m\}$，则 $n\times m$ 矩阵 $\boldsymbol{A}=(a_{ij})$ 称为 G 的关联矩阵，记为 $\boldsymbol{M}(G)=(m_{ij})$，其中 m_{ij} 为顶点 v_i 与边 e_j 关联的次数，其取值范围为 $(0,1,2)$。

例 7.11 从图 7.10 的关联矩阵 $\boldsymbol{M}(G)$ 中可以看出：

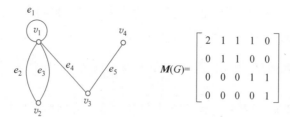

图 7.10 无向图及其关联矩阵

（1）$\boldsymbol{M}(G)$ 的每列元素之和等于 2。

（2）$M(G)$ 的第 i 行元素之和等于 $d(v_i)$。

（3）$M(G)$ 的所有元素之和等于 $2m$。

（4）若 $M(G)$ 的第 i 行元素之和等于 0，则 v_i 是孤立点。

定义 7.26（有向图的关联矩阵）　设无环有向图 $G=<V,E>$，$V=\{v_1,v_2,\cdots,v_n\}$，$E=\{e_1,e_2,\cdots,e_m\}$，则 $n\times m$ 矩阵 $\boldsymbol{A}=(a_{ij})$ 称为 G 的关联矩阵，记为 $\boldsymbol{M}(G)=(m_{ij})$。其中，$m_{ij}=1$，$v_i$ 为边 e_j 的起点；$m_{ij}=0$，v_i 与边 e_j 不关联；$m_{ij}=-1$，v_i 为边 e_j 的终点。有向图及其关联矩阵如图 7.11 所示：

例 7.12　从图 7.11 的关联矩阵 $\boldsymbol{M}(G)$ 中可以看出：

（1）$M(G)$ 的每列元素之和等于 0，所有元素之和等于 0。

（2）$M(G)$ 所有 1 元素之和等于所有 -1 元素之和，也等于边数 m。

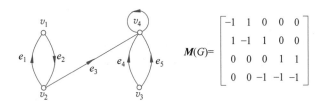

图 7.11　有向图及其关联矩阵

7.4.2　邻接矩阵

邻接矩阵是表示顶点之间相邻关系的矩阵。邻接矩阵又分为有向图邻接矩阵和无向图邻接矩阵。

定义 7.27（无向图邻接矩阵）　设无向图 $G=<V,E>$，$V=\{v_1,v_2,\cdots,v_n\}$，则 n 阶方阵 $\boldsymbol{A}=(a_{ij})$ 称为 G 的邻接矩阵，其中 a_{ij} 为 v_i 与 v_j 之间的边数。

定义 7.28（有向图邻接矩阵）　设 $D=<V,E>$ 是一个有向图，$V=\{v_1,v_2,\cdots,v_n\}$，$E=\{e_1,e_2,\cdots,e_m\}$，其中一维数组 $V=\{v_1,v_2,\cdots,v_n\}$ 用来存放图中所有顶点数据，$E=\{e_1,e_2,\cdots,e_m\}$ 是边的集合。令 $a_{ij}(1)$ 为顶点 v_i 到顶点 v_j 的边的条数，称存放顶点间关系（边或弧）数据的二维数组 $(a_{ij}(1))_{n\times n}$ 为 D 的邻接矩阵，记为 $\boldsymbol{A}(D)$，或简记为 $\boldsymbol{A}$。

在不考虑顶点编序的情形下，图的邻接矩阵是唯一的。一个邻接矩阵可以完全确定一个有向图。在一个简单有向图 G 中，$\deg^+(v_i)=a_{ij}=$ 第 i 行元素的和，$\deg^-(v_i)=a_{ki}=$ 第 i 列元素的和。

将一个 n 个顶点的图转换成一个 $n\times n$ 的矩阵 $\boldsymbol{G}$，$\boldsymbol{G}[i][j]$ 表示第 i 个顶点到第 j 个顶点的权重。

例 7.13　图 7.11 的邻接矩阵如下：

$$\boldsymbol{A}=\begin{bmatrix}0&1&0&0\\1&0&0&1\\0&0&0&2\\0&0&0&0\end{bmatrix}$$

定理 7.11　设 $\boldsymbol{A}$ 为有向图 $G=<V,E>$ 的邻接矩阵，$V=\{v_1,v_2,\cdots,v_n\}$，则 $\boldsymbol{A}^k=(a_{ij})$ 的第 i 行第 j 列元素等于从 v_i 到 v_j 长为 k 的通路数，第 i 行第 i 列元素 a_{ii} 等于经过 v_i 长

为 k 的回路数。

例 7.14 求图 7.12 所示的图中长为 3 的通路数、回路数及顶点 v_1 到其他顶点长为 3 的通路数。

解：该图的邻接矩阵 A 及其各次幂分别如下：

$$A = \begin{bmatrix} 1 & 1 & 0 & 0 \\ 0 & 0 & 1 & 0 \\ 1 & 0 & 0 & 0 \\ 1 & 0 & 2 & 0 \end{bmatrix} \quad A^2 = \begin{bmatrix} 1 & 1 & 1 & 0 \\ 1 & 0 & 0 & 0 \\ 1 & 1 & 0 & 0 \\ 3 & 1 & 0 & 0 \end{bmatrix} \quad A^3 = \begin{bmatrix} 2 & 1 & 1 & 0 \\ 1 & 1 & 0 & 0 \\ 1 & 1 & 0 & 0 \\ 3 & 3 & 1 & 0 \end{bmatrix} \quad A^4 = \begin{bmatrix} 3 & 2 & 1 & 0 \\ 1 & 1 & 0 & 0 \\ 2 & 1 & 1 & 0 \\ 4 & 3 & 1 & 0 \end{bmatrix}$$

图中长为 3 的通路共有 15 条，其中回路 3 条。v_1 到 v_2 长为 3 的通路有 1 条，v_1 到 v_3 长为 3 的通路有 1 条，v_1 到自身长为 3 的回路有 2 条。

7.4.3 可达矩阵

定义 7.29（无向图的可达矩阵） 可达矩阵是一个 $n \times n$ 的矩阵 reachG，其邻接矩阵为 A。如果顶点 i 可以到达顶点 j，那么 reachG$[i][j] = 1$；反之，则 reachG$[i][j] = 0$。可以采取如下计算方法得到可达矩阵：

$$\text{tmpG} = A + A^2 + \cdots + A^n$$

$$\text{reachG}[i][j] = \begin{cases} 1, & \text{tmpG}[i][j] \neq 0 \\ 0, & \text{tmpG}[i][j] = 0 \end{cases}$$

定义 7.30（有向图的可达矩阵） 设有向图 $G = <V, E>$，$V = \{v_1, v_2, \cdots, v_n\}$，则 n 阶方阵 $P = (p_{ij})$ 称为 G 的可达矩阵，其中

$$p_{ij} = \begin{cases} 1, & \text{从 } v_i \text{ 可达 } v_j, i, j = 1, 2, \cdots, n \\ 0, & \text{否则} \end{cases}$$

可达矩阵的元素值表明图中相应的两个顶点间是否存在通路，以及经过某个顶点是否存在回路。

若记 $B = A + A^1 + \cdots + A^{n-1} = (b_{ij})_{n \times n}$，则对 $i, j = 1, 2, \cdots, n$ 且 $i \neq j$，若 $b_{ij} \neq 0$，则 $p_{ij} = 1$；否则 $p_{ij} = 0$。$p_{ii} = 1, i = 1, 2, \cdots, n$。

例 7.15 求图 7.13 所示的图的可达矩阵 P。

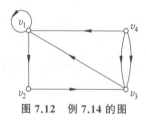

图 7.12 例 7.14 的图   图 7.13 例 7.15 的图

解：该图的可达矩阵如下：

$$P = \begin{bmatrix} 1 & 1 & 1 & 1 \\ 0 & 1 & 1 & 1 \\ 0 & 0 & 1 & 1 \\ 0 & 0 & 1 & 1 \end{bmatrix}$$

◇ 7.5 最短路径和关键路径

最短路径问题是图论研究中的一个经典算法问题,它广泛应用于计算机科学、交通工程、通信工程、系统工程、运筹学、信息论、控制理论等众多领域。最短路径问题旨在寻找图(由顶点和路径组成的)中两顶点之间的最短路径。算法的具体形式如下:

(1) 确定起点的最短路径问题。已知起始顶点,求该顶点到其余各顶点的最短路径问题,也叫单源点的最短路径问题。

(2) 全局最短路径问题。求图中所有顶点的最短路径,也叫多源点的最短路径问题。

7.5.1 迪杰斯特拉算法

定义 7.31(单源点的最短路径问题) 给定带权有向(或无向)图 $G = \langle V, E, W \rangle$ 和源点 $v_0 \in V$,求从图中某个顶点 v_0 出发到达图 G 中其余各顶点所经过的边的权重和最小的一条路径。

在单源最短路径问题中,迪杰斯特拉(Dijkstra)算法是一个经典的按路径长度递增的次序产生最短路径的算法。该算法使用了广度优先搜索策略计算带权有向图或者无向图中一个顶点到其他所有顶点的最短路径。其主要特点是以起始点为中心向外层扩展,直到扩展到终点为止。迪杰斯特拉算法是很有代表性的单源最短路径算法,该算法在很多专业课程(如数据结构、图论、运筹学等)中都作为基本内容介绍。注意,该算法要求图中不存在负权边。

迪杰斯特拉算法的基本思想是:对于 n 阶图 $G = \langle V, E \rangle$,把图中顶点集合 V 分成两组,$V = S \cup T$,第一组为已求出最短路径的顶点集合(用 S 表示,初始时 S 中只有一个源点,以后每求得一条最短路径 ,就将该顶点加入集合 S 中),第二组为其余未确定最短路径的顶点集合(用 T 表示,$T = V - S$),按最短路径长度的递增次序依次把第二组中的顶点加入到 S 中。从集合 T 中选取到顶点 v_0 路径长度最短的顶点 t 加入到集合 S 中,集合 S 每加入一个新的顶点 t,都要修改 v_0 到集合 T 中剩余顶点的最短路径长度值,集合 T 中各顶点新的最短路径长度值为原来的最短路径长度值与顶点 t 的最短路径长度值加上 t 到该顶点的路径长度值中的较小值。此过程不断重复,直到集合 T 的顶点全部加入到 S 中为止。在加入顶点的过程中,总保持从源点 v_0 到 S 中各顶点的最短路径长度不大于从源点 v_0 到 T 中任何顶点的最短路径长度。此外,每个顶点对应一个距离,S 中顶点的距离就是从 v_0 到此顶点的最短路径长度,T 中顶点的距离是从 v_0 到此顶点只包括以 S 中的顶点为中间顶点的当前最短路径长度。

迪杰斯特拉算法的实现步骤如下:

(1) 设置两个顶点集合 S 和 $T = V - S$,集合 S 中存放已找到最短路径的顶点,集合 $T = V - S$ 存放当前还未找到最短路径的顶点。初始时,S 只包含源点(v_0),即集合 $S = \{v_0\}$,集合 $T = V - S$ 是除 v_0 之外的所有顶点。声明一个一维数组 dis 保存源点到各个顶点的最短距离,例如,dis$[i]$ 记录从源点 v_0 到第 i 个顶点 v_i 的最短路径长度,采用一维数组 $p[i]$ 记录最短路径上 i 顶点的前驱。对于集合 $T = V - S$ 中的第 i 个顶点,初始化 dis$[i] =$ map$[v_0][i]$,即如果从源点 v_0 到顶点 i 有边相连,就令 map$[v_0][i] = \langle v_0, i \rangle$ 的权值,$p[i] = v_0$(i 的前驱是 v_0),否则 map$[v_0][i] = \infty$,$p[i] = -1$,即把 v_0 不能直接到达的所有其他顶点的路径长度设为无穷大。源点 v_0 的路径权重被赋为 0(dis$[0] = 0$)。

（2）基于路径最短的顶点选取，依照贪心策略从集合 $T=V-S$ 中选取一个距离 v_0 最小的顶点 t，即寻找使得 dis 数组具有最小值的顶点 t：

$$\text{dis}[t]=\text{Min}\{\text{dis}[i]\mid v_i\in T\}$$

则顶点 t 就是集合 $T=V-S$ 中距离源点 v_0 最近的顶点，对应路径就是源点 v_0 到该值对应顶点的最短路径。

（3）更新集合 T 和集合 S，选取到顶点 v_0 路径长度最短的顶点 t 加入到集合 S 中，同时将顶点 t 从集合 $T=V-S$ 中去除

$$S=S+\{t\},T=T-\{t\}$$

（4）修改 $\text{dis}[i]$，并计算集合 $V-S$ 中所有与顶点 t 相邻的顶点 i，看其是否可以借助 t 走捷径。如果 $\text{dis}[i]>\text{dis}[t]+\text{map}[t][i]$，则替换这些顶点在 dis 中的值

$$\text{dis}[i]=\text{dis}[t]+\text{map}[t][i]$$

记录顶点 i 的前驱为 t，$p[i]=t$。即要修改 v_0 到集合 $T=V-S$ 中剩余顶点的最短路径长度值，更新 S 中的顶点和顶点对应的路径。

（5）再从 T 中找出路径最短的顶点，并将其加入到 S 中，更新 T 中的顶点和对应的路径。集合 S 每加入一个新的顶点 v，都要看看新加入的顶点是否可以到达其他顶点，并且看看通过该顶点到达其他顶点的路径长度是否比源点直接到达更短。

（6）重复上述动作或操作共 $n-1$ 次，直到遍历完所有顶点（集合 S 包含了图的所有顶点），或者集合 $T=V-S$ 为空，则算法结束，由此求得从 v_0 到图上其余各顶点的最短路径。

迪杰斯特拉算法采用贪心策略选择长度最短的路径，将其连接的 $V-S$ 中的顶点加入到集合 S 中，同时更新数组 dis。一旦 S 包含了所有顶点，dis 就是从源点到所有其他顶点的最短路径长度。

例 7.16　利用迪杰斯特拉算法求图 7.14 所示的图中从顶点 v_1 到其他各个顶点的最短路径。

解：（1）顶点集 T 初始化为 $T=\{v_1\}$，并声明一个 dis 数组，表示 v_1 顶点到其余各个顶点的最短路径。根据图 7.14，该数组的初始化值为

dis　0　∞　10　∞　30　100

（2）找一个离 v_1 顶点最近的顶点。通过数组 dis 可知当前离 v_1 顶点最近的是 v_3 顶点，即 v_1 顶点到 v_3 顶点的最短路径就是当前 $\text{dis}[2]$ 值（数组 dis[] 下标从 0 开始）。将 v_3 加入到 T 中，$T=\{v_1,v_3\}$。因为这个图所有的边都是正数，所以肯定不可能通过第 3 个顶点中转，使得 v_1 到 v_3 顶点的路径进一步缩短了。

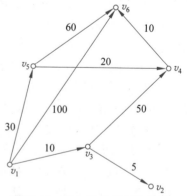

图 7.14　例 7.16 的带权有向图

（3）根据这个新加入的顶点 v_3 更新数组 dis 的值。不难发现，以 v_3 为端点存在边 $<v_3,v_4>$，并且路径 $v_1-v_3-v_4$ 的长度比 v_1-v_4 短，因为 $\text{dis}[3]$ 代表的 v_1-v_4 长度为无穷大，而 $v_1-v_3-v_4$ 的长度为 $10+50=60$，所以更新 $\text{dis}[3]$ 的值为 60；同理，以 v_3 为端点存在边 $<v_3,v_2>$，并且通过路径 $v_1-v_3-v_2$ 的长度比 v_1-v_2 短，因此，更新 $\text{dis}[1]$ 的值为 15，得到如下结果：

| | dis | 0 | 15 | 10 | 60 | 30 | 100 |

（4）从除 dis[2] 和 dis[0] 外的其他值中寻找最小值，发现 dis[1] 的值最小，由此知 v_1 到 v_2 的最短距离就是 dis[1] 的值 15，v_2 顶点不能到达其他顶点，因此，v_2 顶点不能作为中转点，从而将 v_2 加入到 T 中，T 变为 $T=\{v_1,v_2,v_3\}$，不会影响其他 dis[i] 的值。

（5）从除 dis[0]、dis[1] 和 dis[2] 外的 dis[i] 中发现 dis[4] 的值最小，由此知道 v_1 到 v_5 的最短距离就是 dis[4] 的值，这样把 v_5 加入到集合 T 中。考虑 v_5 的出边是否会影响数组 dis 的值，v_5 有两条出边：$<v_5,v_4>$ 和 $<v_5,v_6>$，其中 $v_1-v_5-v_4$ 的长度为 50，而 dis[3] 的值为 60，所以要更新 dis[3] 的值。另外，$v_1-v_5-v_4$ 的长度为 90，而 dis[5] 为 100，所以需要更新 dis[5] 的值。更新后的 dis 数组如下：

| | dis | 0 | 15 | 10 | 50 | 30 | 90 |

（6）继续从数组 dis 未确定的顶点的值中选择一个最小的值，发现 dis[3] 的值是最小的，所以把 v_4 加入到集合 T 中，此时集合 $T=\{v_1,v_2,v_3,v_4,v_5\}$。考虑 v_4 的出边是否会影响数组 dis 的值，v_4 有一条出边：$<v_4,v_6>$，并且 $v_1-v_5-v_4-v_6$ 的长度为 60，而 dis[5] 的值为 90，因此更新 dis[5] 的值。更新后的 dis 数组如下：

| | dis | 0 | 15 | 10 | 50 | 30 | 60 |

（7）使用同样的方法确定 v_6 的最短路径。最后的 dis 数组如下：

| | dis | 0 | 15 | 10 | 50 | 30 | 60 |

由此得到 v_1 到其他各个顶点的最短路径如下：

$v_1 \rightarrow v_2$：$\{ v_1-v_3-v_2 \}$（长度 15）。

$v_1 \rightarrow v_3$：$\{ v_1-v_3 \}$（长度 10）。

$v_1 \rightarrow v_4$：$\{ v_1-v_5-v_4 \}$（长度 50）。

$v_1 \rightarrow v_5$：$\{ v_1-v_5 \}$（长度 30）。

$v_1 \rightarrow v_6$：$\{ v_1-v_5-v_4-v_6 \}$（长度 60）。

7.5.2　弗洛伊德算法

弗洛伊德算法是一种利用动态规划思想寻找给定加权图中任意两点之间最短路径的算法。该算法是以 1978 年图灵奖获得者、斯坦福大学计算机科学系教授罗伯特·弗洛伊德命名的。

定义 7.32（多源点的最短路径问题） 给定带权有向图（或无向图）$G=<V,E,W>$，求图 G 中任意两个顶点（源点 v_i，$v_j \in V$）之间所经过的边的权重和最小的一条路径。

与迪杰斯特拉算法类似，弗洛伊德算法的目标是寻找从任意顶点 i 到顶点 j 的最短路径。这条最短路径不外乎两种可能：一是直接从 i 到 j；二是从 i 经过若干顶点到 j。因此，假设 $Dis(i,j)$ 为顶点 u 到顶点 v 的最短路径的距离，对于每一个顶点 k，检查 $Dis(i,k)+Dis(k,j)<Dis(i,j)$ 是否成立，如果成立，证明从 i 到 k 再到 j 的路径比 i 直接到 j 的路径短，便设置 $Dis(i,j)=Dis(i,k)+Dis(k,j)$。这样，当遍历完所有顶点 k 后，$Dis(i,j)$ 中记录的便是 i 到 j 的最短路径的距离。

例 7.17 寒假期间，小王准备去一些城市旅游。有些城市之间有公路，有些城市之间没有公路，如图 7.15 所示。为了节省经费以及方便计划旅程，小王希望在出发之前知道任意两个城市之间的最短路程。

图 7.15 中有 4 个城市和 8 条公路，公路上的数字表示长度。请注意这些公路是单向

的。现在需要求任意两个城市(任意两个点)之间的最短路程(路径)。这个问题也是多源点的最短路径问题。

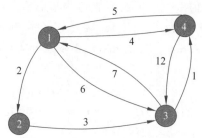

图 7.15　例 7.17 的带权有向图

现在用一个 4×4 的矩阵(二维数组 e)存储图的信息。例如,1 号城市到 2 号城市的路程为 2,则设 $e[1][2]$ 的值为 2;2 号城市无法到达 4 号城市,则设置 $e[2][4]$ 的值为∞。另外,约定一个城市自己到自己的路程是 0,例如 $e[1][1]$ 为 0。图 7.15 的矩阵表示具体如下:

1	2	3	4	
0	2	6	4	1
∞	0	3	∞	2
7	∞	0	1	3
5	∞	12	0	4

现在,如何求任意两点之间的最短路径呢?根据经验,为了让任意两个点(例如从顶点 a 点到顶点 b)之间的路程变短,可以引入第三个点(顶点 k),并通过顶点 k 中转,即 $a\to k\to b$。那么,这个中转的顶点 k 是 $1\sim n$ 中的哪个点呢? 有时候经过两个点或者更多点中转,路程会更短,即 $a\to k_1\to k_2\to b$ 或者 $a\to k_1\to k_2\cdots\to k_i\to\cdots\to b$。例如,图 7.15 中从 4 号城市到 3 号城市(4→3)的路程 $e[4][3]$ 原本是 12。如果只通过 1 号城市中转(4→1→3),路程将缩短为 11($e[4][1]+e[1][3]=5+6=11$)。其实 1 号城市到 3 号城市也可以通过 2 号城市中转,使得 1 号城市到 3 号城市的路程缩短为 5($e[1][2]+e[2][3]=2+3=5$)。如果同时经过 1 号和 2 号两个城市中转,从 4 号城市到 3 号城市的路程会进一步缩短为 10。通过这个例子可以发现,每个顶点都有可能使得另外两个顶点之间的路径变短。下面将这个问题一般化。

当任意两点之间不允许经过第三个点时,这两点之间最短路程就是初始路径,如下所示:

1	2	3	4	
0	2	6	4	1
∞	0	3	∞	2
7	∞	0	1	3
5	∞	12	0	4

假如现在只允许经过 1 号顶点,求任意两点之间的最短路径,只需判断 $e[i][1]+e[1][j]$ 是否比 $e[i][j]$ 小即可。$e[i][j]$ 表示的是从 i 号顶点到 j 号顶点之间的路径。$e[i][1]+e[1][j]$ 表示的是从 i 号顶点先到 1 号顶点,再从 1 号顶点到 j 号顶点的路径之和。其中 i

从 1 到 n 循环，j 也从 1 到 n 循环，代码实现如下：

```
for (i =0; i <= n; i++)
{
    for(j =0; j <= n; j++)
    {
        if(e[i][j] > e[i][] + e[][j])
            e[i][j] = e[i][] + e[][j];
    }
}
```

在只允许经过 1 号顶点的情况下，任意两点之间的最短路径更新为

	1	2	3	4	
	0	2	6	4	1
	∞	0	3	∞	2
	7	9	0	1	3
	5	7	11	0	4

通过上面的分析过程可以发现，在只通过 1 号顶点中转的情况下，3 号顶点到 2 号顶点 ($e[3][2]$)、4 号顶点到 2 号顶点 ($e[4][2]$) 以及 4 号顶点到 3 号顶点 ($e[4][3]$) 的路径都变短了。

接下来继续求在只允许经过 1 和 2 号两个顶点的情况下任意两点之间的最短路径。此时需要在只允许经过 1 号顶点时任意两点的最短路径的结果基础上，再判断经过 2 号顶点是否可以使得 i 号顶点到 j 号顶点之间的路径变得更短。即判断 $e[i][2]+e[2][j]$ 是否比 $e[i][j]$ 要小，代码实现如下：

```
for(i=0; i<=n; i++)
    for(j=0; j<=n; j++)
        if(e[i][j] > e[i][1]+e[1][j])      //经过 1 号顶点
            e[i][j]=e[i][]+e[][j];
for(i=0; i<=n; i++)
    for(j=0; j<=n; j++)
        if(e[i][j] > e[i][2]+e[2][j])      //经过 2 号顶点
            e[i][j]=e[i][]+e[][j];
```

在只允许经过 1 和 2 号顶点的情况下，任意两点之间的最短路径更新为

	1	2	3	4	
	0	2	5	4	1
	∞	0	3	∞	2
	7	9	0	1	3
	5	7	10	0	4

通过上面的分析过程可知，与只允许通过 1 号顶点进行中转的情况相比，允许通过 1 号和 2 号顶点进行中转，使得 $e[1][3]$ 和 $e[4][3]$ 的路径变得更短了。

同理,在只允许经过 1 号、2 号和 3 号顶点进行中转的情况下,求任意两点之间的最短路径。任意两点之间的最短路径更新为

	1	2	3	4	
	0	2	5	4	1
	10	0	3	4	2
	7	9	0	1	3
	5	7	10	0	4

最后允许通过所有顶点进行中转,任意两点之间的最短路径为

	1	2	3	4	
	0	2	5	4	1
	9	0	3	4	2
	6	8	0	1	3
	5	7	10	0	4

以上过程虽然看起来比较麻烦,但是代码实现非常简单,核心代码只有以下几行:

```
for(k=0; k<=n; k++)
    for(i=0; i<=n; i++)
        for(j=0; j<=n; j++)
            if(e[i][j]>e[i][k]+e[k][j])
                e[i][j]=e[i][k]+e[k][j];
```

这段代码的基本思想就是:最开始只允许经过 1 号顶点进行中转,接下来只允许经过 1 号和 2 号顶点进行中转……最后允许经过所有顶点进行中转,求任意两点之间的最短路径。程序实现时采用 3 层循环。第一层就是加入中间点 k,第二层和第三层循环是求每一对顶点在加入新的点后是否存在距离更短的路径,所以 k 只能放在最外层。

以上讲述了求最短路径的弗洛伊德算法。它与迪杰斯特拉算法有以下不同:

(1)弗洛伊德算法用于求任意两点之间的距离,是多源点的最短路径;而迪杰斯特拉算法用于求一个顶点到其他所有顶点的最短路径,是单源点的最短路径。

(2)弗洛伊德算法属于动态规划算法,迪杰斯特拉算法属于贪心算法。

(3)弗洛伊德算法的时间复杂度是 $O(n^3)$;迪杰斯特拉算法的时间复杂度一般是 $O(n^2)$,比弗洛伊德算法快。

(4)弗洛伊德算法可以正确处理有向图或带负权的最短路径问题,而迪杰斯特拉算法不能计算带负权的最短路径问题。

◆ 7.6 最小生成树及其求法

树反映对象之间的关系,组织机构图、家族图、二进制编码都是以树作为模型来讨论的。作为树的一种,最小生成树将城市或者网络站点看成无向图中的顶点,把每条道路、网线的

成本作为权值,从而计算出建设的最小成本。因此,最小生成树广泛应用于城市间道路建设、网线铺设等领域。

7.6.1　最小生成树定义

本节在讨论最小生成树之前,先给出树的相关知识。

定义 7.33（树）　树是连通且不含回路的图。

树用来模拟具有树状结构的数据集合,一般由 $n(n \geqslant 0)$ 个有限顶点组合,具有层次关系。树如图 7.16 所示。

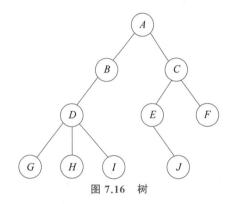

图 7.16　树

关于树有以下基本概念:

(1) 结点。树中的一个数据元素,一般用一个字母表示。没有父结点的结点称为根结点。每一个非根结点有且只有一个父结点;除根结点以外的其他结点可以划分为 $m(m \geqslant 0)$ 个互不相交的有限集合 $T_0, T_1, \cdots, T_{m-1}$,每个集合 $T_i(i = 0, 1, \cdots, m-1)$ 又是一棵树,称为根的子树,每棵子树的根结点有且仅有一个直接前驱,但可以有零个或多个直接后继(子结点)。

(2) 叶子结点。度为 0 的结点。

(3) 度。一个结点包含子树的数目。

(4) 层数。根结点的层数为 1,其他结点的层数为从根结点到该结点所经过的分支数目再加 1。

(5) 树的高度。树中各结点的最大层数称为树的高度。空树(含 0 个结点)的高度为 0,只有一个根结点的树高度为 1。

(6) 森林。若干棵互不相交的树组成的集合。一棵树可以看成一个特殊的森林。

定理 7.12　设 $T = \langle V, E \rangle$ 是无向图,$|V| = n$,$|E| = m$,则下述命题相互等价。

(1) T 连通且无回路。

(2) T 无回路且 $m = n - 1$。

(3) T 连通且 $m = n - 1$。

(4) T 无回路但新增加任何一条边(端点属于 T)后有且仅有一个回路。

(5) T 连通,但是删去任何一边后便不再连通。

(6) T 的每一对结点之间有且仅有一条道路可通。

定义 7.34（最小生成树）　给定一个带权的无向连通图 $G = (V, E)$,(u, v) 代表连接顶

点 u 与顶点 v 的边,而 $w(u,v)$ 代表此边的权重。若有一棵树 T 拥有图 G 中的所有 n 个顶点,且所有边都来自图 G 中的边,并且使图连通的边最少或者连通所有顶点的边权之和 $w(T)$ 最小,则此 T 为 G 的最小生成树。

从最小生成树的定义可知,构造有 n 个顶点的带权无向连通图的最小生成树必须满足以下条件:

(1) 构造的最小生成树必须包括 n 个顶点。

(2) 构造的最小生成树中有且只有 $n-1$ 条边。

(3) 构造的最小生成树中不存在回路。

最小生成树算法有很多,其中最经典的就是"加点"算法——普里姆(Prim)算法和"加边"算法——克鲁斯卡尔(Kruskal)算法。普里姆算法有两层 for 循环,时间复杂度为 $O(n^2)$,n 为顶点个数,与边数无关,适用于稠密图求最小生成树。克鲁斯卡尔算法的时间复杂度为 $O(e^2)$,e 为图的边数,执行的时间仅与图的边数有关,与顶点数无关,适用于稀疏图求最小生成树。

7.6.2 普里姆算法

普里姆算法是一种构造最小生成树的算法。普里姆算法的基本思想是:从图中任意取出一个顶点,把它当成一棵树,然后从与这个顶点相接的边中选择一条最短(权值最小)的边,并将这条边及其所连接的顶点也一起并入这棵树中,此时得到的是一棵有两个结点的树。接着从与这个顶点相接的边中选取一条最短的边,并将这条边及其所连接的顶点也一起并入树中,得到一棵具有 3 个结点的树。以此类推,直到所有顶点被并入树中为止,此时得到的树就是最小生成树。

假设 $G(V,E)$ 是一个具有 n 个顶点的连通图,$T=(U,TE)$ 是所求的最小生成树,其中 U 是 T 的结点集,TE 是 T 的边集。

(1) 初始化:$U=\{u_0\}(u_0 \in V)$,$TE=\varnothing$。

(2) 在所有 $u \in U$,$v \in V-U$ 的边中选一条代价最小的边 (u_0,v_0) 并入集合 TE,同时将 v_0 并入 U。

(3) 重复(2),直到 $U=V$ 为止。此时,TE 中必含有 $n-1$ 条边,则 $T=(V,TE)$ 为 G 的最小生成树。

可以发现,普里姆算法与最短路径问题中的迪杰斯特拉算法的思想几乎完全相同,只是在数组的含义上有所区别,在涉及最短距离时使用了集合 S 代替迪杰斯特拉算法中的起点 s。其中,迪杰斯特拉算法的数组 $d[\ ]$ 含义为起点 s 到达各顶点的最短距离,而普里姆算法的数组 $d[\ ]$ 含义为顶点 V_i 与集合 S 的最短距离,两者的区别仅在于最短距离是顶点 i 针对起点 s 还是集合 S。另外,对最小生成树问题而言,如果仅求最小边权之和,那么普里姆算法可以随意指定一个顶点为初始点。

例 7.18 普里姆算法的核心是选取权值和最小的边,下面以图 7.17 为例,展示利用普里姆算法求最小生成树的过程。

算法思路如下:

(1) 从 1 顶点开始,通过遍历可得,与 1 顶点相连接的边共有 3 条:(1,2)、(1,3)和(1,4),把这 3 条边放入待选边集合 edgeVec 中。

（2）从待选边集合中选出权值最小的一条边(1,3)，将这条边的属性改为 true，放入 m_pEdge 指向的数组中。找到最小边(1,3)的另一个端点 3，并将 3 放入点集合 nodeVec 中。

（3）除去顶点 1，将其他顶点与顶点 3 相连接的边(3,2)、(3,4)、(3,5)、(3,6)放入待选边集合 edgeVec 中，选出权值最小的边(3,6)。

（4）除去顶点 1、顶点 3，将其他顶点与顶点 6 相连接的边(6,4)、(6,5)放入待选边集合 edgeVec 中，选出权值最小的边(6,4)。

（5）与顶点 4 相连接的边(4,1)、(4,3)与已经找出的边构成回路，舍去。

（6）以此类推，找到剩余顶点 2、顶点 5 与已有顶点集合{1,3,6,4}距离的最短边(3,2)、(2,5)。

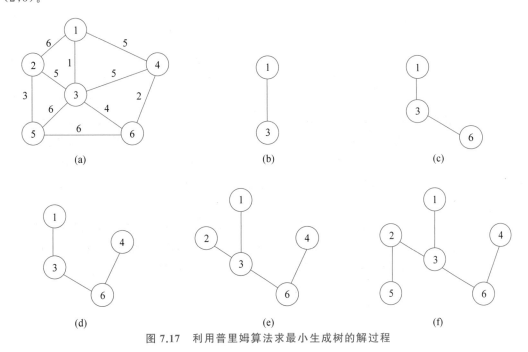

图 7.17　利用普里姆算法求最小生成树的解过程

7.6.3　克鲁斯卡尔算法

克鲁斯卡尔算法是按照连通图中边的权值递增顺序构造最小生成树的方法。克鲁斯卡尔算法的基本思想是：假设连通网 $G=(V,E)$，令最小生成树的初始状态为只有 n 个顶点而无边的非连通图 $T=(V,\{\})$，图中每个顶点自成一个连通分量。在 E 中选择权值最小的边，若该边依附的顶点落在 T 中不同的连通分量中，则将此边加入 T 中；否则，舍去此边，选下一条权值最小的边。以此类推，直到 T 中所有顶点都在同一个连通分量上（此时含有 $n-1$ 条边）为止，这时的 T 就是一棵最小生成树。

克鲁斯卡尔算法初始最小生成树边数为 0，每迭代一次就选择一条满足条件的权值最小的边，加入最小生成树的边集合里。在实现克鲁斯卡尔算法时，关键是如何判断所选取的边是否与树中已保留的边形成回路（因而克鲁斯卡尔算法也叫避圈法或破圈法），这可通过判断边的两个顶点所在的连通分量实现。当两个顶点的集合（连通分量）编号不同时，这两个顶点分属于不同的连通分量，则将这两个顶点所构成的边加入最小生成树中就不会形成

回路。此时按其中的一个集合编号重新统一编号(即合并成一个连通分量)。克鲁斯卡尔算法的步骤如下:

(1) 用数组 E 存放图 G 中的所有边,并把所有边按权值由小到大的顺序排列。

(2) 把图中的 n 个顶点看成独立的 n 棵树组成的森林。

(3) 按权值从小到大的顺序选择边,所选的边连接的两个顶点 U_i 和 V_i 应属于两棵不同的树(即两个连通分量),则所选边成为最小生成树的一条边,并将这两棵树合并作为一棵树。重复此操作,直到所有顶点都在一棵树内或者有 $n-1$ 条边为止。

说明:初始时 T 的连通分量为顶点个数 n。在每一次选取最小权值的边加入 T 时一定要保证 T 的连通分量减 1,即选取权值最小的边所连接的两个顶点必须分属于不同的连通分量,否则应舍去此边而再选取下一条权值最小的边。

说明:普里姆算法和克鲁斯卡尔算法区别如下:

(1) 克鲁斯卡尔算法是通过排序方式在剩下所有未选取的边中找权值最小的边,如果和已选取的边构成回路,则放弃,选取次小边。在开始寻找之前,需要对边的权值从小到大进行排序,将排好序的权值依次加入序列中,而当所有的结点都加入序列中后,就找到了最小生成树。克鲁斯卡尔算法只需一次排序就可以找到最小值。而普里姆算法要复杂得多,需要多次排序才能找到最小值。从效率上说,克鲁斯卡尔算法要比普里姆算法快很多。

(2) 普里姆算法是在未选取的边中寻找最小边,但是选取的原则多了一条,就是该边必须和已选取的边相连,例如,如果边(1,2)已被选取,那么接下来选取的边必须是和顶点 1 或者顶点 2 相连的。克鲁斯卡尔算法没有此要求。

(3) 边数较少时可以用克鲁斯卡尔算法,因为克鲁斯卡尔算法每次查找权值最小的边;边数较多时可以用普里姆算法,因为它每次增加一个顶点,适用于边数多的图。

例 7.19 图 7.18 展示了利用克鲁斯卡尔算法求最小生成树的过程。

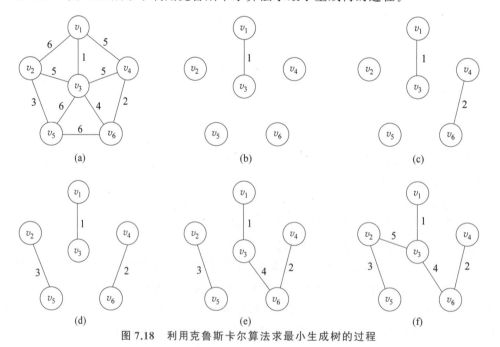

图 7.18 利用克鲁斯卡尔算法求最小生成树的过程

◈ 7.7　二叉树及哈夫曼编码

作为一种特殊的树,二叉树广泛应用于信息科学领域。本节介绍二叉树的定义及性质,并利用哈夫曼算法构造最优二叉树,以解决计算机网络通信中二进制数据的最优传输(效率)问题。

7.7.1　二叉树的定义及性质

定义 7.35(二叉树)　二叉树是 $n(n \geqslant 0)$ 个结点的有限集,它或为空树($n=0$),或由一个根结点和两棵分别称为左子树和右子树的互不相交的二叉树构成。

二叉树的特点如下:

(1) 每个结点至多有两棵子树(即二叉树中不存在度大于 2 的结点)。

(2) 二叉树的子树有左、右之分,其次序不能任意颠倒。即,若将其左、右子树颠倒,就成为另外一棵的二叉树。

即使二叉树中的结点只有一棵子树,也要区分它是左子树还是右子树。因此二叉树具有 5 种基本形态,如图 7.19 所示。其中,(a)为空二叉树,(b)为仅有根结点的二叉树,(c)为右子树为空的二叉树,(d)为左子树为空的二叉树,(e)为左、右子树均非空的二叉树。

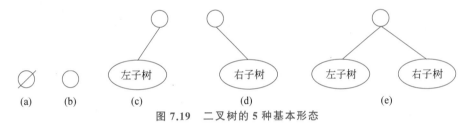

图 7.19　二叉树的 5 种基本形态

定义 7.36(满二叉树)　高度为 k 且有 2^k-1 个结点的二叉树称为满二叉树。

满二叉树的特点是每一层上的结点数都是最大结点数。

定义 7.37(完全二叉树)　深度为 k 且有 n 个结点的二叉树称为完全二叉树,当且仅当其每一个结点都与深度为 k 的满二叉树中编号为 $1 \sim n$ 的结点一一对应。

完全二叉树的特点如下:

(1) 叶子结点只可能在最低的两层上出现。

(2) 对任一结点,若其右分支下子孙的最大层次为 l,则其左分支下子孙的最大层次必为 l 或 $l+1$。

性质 1　非空二叉树的第 $i(i \geqslant 1)$ 层上至多有 2^{i-1} 个结点($i \geqslant 1$)。

证明:用归纳法。

(1) $i=1$ 时,二叉树的第 1 层只有一个根结点,即 $2^0=1$ 个结点。

(2) 显然,第 2 层上最多有 2 个结点,即 2^1 个……假设对所有的 j,$1 \leqslant j < i$ 成立,即第 j 层上最多有 2^{j-1} 个结点成立。若 $j=i-1$,则第 j 层上最多有 $2^{i-1}=2^{i-2}$ 个结点。由于二叉树中每个结点的度最大为 2,所以可以推导出第 i 层最多结点个数就是第 $i-1$ 层最多结点个数的 2 倍,即 $2^{i-2} \times 2=2^{i-1}$。故命题得证。

216

性质 2　高度为 k 的二叉树至多有 2^k-1 个结点($k\geqslant 1$)。

证明：由性质 1，可得高度为 k 的二叉树最大结点数是

$$\sum_{i=1}^{k}(第~i~层的最大结点数)=\sum_{i=1}^{k}2^{i-1}=2^k-1$$

性质 3　对任意非空的二叉树，如果叶子结点数为 n_0，度为 1 的结点数为 n_1，度为 2 的结点数为 n_2，则 $n_0=n_2+1$。

证明：设 n 为二叉树的结点总数，则有

$$n=n_0+n_1+n_2$$

在二叉树中，除根结点外，其余结点都由唯一的分支进入。设 B 为二叉树中的分支总数，则有

$$B=n-1$$

这些分支是由度为 1 和度为 2 的结点发出的，一个度为 1 的结点发出一个分支，一个度为 2 的结点发出两个分支，则有

$$B=n_1+2n_2$$

综合以上 3 个公式可以得到

$$n_0=n_2+1$$

性质 4　具有 n 个结点的完全二叉树的高度为 $\lfloor \log_2 n \rfloor +1$。

证明：设所求的完全二叉树的高度为 k，由完全二叉树的定义可知，它的前 $k-1$ 层是高度为 $k-1$ 的满二叉树，一共有 $2^{k-1}-1$ 个结点。由于完全二叉树的高度为 k，故第 k 层上至少要有一个结点，因此该完全二叉树的结点个数 $n>2^{k-1}-1$。同时，由性质 2 可知，$n\leqslant 2^k-1$，即

$$2^{k-1}-1<n\leqslant 2^k-1$$

由此可以推出

$$2^{k-1}\leqslant n<2^k$$

对上面的不等式取对数，有

$$k-1\leqslant \log_2 n<k$$

由于 k 是整数，所以有

$$k=\lfloor \log_2 n \rfloor +1$$

性质 5　如果对一棵有 n 个结点的完全二叉树的结点从根开始按层序编号，则对任一结点 i($1\leqslant i\leqslant n$)有以下结论：

(1) 如果 $i=1$，则结点 i 是二叉树的根，无双亲；如果 $i>1$，则其双亲的编号是 $\lfloor i/2 \rfloor$。

(2) 如果 $2i>n$，则结点 i 无左孩子；如果 $2i\leqslant n$，则其左孩子的编号是 $2i$。

(3) 如果 $2i+1>n$，则结点 i 无右孩子；如果 $2i+1\leqslant n$，则其右孩子的编号是 $2i+1$。

7.7.2　哈夫曼树的概念及构造

哈夫曼树又称最优树，是一类带权路径长度最短的树。构造这种树的算法最早由哈夫曼提出。哈夫曼树有广泛的应用。

以下是与哈夫曼树有关的概念：

(1) 结点路径。树中一个结点与另一个结点之间的分支构成这两个结点之间的路径。若树中存在一个结点序列 $k_1,k_2,\cdots,k_j$，使得 k_i 是 k_{i+1} 的双亲($l\leqslant i<j$)，则称该结点序列是从 k_1 到 k_j 的一条路径。

（2）路径长度。两个结点间路径中包含的分支数目，它等于路径上的结点数减 1。

（3）树的路径长度。从树根到每一个结点的路径长度之和。

（4）结点的权。为树中的结点赋予的一个实数，表示各种开销、代价、频度等（具体含义根据实际应用确定）。

（5）结点的带权路径长度。从该结点到树的根结点之间的路径长度与结点的权值的乘积。

（6）树的带权路径长度。树中所有叶子结点的带权路径长度之和，记为

$$\text{WPL} = w_1 l_1 + w_2 l_2 + \cdots + w_n l_n = \sum_{i=1}^{n} w_i \times l_i$$

其中，n 为叶子结点的个数，w_i 为第 i 个结点的权值，l_i 为第 i 个结点的路径长度。

定义 7.38（哈夫曼树）　具有 n 个叶子结点（每个结点的权值为 w_i）的二叉树不止一棵，在这些二叉树中，必存在一棵 WPL 值最小的二叉树，称为哈夫曼树或最优树。

根据哈夫曼树的定义，一棵二叉树要使其 WPL 值最小，必须使权值越大的叶子结点越靠近根结点，而权值越小的叶子结点越远离根结点。哈夫曼依据这一特点提出了哈夫曼树的构造方法，其步骤如下：

（1）构造 n 棵均只有一个根结点的二叉树 $T_i, i = 1, 2, \cdots, n$，组成集合 $F = \{T_1, T_2, \cdots, T_n\}$，其中每棵二叉树只有一个权值为 w_i 的根结点，没有左、右子树。

（2）在 F 中选取根结点权值最小和次小的两棵树作为左、右子树，构造一棵新的二叉树，且新的二叉树根结点权值为其左、右子树根结点的权值之和。

（3）在 F 中删除作为左、右子树的这两棵二叉树，同时将新得到的二叉树加入 F 中。

（4）重复（2）、（3），直到 F 只含一棵二叉树为止，它便是要构造的哈夫曼树。

在构造哈夫曼树时规定：$F = \{T_1, T_2, \cdots, T_n\}$ 中权值小的二叉树作为新二叉树的左子树，权值大的二叉树作为新二叉树的右子树；在权值相等时，高度小的二叉树作为新二叉树的左子树，高度大的二叉树作为新二叉树的右子树。

此外，在构造哈夫曼树时，初始森林中共有 n 棵二叉树，每棵二叉树中都仅有一个孤立结点，它既是根又是叶子。然后将当前森林中的两棵根结点权值最小的二叉树合并成一棵新二叉树。每合并一次，森林中就减少一棵树。显然，要进行 $n-1$ 次合并，才能使森林中二叉树的数目由 n 棵减少到剩下一棵最终的哈夫曼树。并且每次合并都要产生一个新结点，$n-1$ 次合并共产生 $n-1$ 个新结点，显然它们都是具有两个孩子的分支结点。由此可知，一棵有 n 个叶子结点的哈夫曼树中共有 $2n-1$ 个结点，其中 n 个叶结点是初始森林中的 n 个孤立结点，并且哈夫曼树中没有度为 1 的分支结点。

例 7.20　结点对应权值分别为 2、3、4、7 的哈夫曼树构造过程如图 7.20 所示。

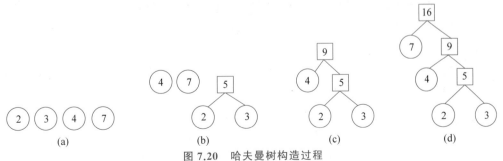

图 7.20　哈夫曼树构造过程

说明：在构造哈夫曼树时，可以设置一个大小为 $2n-1$ 的 ht 数组保存哈夫曼树中各结点的信息，结点的存储结构定义如下。

```
#define MaxSize 10000                    //定义最大权值
typedef struct
{
    int weight;
    int parent;
    int lchild;
    int rchild;
}Hnode;
```

其中，weight 域保存结点的权值，lchild 和 rchild 域分别保存该结点的左、右孩子结点在数组 ht 中的序号，叶子结点的这两个指针值为空（即 -1）。可通过 parent 域的值判定一个结点是否已加入正在构造的哈夫曼树中。初始时 parent 的值为 -1，当结点加入哈夫曼树中时，该结点 parent 的值为其双亲结点在数组 ht 中的序号。

利用上述存储结构构造哈夫曼树的算法可描述为以下步骤：

（1）初始化。将 ht[0..2n-2] 中 $2n-1$ 个结点的 3 个指针均置为空（即置为 -1），权值置为 0。

（2）输入。读入 n 个叶子的权值，保存于向量的前 n 个分量（即 ht[0..n-1]）中，它们是初始森林中 n 个孤立的根结点的权值。

（3）合并。对森林中的树共进行 $n-1$ 次合并，将产生的新结点依次放入向量 ht 的第 i 个分量中（$n \leqslant i < 2n-1$）。

7.7.3 哈夫曼编码

哈夫曼树在信息检索中有很重要的应用。在电报收发等数据通信中，常需要将文字转换成由 0、1 组成的二进制字符串进行传输。为了使收发的速度提高，就要求编码尽可能短。哈夫曼编码以要传输的字符集中的字符作为叶子结点，以字符出现的次数或频度作为结点的权值，构造哈夫曼树。规定：哈夫曼树中引向其左孩子的分支（左分支）标 0，引向其右孩子的分支（右分支）标 1。这样，从根结点到每个叶子结点所经历的路径分支上的 0 或 1 所组成的字符串为该结点所对应的编码，称之为哈夫曼编码。在哈夫曼编码对应的哈夫曼树中，树的带权路径长度的含义是各个字符的码长与其出现次数的乘积之和，也就是电文的编码总长，所以采用哈夫曼树构造的编码是一种能使电文编码总长最短的不等长编码。由于每个字符都是叶子结点，不可能出现在根结点到其他字符结点的路径上，因此任何一个字符的哈夫曼编码都不可能是另一个字符的哈夫曼编码的前缀，这样就保证了译码的唯一性或者非二义性。

例 7.21 要传输的字符集 $D = \{C, A, S, T, ;\}$，各字符出现频率集 $W = \{2, 4, 2, 3, 3\}$，则其哈夫曼树及对应的哈夫曼编码如图 7.21 所示。

若要传输的电文是 $\{CAS;CAT;SAT;AT\}$，则其编码为

$$1101011101110100001111110000011000$$

在译码时，从哈夫曼树根开始，对待译码电文逐位取码。若编码是 0，则向左走；若编码

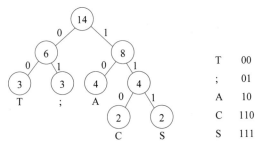

图 7.21　字符集 *D* 的哈夫曼树及对应的哈夫曼编码

是 1，则向右走。一旦到达叶子结点，则译出一个字符；再重新从哈夫曼树根出发，直到电文结束。若电文为 1101000，则其译文只能是 CAT。

◈ 7.8　欧拉图与哈密顿图

7.8.1　欧拉图

18 世纪初普鲁士的哥尼斯堡有一条河穿过，河上有两个小岛，有 7 座桥把两个岛与河岸联系起来。当瑞典数学家欧拉在 1736 年访问哥尼斯堡时，他发现当地的市民正讨论一个非常有趣的问题：一个步行者怎样才能不重复、不遗漏地一次走完 7 座桥，最后回到出发点？即，能否一次走过所有 7 座桥，每座桥只能经过一次而且起点与终点必须是同一地点？这个问题就是哥尼斯堡七桥问题，如图 7.22 所示。

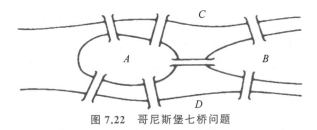

图 7.22　哥尼斯堡七桥问题

后来欧拉把它转换成一个几何问题——一笔画问题并解决了这个问题，他也因此成为图论的创始人。欧拉把每一块陆地考虑成一个点，连接两块陆地的桥以线表示。欧拉以一笔画定理为判断准则，很快判断出要一次不重复走遍哥尼斯堡的 7 座桥是不可能的。欧拉的这个思考非常重要，也非常巧妙，他把一个实际问题抽象成合适的数学模型。这并不需要运用多么深奥的理论，但能形成这种想法却是解决难题的关键。

定义 7.39（欧拉图、半欧拉图）　经过图（无向图或有向图）所有边一次且仅一次行遍图中所有顶点的通路称为欧拉通路，经过图中所有边一次且仅一次行遍所有顶点的回路称为欧拉回路。具有欧拉回路的图称为欧拉图，具有欧拉通路而不具有欧拉回路的图称为半欧拉图。

说明：经过所有顶点的通路称为生成通路，而欧拉通路是经过图中所有边的简单的生成通路。

定理 7.13　无向图 *G* 是欧拉图当且仅当 *G* 是连通图且 *G* 中没有奇数度顶点。

定理 7.14　无向图 *G* 是半欧拉图当且仅当 *G* 是连通图且 *G* 中恰有两个奇数度顶点。

定理 7.15　有向图 D 是欧拉图当且仅当 D 是强连通的且每个顶点的入度等于出度。

例 7.22　图 7.23 是欧拉图、半欧拉图和无欧拉通路的图的示例。

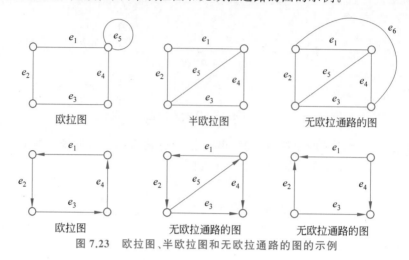

图 7.23　欧拉图、半欧拉图和无欧拉通路的图的示例

7.8.2　哈密顿图

1857 年,爱尔兰数学家哈密顿设计了"周游世界"游戏,用一个正十二面体的 20 个顶点表示世界上 20 个大城市,30 条棱代表这些城市之间的道路,要求游戏者从任意一个顶点出发,沿着棱行走,经过其余每个顶点一次且只经过一次,最终返回出发顶点。哈密顿将此问题称为周游世界问题。

定义 7.40(哈密顿图、半哈密顿图)　经过图(有向图或无向图)中所有顶点一次且仅一次的通路称为哈密顿通路。经过图中所有顶点一次且仅一次的回路称为哈密顿回路。具有哈密顿回路的图称为哈密顿图,具有哈密顿通路但不具有哈密顿回路的图称为半哈密顿图。平凡图是哈密顿图。

说明:

(1) 哈密顿通路是图中的初级通路,哈密顿回路是图中的初级回路。

(2) 判断一个图是否为哈密顿图,就是判断能否将图中所有顶点放置在一个初级回路上,但这不是一件易事。

(3) 哈密顿图是从一个顶点出发,经过所有顶点一次且只经过一次,最终回到起点的路径。图中有的边可以不经过,但是任意一条边不会两次经过。

(4) 实际上欧拉图的讨论与边和顶点有关,而哈密顿图的讨论与顶点有关。

(5) 一个图有哈密顿回路不一定有欧拉回路,因为经过所有顶点的回路不一定经过所有边。

(6) 有欧拉回路不一定有哈密顿回路,因为欧拉回路要求每条边只能经过一次,但是每个顶点可以经过多次。

定理 7.16　设无向图 $G=<V,E>$ 是哈密顿图,对于任意 $V_1 \subset V$,且 $V_1 \neq \varnothing$,均有
$$p(G-V_1) \leqslant |V_1|$$
其中,$p(G-V_1)$ 为 $G-V_1$ 的连通分支数。

证明:设 C 为 G 中任意一条哈密顿回路,易知,当 V_1 中顶点在 C 上均不相邻时,$p(G-V_1)$

达到最大值 $|V_1|$,而当 V_1 中顶点在 C 上有彼此相邻的情况时,均有 $p(G-V_1)<|V_1|$,所以有 $p(G-V_1)\leqslant|V_1|$,而 C 是 G 的生成子图,所以有 $p(G-V_1)\leqslant p(C-V_1)\leqslant|V_1|$ 。

说明:定理 7.16 的条件是哈密顿图的必要条件,但不是充分条件。

定理 7.17　设无向图 $G=<V,E>$ 是半哈密顿图,对于任意 $V_1\subset V$ 且 $V_1\neq\varnothing$,均有

$$p(G-V_1)\leqslant|V_1|+1$$

证明:设 P 是 G 中始于 u 终于 v 的哈密顿通路,令 $G'=G\bigcup(u,v)$ (在 G 的顶点 u 、v 之间加新边),易知 G' 为哈密顿图,由定理 7.16 可知,

$$p(G'-V_1)\leqslant|V_1|$$

因此 $p(G-V_1)=p(G'-V_1-(u,v))\leqslant p(G'-V_1)+1\leqslant|V_1|+1$

定理 7.18　设 G 是 n 阶无向简单图,若对于 G 中任意不相邻的顶点 v_i 、v_j ,均有

$$d(v_i)+d(v_j)\geqslant n-1$$

则 G 中存在哈密顿通路。

定理 7.19　设 G 为 $n(n\geqslant3)$ 阶无向简单图,若对 G 中任意两个不相邻的顶点 v_i 、v_j ,均有

$$d(v_i)+d(v_j)\geqslant n$$

则 G 中存在哈密顿回路,从而 G 为哈密顿图。

一般情况下,设二部图 $G=<V_1,V_2,E>$, $|V_1|\leqslant|V_2|$,且 $|V_1|\geqslant2$, $|V_2|\geqslant2$,由定理 7.16、定理 7.17 可以得出以下结论:

(1) 若 G 是哈密顿图,则 $|V_1|=|V_2|$ 。

(2) 若 G 是半哈密顿图,则 $|V_2|=|V_1|+1$ 。

(3) 若 $|V_2|\geqslant|V_1|+2$,则 G 不是哈密顿图,也不是半哈密顿图。

例 7.23　设 G 是 n 阶无向连通图。证明:若 G 有割点或桥,则 G 不是哈密顿图。

证明:先证明若 G 中有割点,则 G 不是哈密顿图。

设 v 为连通图 G 中的一个割点,则 $V'=\{v\}$ 为 G 中的点割集,而 $p(G-V')\geqslant2>1=|V'|$,由定理 7.16 可知 G 不是哈密顿图。

再证明若 G 中有桥,则 G 不是哈密顿图。

设 G 中有桥, $e=(u,v)$ 为其中的一个桥。若 u 、v 都是悬挂顶点,则 G 为 K_2 , K_2 不是哈密顿图。若 u 、v 中至少有一个悬挂顶点,例如 u , $d(u)\geqslant2$,由于边 e 与 u 关联, e 为桥,所以 $G-u$ 至少产生两个连通分支,于是 u 为 G 中的割点。由上面的讨论可知, G 不是哈密顿图。

例 7.24　图 7.24 所示的 3 个图中哪些是哈密顿图,哪些是半哈密顿图?

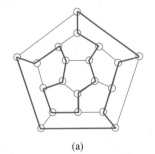
(a)

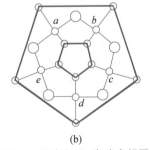
(b)

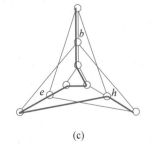
(c)

图 7.24　哈密顿图、半哈密顿图

图 7.24(a)所示的图中存在哈密顿回路,所以它是哈密顿图。

取 $V_1=\{a,b,c,d,e\}$,从图 7.24(b)所示的图中删除 V_1,得到 7 个连通分支。由定理 7.16 和定理 7.17 可知,它不是哈密顿图,也不是半哈密顿图。

取 $V_1=\{b,e,h\}$,从图 7.24(c)所示的图中删除 V_1,得到 4 个连通分支。由定理 7.16 和定理 7.17 可知,它不是哈密顿图,但存在哈密顿通路,所以是半哈密顿图。

◆ 7.9 着色及其应用

图的着色问题是离散数学、图论、组合分析的一个热门课题,也是一个经典的 NP 完全问题。近年来,随着生产管理、交通运输、军事、计算机、通信网络等离散型问题的出现与研究,图论的着色问题在日程安排、化学品存储等问题上得到了较好的应用。

定义 7.41(点着色)

图 G 的点着色是指对 G 的每个顶点涂上一种颜色,使相邻顶点涂不同的颜色。

G 是 k 可着色的是指能用 k 种颜色给 G 的顶点着色。

G 的点色数 $\chi(G)=k$ 表示 G 是 k 可着色的,但不是 $(k-1)$ 可着色的,即最少可以用 k 种颜色给 G 着色。

说明:点着色的几个简单结论如下。

(1) $\chi(G)=1$ 当且仅当 G 为零图。

(2) $\chi(K_n)=n$。

(3) 奇阶轮图的点色数为 3,偶阶轮图的点色数为 4。

(4) 设 G 中至少含有一条边,则 $\chi(G)=2$ 当且仅当 G 为二部图。

定理 7.20 对于任意无向图 G,均有 $\chi(G)\leqslant\Delta(G)+1$。

证明:对 G 的阶数 n 应用数学归纳法。$n=1$ 时,结论成立。设 $n=k(k\geqslant1)$ 时结论成立,则当 $n=k+1$ 时,设 v 为 G 中任一个顶点,令 $G'=G-v$,则 G' 的阶数为 k,由假设可知 $\chi(G')\leqslant\Delta(G')+1\leqslant\Delta(G)+1$。当将 G' 还原成 G 时,由于 v 至多与 G' 中 $\Delta(G)$ 个顶点相邻,而在 G' 的点着色中,$\Delta(G)$ 个顶点至多用了 $\Delta(G)$ 种颜色,于是在 $\Delta(G)+1$ 种颜色中至少存在一种颜色可以给 v 涂色,使 v 与相邻顶点涂的颜色不同。

定义 7.42(面着色)

地图 G 的面着色是指对地图 G 的每个国家涂上一种颜色,使相邻国家涂不同的颜色。

图 G 是 k 面可着色的是指能用 k 种颜色给 G 的面(对应地图中的国家)着色。

图 G 的面色数 $\chi*(G)=k$ 表示 G 是 k 面可着色的,但不是 $(k-1)$ 面可着色的,即最少可以用 k 种颜色给 G 的面着色。

定义 7.43(边着色)

图 G 的边着色是指对 G 的每条边涂上一种颜色,使相邻的边涂不同的颜色。

G 是 k 边可着色的是指能用 k 种颜色给 G 的边着色。

G 的边色数 $\chi'(G)=k$ 表示 G 是 k 边可着色的,但不是 $(k-1)$ 边可着色的,即最少可以用 k 种颜色给 G 的边着色。

定理 7.21(维津定理) G 为简单平面图,则 $\Delta(G)\leqslant\chi'(G)\leqslant\Delta(G)+1$。

维津定理说明,对简单图来说,它的边色数 χ' 只能取 $\Delta(G)$ 或者 $\Delta(G)+1$。究竟哪些图

的 $\chi'(G)$ 是 $\Delta(G)$ 或者 $\Delta(G)+1$，至今还是一个没有解决的问题。

例 7.25　设 G 为长度大于或等于 2 的偶阶轮图，则 $\chi'(G)=\Delta(G)=2$。

设 G 为长度大于或等于 3 的奇阶轮图，则 $\chi'(G)=\Delta(G)+1=3$。

例 7.26　$\chi'(W_n)=\Delta(W_n)=n-1$，其中 $n \geqslant 4$。

$n=4$ 时，由维津定理可知结论正确。

$n=5$ 时，由维津定理可知结论正确。

$n \geqslant 6$ 时，$\Delta(W_n)=n-1 \geqslant 5$，$W_n$ 中间顶点关联的 $n-1$ 条边必须用 $n-1$ 种颜色着色。

而外圈 C_{n-1} 上的任何边都与其余的 4 条边相邻，于是总可以找到 $n-1$ 种颜色中的一种为它涂色，所以 $\chi'(W_n) \leqslant n-1$。又由维津定理可知，$\chi'(W_n) \geqslant n-1$，所以 $\chi'(W_n)=n-1$。

图的着色具有广泛的应用。

(1) 二部图判断。可使用两种颜色给图着色来检查一个图是否二部图，判断方法如下：

① 对任意一个未着色的顶点涂色。

② 在与其相邻的顶点中，若未着色，则将其涂上和相邻顶点不同的颜色。

③ 若该顶点已经着色且颜色和相邻顶点的颜色相同，则说明该图不是二部图；若颜色不同，则继续判断。

(2) 移动无线电频率分配。在同一位置分配给所有信号塔的频率必须不同。如何在此约束下分配频率？最少需要多少个频率？这也是图着色的一个实例，其中每个信号塔代表一个顶点，两个信号塔之间的边代表它们在彼此的信号覆盖范围内。

(3) 时间表制订。要为一所大学制订考试时间表，应合理安排考试时间，以使同一位学生不会同时参加两次考试。

例 7.27　某校计算机系三年级学生在本学期共选 6 门选修课，分别记为 C_1、C_2、C_3、C_4、C_5、C_6。设 $S(C_i)$ 为选 C_i 课的学生集。已知 $S(C_i) \cap S(C_6) \neq \varnothing$（$i=1,2,\cdots,5$），$S(C_i) \cap S(C_{i+1}) \neq \varnothing$（$i=1,2,3,4$），$S(C_5) \cap S(C_1) \neq \varnothing$。这 6 门课至少几天能考完？

解　由已知条件画出无向图 $G=\langle V,E \rangle$，其中 $V=\{C_1,C_2,\cdots,C_6\}$，$E=\{(C_i,C_j) \mid S(C_i) \cap S(C_j) \neq \varnothing\}$，得到如图 7.25 所示的 6 阶轮图 W_6。

给图 G 一种着色（点着色），C_i 与 C_j 着同色 $\Leftrightarrow$ C_i 与 C_j 不相邻 $\Leftrightarrow$ 没有学生既学 C_i 又学 C_j $\Leftrightarrow$ C_i 与 C_j 可同时考。于是最少的考试时间为 $\chi(G)=4$（见定义 7.41 后面点着色的说明(3)，偶阶轮图的点色数为 4）。

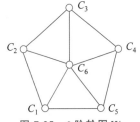

图 7.25　6 阶轮图 W_6

例 7.28　有 8 种化学品需要空运飞越整个国家，运费根据运送的容器数量确定，运送一个容器需要 125 元。某些化学品之间可以发生化学反应，所以把它们放在同一个容器中是很危险的。这 8 种化学品被标记成 $A \sim H$。下面列出的是与某个给定化学品能够发生化学反应的其他化学品名称：

A：B,E,F　　　　B：A,C,E,G　　　　C：B,D,G　　　　D：C,F,G,H

E：A,B,H　　　　F：A,D,H　　　　G：B,C,D,H　　　　H：D,E,F,G

这些化学品应该如何放置于那些容器中才能使得运送这些化学品所需的费用最少？最少是多少？

解：首先构造图 7.26 所示的图,其顶点为这 8 种化学品。如果某两种化学品能发生化学反应,就在这两个顶点间连一条边。由于 G 中含有奇圈 A、B、C、D、F,而奇阶轮图的点色数为 3(见定义 7.41 后面点着色的说明(3),至少需要 3 种颜色为该奇阶轮图上的顶点着色)。剩余顶点 E、H、G 分别用以上 3 种颜色的一种进行着色(如 $E3$、$H1$、$G3$)。最后,整个图 G 至少需要 3 种颜色完成图上的顶点着色。用 1、2、3 表示 3 种不同的颜色,如 $A1$ 表示 A 顶点用第 1 种颜色着色。故将这 8 种化学品放置在 3 个容器内,安排方法为

- 第一个容器：B、D。
- 第二个容器：A、C、H。
- 第三个容器：E、F、G。

最少费用为 3×125 元 $= 375$ 元。

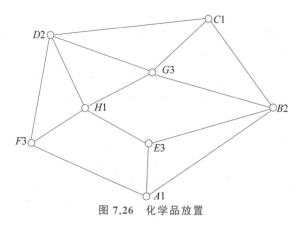

图 7.26 化学品放置

例 7.29 来自亚特兰大、波士顿、芝加哥、丹佛、路易维尔、迈阿密以及纳什维尔的 7 支垒球队受邀请参加比赛,其中每支垒球队都被安排与一些其他队比赛,安排如下：

- 亚特兰大(A)：波士顿、芝加哥、迈阿密、纳什维尔。
- 波士顿(B)：亚特兰大、芝加哥、纳什维尔。
- 芝加哥(C)：亚特兰大、波士顿、丹佛、路易维尔。
- 丹佛(D)：芝加哥、路易维尔、迈阿密、纳什维尔。
- 路易维尔(E)：芝加哥、丹佛、迈阿密。
- 迈阿密(F)：亚特兰大、丹佛、路易维尔、纳什维尔。
- 纳什维尔(G)：亚特兰大、波士顿、丹佛、迈阿密。

每支垒球队在同一天最多只能进行一场比赛。制订一个具有最少天数的比赛安排。

解：首先构造图 7.27 所示的图,其顶点为 7 支垒球队,$V(G) = \{A, B, C, D, E, F, G\}$。如果 G 中两个顶点代表的垒球队需要进行一场比赛,这两个顶点在 G 中就是邻接的。为了求解这个问题,需要确定图 G 的边色数。

易见该图最大度 $\Delta(G) = 4$,根据定理 7.21,边色数 $\chi'(G) = 4$ 或者 $\chi'(G) = 5$。下面按照图 G 的一个 5 边着色方案给出了最少 5 天的比赛安排。

- 第一天：亚特兰大—波士顿,纳什维尔—迈阿密,芝加哥—路易维尔。
- 第二天：波士顿—纳什维尔,亚特兰大—芝加哥,丹佛—路易维尔。
- 第三天：亚特兰大—迈阿密,芝加哥—波士顿,丹佛—纳什维尔。

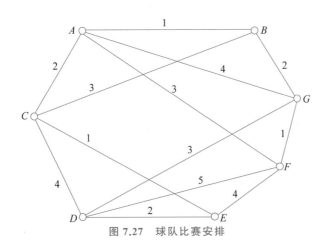

图 7.27　球队比赛安排

- 第四天：芝加哥—丹佛,路易维尔—迈阿密,亚特兰大—纳什维尔。
- 第五天：丹佛—迈阿密。

7.10　匹配及其应用

匹配问题是图论的重要内容之一,它在人员分配问题和最优分配问题中有重要作用。匹配是指二部图的左右两部分之间的相互对应关系,直观地说,就是连接左右两部分的这些边没有公共的顶点。

定义 7.44(匹配)　在二部图 G 的子图 M 中,如果 M 的边集 E 中的任意两条边都不依附于同一个顶点,或者说都不交汇于同一个顶点,则称 M 是一个匹配。

定义 7.45(最大匹配)　若对图 G 的任何匹配均有 $|M'| < |M|$,则称 M 为图 G 的最大匹配,即所有匹配中边数最多的匹配。

定义 7.46(完全匹配)　在一个匹配中,如果图的每个顶点都和该图中某条边相关联,则称此匹配为完全匹配,也称作完备匹配。

说明:如果一个图的某个匹配中所有顶点都是匹配点,那么它就是一个完全匹配。显然,完全匹配一定是最大匹配(完全匹配的任何一个点都已经匹配,添加一条新的匹配边一定会与已有的匹配边冲突)。但并非每个图都存在完全匹配。

在二部图中寻找匹配的方法如下:设二部图将顶点分为 V_1 和 V_2,从 V_1 中选择顶点与 V_2 中的顶点匹配(有边则匹配)。若为初次匹配,则直接匹配。若 V_2 中的点已被匹配,则先将原来的顶点取消匹配,再为其寻找新的匹配点。若寻找成功,则更新匹配状态。

定理 7.22(二部图存在匹配的充分条件)　设 G 是具有互补顶点子集 V_1 和 V_2 的二部图,若存在整数 $t > 0$ 使得

- 对 V_1 中的每个顶点,至少有 t 条边与其相关联。
- 对 V_2 中的每个顶点,至多有 t 条边与其相关联。

则 G 中存在 V_1 对 V_2 的匹配。

定理 7.22 中的条件是二部图存在匹配的充分条件,不是必要条件。

最大匹配是特殊的匹配,具有重要的应用价值。为讨论如何获得最大匹配,下面先介绍

几个基本概念。

定义 7.47(饱和点) 匹配 M 的边集所关联的点为饱和点,否则为非饱和点。

例如,在图 7.28 中,M_1 的饱和点为 X_1、X_3、X_4、Y_1、Y_2、Y_3,M_2 的饱和点为 X_1、X_2、Y_1、Y_3。

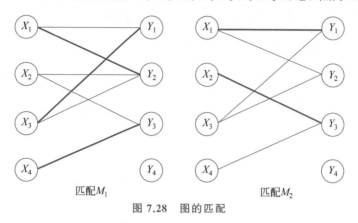

图 7.28 图的匹配

定义 7.48(交错路) 若图 G 的一条路径中的边交替出现属于匹配 M 和不属于匹配 M 两种情况,则称为交错路。

定义 7.49(增广路) 若一条交错路的起点和终点都为匹配 M 的非饱和点,则称为增广路。

如图 7.29 所示,交错路 1 是增广路;交错路 2 不是增广路,因为终点 X_1 不是非饱和点。

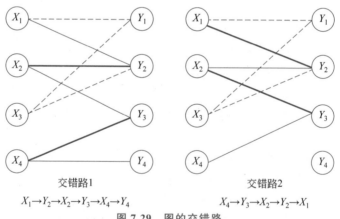

图 7.29 图的交错路

说明:增广路的一个重要特点是非匹配边比匹配边多一条。因此,研究增广路的意义是改进匹配,只要把增广路中的匹配边和非匹配边的身份交换(取反)即可。交换后,由于中间的匹配结点不存在其他与之相连的匹配边,所以这样做不会破坏匹配的性质,且图中的匹配边数目比原来多了一条。这样通过不停地寻找增广路来增加匹配中的匹配边和匹配点。当找不到增广路时,达到最大匹配。

说明:当找到匹配 M 中的一条增广路后,通过取反操作可找到一个更大的匹配 M',它恰好比 M 多一条匹配边,如图 7.30 所示。

在二部图中寻找最大匹配通常采用匈牙利算法,该算法通过不断寻找原有匹配 M 的增广路一步步得出最大匹配。匈牙利算法核心步骤如下:

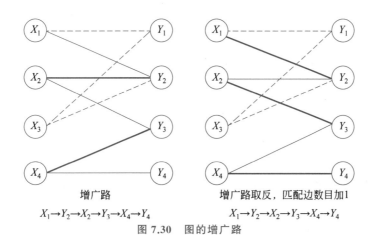

图 7.30　图的增广路

（1）初始匹配 M 为空。

（2）找出一条增广路 p，通过取反操作得到更大的匹配 M' 代替 M。

（3）重复步骤（2），直到找不出新的增广路为止。

说明：

（1）匈牙利算法寻找最大匹配就是通过不断寻找原有匹配 M 的增广路实现的，因为找到匹配 M 的一条增广路，就意味着发现了一个更大的匹配 M'，它恰好比 M 多一条匹配边。

（2）对于图来说，最大匹配不是唯一的，但是最大匹配的大小是唯一的。

例 7.30　某大学招聘 5 位教师，有不同专业的 5 名毕业生前来应聘。将这 5 名毕业生分别记作 $x_1 \sim x_5$，将 5 种学科分别记作 $y_1 \sim y_5$，这 5 名毕业生所能胜任的课程如图 7.31 所示。如何分配才能使得所有的应聘毕业生都找到心仪的工作，且空缺的职位均有人胜任？

解：本例属于求最大匹配的情形，可以根据匈牙利算法求得结果。构造一个二部图 G，$V(E) = X \cup Y$，X、Y 是 G 的二部图的顶点划分，其中，$X = \{x_1, x_2, x_3, x_4, x_5\}$，$Y = \{y_1, y_2, y_3, y_4, y_5\}$，仅当 x_i 可以胜任课程 y_j 时，在顶点 x_i 与 y_j 之间连一条边，如此构成一个二部图。接下来利用匈牙利算法求得该二部图的最大匹配。具体解法如下：

第一步：给出初始匹配 $M = \{x_1 y_1, x_3 y_5, x_5 y_3\}$，如图 7.32 所示，属于匹配 M 的边用实线表示，其余边用虚线表示。

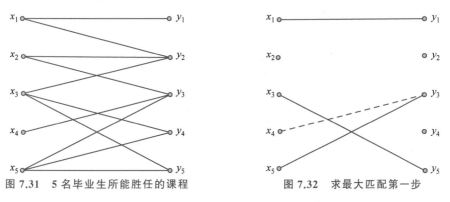

图 7.31　5 名毕业生所能胜任的课程　　　　图 7.32　求最大匹配第一步

第二步：显然 X 尚未饱和。找出其中一个饱和点 x_2，从 x_2 出发，经过下列过程：

$$V_1: \{x_2\} \rightarrow \{x_2, x_5\} \rightarrow \{x_2, x_5, x_3\}$$
$$V_2: \varnothing \rightarrow \{y_3\} \rightarrow \{y_3, y_5\} \rightarrow \{y_3, y_5, y_2\}$$

从而找到非饱和点和以下增广路(以下在表示路径时省去顶点间的箭头):

$$p = x_2 y_3 x_5 y_5 x_3 y_2$$

通过取反操作得到新的匹配,如图 7.33 所示。

第三步:X 仍未饱和。若 x_4 为非饱和点,从 x_4 出发,经过下列过程:

$$V_1: \{x_4\} \rightarrow \{x_4, x_2\} \rightarrow \{x_4, x_2, x_3\} \rightarrow \{x_4, x_2, x_3, x_5\}$$
$$V_2: \varnothing \rightarrow \{y_3\} \rightarrow \{y_3, y_2\} \rightarrow \{y_3, y_2, y_5\} \rightarrow \{y_3, y_2, y_5, y_4\}$$

从而得到非饱和点 y_4 和以下增广路:

$$p = x_4 y_3 x_2 y_2 x_3 y_5 x_5 y_4$$

通过取反操作得新的匹配 M',如图 7.34 所示。

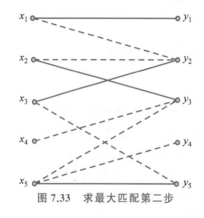

图 7.33　求最大匹配第二步

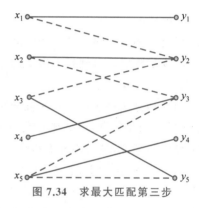

图 7.34　求最大匹配第三步

至此,X 已饱和,故算法结束。

◇ 习　题

1. 设无向图 G 有 10 条边,3 度与 4 度顶点各 2 个,其余顶点的度均小于 3。G 至少有多少个顶点? 在最少顶点的情况下写出度序列、$\Delta(G)$ 和 $\delta(G)$。

2. 确定图 7.35 的出度、入度和度。

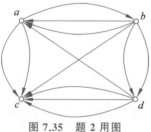

图 7.35　题 2 用图

3. 设有向图 D 的度序列为 $2,3,2,3$,出度序列为 $1,2,1,1$。求 D 的入度序列,并求 $\Delta(D)$、$\delta(D)$、$\Delta^+(D)$、$\delta^+(D)$、$\Delta^-(D)$、$\delta^-(D)$。

4. 下面给出的两个正整数数列中哪个是可图化的?

(1) 2,2,3,3,4,4,5。

(2) 2,2,2,2,3,3,4,4。

5. 设无向图 G 如图 7.36 所示。

(1) 给出 $\{a,d,e\}$ 的导出子图。

(2) 给出它的一个生成子图。

(3) 给出边集 $\{e_4,e_7,e_6\}$ 的导出子图。

6. 设无向图 G 如图 7.37 所示。

(1) 求 G 的全部点割集与边割集,指出其中的割点和桥。

(2) 求 G 的点连通度 $k(G)$ 与边连通度 $\lambda(G)$。

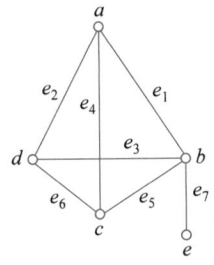 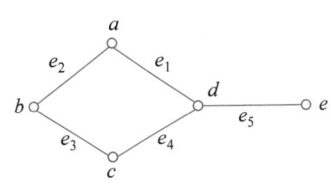

图 7.36 题 5 用图　　　　图 7.37 题 6 用图

7. 设图 G 和它的补图 $\bar{G}$ 的边数分别为 m 和 $\bar{m}$,确定 G 的阶数。

8. 设有向图 D 如图 7.38 所示。

(1) 求 v_2 到 v_5 长度为 1、2、3、4 的通路数。

(2) 求 v_5 到 v_5 长度为 1、2、3、4 的回路数。

(3) 求 D 中长度为 4 的通路数。

(4) 求 D 中长度小于或等于 4 的回路数。

(5) 写出 D 的可达矩阵。

9. 设 $G=<V,E>$ 是 n 个顶点的无向图($n>2$)。证明:若对任意 $u,v\in V$,有 $d(u)+d(v)\geqslant n$,则 G 是连通图。

10. 求图 7.39 的一棵最小生成树。

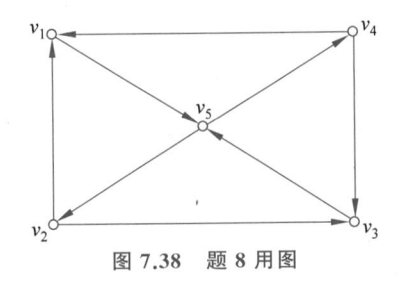 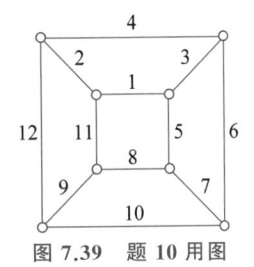

图 7.38 题 8 用图　　　　图 7.39 题 10 用图

11. 设 G 是具有 n 个结点的无向简单图,其边数 $m=\dfrac{1}{2}(n-1)(n-2)+2$。证明 G 是哈密顿图。

12. 有 6 个未婚女性 $L_1\sim L_6$ 和 6 个未婚男性 $G_1\sim G_6$。他们都想结婚,但是他们心中

都有一张表,他们只愿意和表上的人结婚。现在知道女性心中的表分别是

L_1：$\{G_1、G_2、G_4\}$，L_2：$\{G_3、G_5\}$，L_3：$\{G_1、G_2,G_4\}$，L_4：$\{G_2,G_5,G_6\}$，L_5：$\{G_3,G_6\}$，L_6：$\{G_2,G_5,G_6\}$

男性心中的表分别是

G_1：$\{L_1,L_3,L_6\}$，G_2：$\{L_2,L_4,L_6\}$，G_3：$\{L_2,L_5\}$，G_4：$\{L_1,L_3\}$，G_5：$\{L_2,L_6\}$，G_6：$\{L_3,L_4,L_5\}$

如何匹配才能使结婚的男女双方都满意且结婚的对数最多?

13. 有 5 台无线交换设备,要给每一台设备分配一个波长。如果两台设备靠得近,则不能给它们分配相同的波长,以防干扰。已知 v_1 和 v_2、v_4、v_5 靠得近,v_2 和 v_3、v_4 靠得近,v_3 和 v_4、v_5 靠得近。至少需要几个波长?

第
8
章

图论程序实践

本章共 16 个实验，主要包括以下内容：计算图的度和可达矩阵并判断图的连通性，求图的所有割点和割边，判断一个图是否可图化、可简单图化以及是否为连通图、欧拉图等，判断一个图是否为哈密顿图，计算图中两个顶点间的通路数，利用迪杰斯特拉算法求最短路径，利用弗洛伊德算法求最短路径，判断一个图是否为树，利用普里姆算法构造最小生成树，利用克鲁斯卡尔算法构造最小生成树，哈夫曼编码与解码，图的颜色分配方案判断，图的点着色，判断一个图是否为二部图，求二部图的最大匹配。

实验环境：Windows 7 旗舰版。

实验工具：Dev-C++ 5.8.3。

◆ 实验 1 　图的度和可达矩阵计算以及连通性判断

【实验目的】

（1）理解图的邻接矩阵计算原理。

（2）掌握图的出度、入度、可达矩阵的计算方法以及强连通、弱连通、单向连通的判断方法。

（3）提高编程能力。

【实验内容】

利用图的邻接矩阵求图的出度、入度、可达矩阵，判断图是否为强连通、弱连通、单向连通。

【实验原理】

（1）设 graphic$[i][j]$ 是邻接矩阵 G 中 (i,j) 位置的元素，则

$$\text{tmpG} = G + G^2 + \cdots + G^n$$

可达矩阵 reachG 是一个 $n \times n$ 的矩阵。如果顶点 i 可以到达顶点 j，那么 reachG$[i][j] = 1$；否则 reachG$[i][j] = 0$。计算方式如下：

$$\text{reachG}[i][j] = \begin{cases} 1, & \text{tmpG}[i][j] \neq 0 \\ 0, & \text{tmpG}[i][j] = 0 \end{cases}$$

（2）出度和入度。

出度：邻接矩阵第 i 行的和（主对角线为 0）就是第 i 个顶点的出度。

入度：邻接矩阵第 j 列的和（主对角线为 0）就是第 j 个顶点的入度。

(3) 判断图的连通性。

强连通图：如果可达矩阵的所有元素都不为 0，就是强连通图。

单向连通图：如果已经判断某有向图不是强连通的，那么接下来判断是否所有 i、j 的 reachG$[i][j]$ 不为 0(条件 1)以及 reachG$[j][i]$ 不为 0(条件 2)。如果满足条件 1 和条件 2 之一，就是单向连通图。

弱连通图：如果某有向图不是强连通的，而将有向图变成无向图后，所得无向图是强连通的，那么原来的有向图是弱连通图。

【参考代码】

```cpp
#include <iostream>
using namespace std;
#define MAX 100
int vernum;                                    //邻接矩阵的顶点个数
int graphic[MAX][MAX];
int reach_matrix[MAX][MAX];                    //可达矩阵
void init_graphic();                           //初始化矩阵
void display_degree();                         //输出有序顶点对以及每个顶点的入度和出度
void matrix_multi(int A[][MAX], int B[][MAX]);  //矩阵乘法
void reachable_matrix();                        //求可达矩阵
//通过可达矩阵判断,强连通返回 0,单向连通返回 1,弱连通返回-1
int judge_connected_graph();                    //判断是否为强连通或单向连通
void judge_connected_weakgraph();               //判断是否为弱连通
int main()
{
    init_graphic();
    display_degree();
    reachable_matrix();
    int flag = judge_connected_graph();    //判断是否为强连通或单向连通
    if(flag == 0)
    {
        cout << "输入的图是强连通图" << endl;
    }
    else
    {
        if(flag == 1)
            cout << "输入的图是单向连通图" << endl;
        judge_connected_weakgraph();       //判断是否为弱连通
    }
    return 0;
}
void init_graphic()                            //初始化矩阵
{
    cout << "请输入图的顶点个数:";
    cin >> vernum;
    cout << "请输入一个" << vernum << "阶的 0、1 方阵:" << endl;
    for(int i = 0; i < vernum; i++)
    {
        for(int j = 0; j < vernum; j++)
```

```
        {
            cin >> graphic[i][j];
            if(i == j)
                graphic[i][j] = 1;
        }
    }
}
//输出有序顶点对以及每个顶点的入度和出度
void display_degree()
{
    cout << "输出有序顶点对:" << endl;
    for(int i = 0; i < vernum; i++)
    {
        for(int j = 0; j < vernum; j++)
        {
            if(graphic[i][j] != 0)
            {
                cout << "<" << i << "," << j << ">" << "\t";
            }
        }
    }
    cout << "\n 每个顶点的入度和出度如下:" << endl;
    for(int i = 0; i < vernum; i++)
    {
        cout << "第" << i << "个顶点的入度和出度:";
        int inDegree = 0;                      //入度
        int outDegree = 0;                     //出度
        for(int j = 0; j < vernum; j++)
        {
            if(graphic[j][i] != 0&&i!=j)
                inDegree++;
            if(graphic[i][j] != 0&&i!=j)
                outDegree++;
        }
        cout << inDegree << "\t" << outDegree << endl;
    }
}
//矩阵乘法,结果保存在 A 矩阵中
void matrix_multi(int A[][MAX],int B[][MAX])
{
    int result[MAX][MAX];
    memset(result, 0, sizeof(result));
    for(int i = 0; i < vernum; i++)
    {
        for(int j=0; j <vernum; j++)
        {
            for(int v=0; v<vernum; v++)
            {
                result[i][j]+= A[i][v] * B[v][j];
            }
```

```
        }
    }
    for(int i= 0; i < vernum; i++)
    {
        for(int j= 0; j < vernum; j++)
        {
            A[i][j] = result[i][j];          //复制到 A 矩阵中
        }
    }
}
//求可达矩阵
void reachable_matrix()
{
    int tmp_matrix[MAX][MAX];               //可达矩阵的每一项
    for(int i = 0; i < vernum; i++)
        graphic[i][i] = 1;                  //主对角线元素设置为 1
    for(int i= 0; i < vernum; i++)
    {
        for(int j = 0; j < vernum; j++)
        {
            tmp_matrix[i][j] = graphic[i][j];
            reach_matrix[i][j] = graphic[i][j];
        }
    }
    for(int i=1; i< vernum; i++)
    {
        for(int j=0; j < i; j++)
        {
            matrix_multi(tmp_matrix, graphic);
        }
        //相加
        for(int m = 0; m < vernum; m++)
        {
            for(int n = 0; n < vernum; n++)
            {
                reach_matrix[m][n]=reach_matrix[m][n]+tmp_matrix[m][n];
            }
        }
    }
    cout << "可达矩阵为:" << endl;
    for(int i = 0; i < vernum; i++)
    {
        for(int j = 0; j < vernum; j++)
        {
            if(reach_matrix[i][j] != 0)
                cout << "1" << "\t";
            else
                cout << "0" << "\t";
        }
        cout << endl;
```

```
    }
}
int judge_connected_graph()                 //判断是否为强连通或单向连通
{
    int flag_connected = 0;                 //强连通为 0,单向连通为 1,弱连通为-1
    for(int i = 0; i < vernum; i++)
    {
        for(int j = 0; j < vernum; j++)
        {
            if(reach_matrix[i][j] == 0)
                flag_connected = 1;
        }
    }
    if(flag_connected == 0)
        return 0;
    for(int i = 0; i < vernum; i++)
    {
        for(int j = 0; j < vernum; j++)
        {
        if(reach_matrix[i][j]= 0 && reach_matrix[j][i]==0)
                return -1;
        }
    }
    return 1;
}
void judge_connected_weakgraph()            //判断是否为弱连通
{
    for(int i = 0; i < vernum; i++)
    {
        for(int j = 0; j < vernum; j++)
        {
            if(graphic[i][j] != 0)
            {
                graphic[j][i] = graphic[i][j];
            }
        }
    }
    cout << "转换成无向图后的可达矩阵为:" << endl;
    reachable_matrix();
    if (judge_connected_graph() == 0)
        cout << "原图是弱连通图" << endl;
    else
        cout << "原图不是弱连通图" << endl;
}
```

◆ 实验 2 求图的所有割点

【实验目的】

（1）使学生具备程序设计的思想，能够独立完成简单的算法设计和分析。

（2）掌握割点、连通分支的定义。

【实验内容】

求图的所有割点。

【实验原理】

v 为割点，则去掉 v 后，图的连通分支增加。

【参考代码】

```c
#include <stdio.h>
#define Max 999                        //表示最大值
int **A,n;
void Input_A(int **A)
//输入图的邻接矩阵,两点之间无边用∞表示,输入时用-1代替
{
    int i,j;
    for(i=0;i<n;i++)
        for(j=0;j<n;j++)
            if(i==j)
                A[i][j]=0;
            else {
                printf("边[%d,%d]的权:",i,j);
                scanf("%d",&A[i][j]);
                if(A[i][j]==-1)
                    A[i][j]=Max;
            }
}
int Judge_gjd(int m)                   //判断序号为 m 的顶点是否为割点
{
    int i,j,k,flag,**B;
    B=new int * [n];                   //删去序号为 m 的顶点后所得子图的邻接矩阵
    for(i=0;i<n;i++)
        B[i]=new int[n];
        for(i=0;i<n;i++)
        for(j=0;j<n;j++)
        if(i==m||j==m)
            { B[i][j]=Max; B[j][i]=Max; }
        else
            B[i][j]=A[i][j];
        for(i=0;i<n;i++)               //计算子图中各顶点之间的最短距离
            for(j=0;j<n;j++)
            for(k=0;k<n;k++)
            if(B[j][i]+B[i][k]<B[j][k])
                B[j][k]=B[j][i]+B[i][k];
```

```
        flag=0;
        for(i=0;i<n;i++)
        {
            for(j=0;j<n;j++)
            if((i!=j)&&(i!=m)&&(j!=m)&&(B[i][j]==Max))
            {flag=1; break;}
            if(flag)
                break;
        }
    return flag;
    }
    void main()
    {
    int i;
    printf("请输入图的顶点数:");
    scanf("%d",&n);
    A=new int * [n];
    for(i=0;i<n;i++)
        A[i]=new int[n];
    Input_A(A);
    for(i=0;i<n;i++)                        //判断序号为 i 的顶点是否为割点
        if(Judge_gjd(i))
            printf("序号为%d的顶点是割点!\n",i);
}
```

◆ 实验 3 求图的所有割边

【实验目的】

(1) 使学生具备程序设计的思想,能够独立完成简单的算法设计和分析。

(2) 掌握割边、连通分支的定义。

【实验内容】

求图的所有割边。

【实验原理】

$e=[s,t]$ 为割边,则去掉 $e=[s,t]$ 后,图的连通分支增加。

【参考代码】

```
#include <stdio.h>
#define Max 999                          //表示最大值
int **A,n;
void Input_A(int **A)
//输入图的邻接矩阵,两点之间无边用∞表示,输入时用-1代替
{
    int i,j;
    for(i=0;i<n;i++)
    for(j=0;j<n;j++)
    if(i==j)
```

```
            A[i][j]=0;
        else {
            printf("边[%d,%d]的权:",i,j);
            scanf("%d",&A[i][j]);
            if(A[i][j]==-1)
                A[i][j]=Max;
        }
}
int Judge_gb(int s,int t)                    //判断边[s,t]是否为割边
{
    int i,j,k,flag,**B;
    B=new int * [n];                         //删去边[s,t]后所得子图的邻接矩阵
    for(i=0;i<n;i++)
        B[i]=new int[n];
    for(i=0;i<n;i++)
        for(j=0;j<n;j++)
            B[i][j]=A[i][j];
    B[s][t]=Max;
    for(i=0;i<n;i++)                         //计算子图中各顶点之间的最短距离
        for(j=0;j<n;j++)
            for(k=0;k<n;k++)
                if(B[j][i]+B[i][k]<B[j][k])
                    B[j][k]=B[j][i]+B[i][k];
                flag=0;
                for(i=0;i<n;i++)             //判断边[s,t]是否为割边
                {
                    for(j=0;j<n;j++)
                        if((i!=j)&&(B[i][j]==Max))
                            {flag=1;break;}
                        if(flag)
                            break;
                }
                return flag;
}
void main()
{
    int i,j;
    printf("请输入图的顶点数:");
    scanf("%d",&n);
    A=new int * [n];
    for(i=0;i<n;i++)
        A[i]=new int[n];
    Input_A(A);
    for(i=0;i<n;i++)                         //判断边[s,t]是否为割边
        for(j=i+1;j<n;j++)
            if(Judge_gb(i,j))
                printf("边[%d,%d]是割边!\n",i,j);
}
```

◈ 实验 4　可图化、可简单图化、连通图和欧拉图的判断

【实验目的】

(1) 掌握可图化、可简单图化、连通图和欧拉图的判断条件。

(2) 提高编程能力。

【实验内容】

(1) 给定一个非负整数序列,例如 4,2,2,2,2,判断此非负整数序列是否可图化以及是否可简单图化。

(2) 如果可简单图化,根据定理 7.6 求出对应的简单图,并输出此图。

(3) 判断此简单图是否为连通图。

(4) 如果是连通图,判断此图是否为欧拉图。如果是欧拉图,输出一条欧拉回路(输出形式: $v_2 \to v_1 \to v_5 \to v_3 \to v_4 \to v_5 \to v_2$)。

【实验原理】

使用无向邻接矩阵表示该简单图,利用顶点度之和为偶数的条件判定可图化;利用顶点度为 $0 \sim n-1$ 这个条件判断是否可简单图化。

从一个顶点出发,若能够遍历所有顶点,就是连通的。

无向图若是欧拉图,每个顶点的度都是偶数;对有向图而言,若所有顶点的入度等于出度,则该图为欧拉图。

从一个顶点出发,每次加入一条没有走过的路径,不出现环,在无路可走时所有边都已经走过并且回到了最初的起点,说明这是一个欧拉回路。

【参考代码】

```
#include <iostream>
#include <bits/stdc++.h>
using namespace std;
int a[11] = {0};                      //存储度序列
int n = 0;                            //顶点个数
int graph[11][11];                    //存储简单图的邻接矩阵
int visited[11];
int used[11][11];                     //求欧拉回路时判断路径是否已经走过
stack<int> path;                      //存储欧拉回路
int m = 0;                            //边的数量
int curEdge = 0;
bool cmp(int t1, int t2)
{
    return t1 >= t2;
}
//判断:可图化返回 1,可简单图化返回 2,不可图化返回 0
int isGraphic()
{
    int sum = 0;
    for(int i = 1; i <= n; ++i)
    {
```

```
        if(a[i] < 0)                       //负数不可图化
        {
            return 0;
        }
        sum += a[i];
    }
    if(sum % 2 == 0)                       //可图化
    {
        if(n - 1 >= a[1] && 0 <= a[n])     //可简单图化的第二个判断
        {
            int left = 0;
            int right = 0;
            int flag = true;
            for(int r = 1; r <= n - 1; ++r)
            {
                left += a[r];
                right = r * (r - 1);
                for(int j = r + 1; j <= n; ++j)
                {
                    right += min(r, a[j]);
                }
                if(left > right)
                {
                    flag = false;
                    break;
                }
            }
            if(flag == true)
            {
                return 2;
            }
            else
            {
                return 1;
            }
        }
        else                               //不可简单图化,返回1
        {
            return 1;
        }
    }
    else                                   //不可图化,返回0
    {
        return 0;
    }
}
//用 Havel 定理自顶向下判断邻接矩阵
void isGraphicHavel(int c[11], int len)
//传入度序列 c[11]以及顶点个数 len
{
```

```
int b[11] = {0};
int j = 1;
for(int i = 2; i <= c[1] + 1; ++i)
{
    b[j++] = c[i] - 1;
}
for(int i = c[1] + 2; i <= len; ++i)
{
    b[j++] = c[i];
}
sort(b + 1, b + 1 + len - 1, cmp);          //降序排序
int flag = true;                            //判断是否到最底层,即全部为孤立点
for(int i = 1; i <= len - 1; ++i)
{
    if(b[i] != 0)
    {
        flag = false;
        break;
    }
}
if(!flag)                                   //继续往下求一层
{
    isGraphicHavel(b, len - 1);
}
int temp[11];
copy(c, c + 11, temp);                      //c 的临时数组,防止影响上一层
//对底层度序列 b[11]的相邻矩阵添加本层 c[11]新的顶点和边
//最后会空出一个孤立点无法加边,因为不能有平行边
int start = 1;
for(int i = 1; i <= len; ++i)
{
    while(temp[i] > b[i])                   //添加新的边,需要改变两个值
    {
        int num = 0;
        for(int j=start; num<len && temp[i]>b[i]; j=(j==len)? 1:j+1)
        {
            num++;
            if(i != j && graph[i][j] != 1){  //不能有环和平行边
                if(temp[j] > b[j])           //该顶点也需要加一条新的边
                {
                    graph[i][j] = 1;
                    graph[j][i] = 1;
                    temp[i]--;
                    temp[j]--;
                    start = (j == len) ? 1 : j + 1;
                    //指针指向下一个点而不是第一个点
                }
            }
        }
    }
}
```

```
    }
//如果是欧拉图,所有顶点度数为偶数,返回1;否则返回0
int isEuler()
{
    for(int i = 1; i <= n; ++i)
    {
        if(a[i] % 2 != 0)
        {
            return 0;
        }
    }
    return 1;
}

void dfs(int t)                              //遍历二维数组中所有的点
{
    for(int i = 1; i <= n; ++i)
    {
        if(visited[i]==0 &&graph[t][i]==1)
        //i没有访问过,顶点t和i之间有边
        {
            visited[i] = 1;
            dfs(i);
        }
    }
}
bool isConnected()                           //根据邻接矩阵判断是否为连通图
{
    //先排除有孤立点的
    if(n == 1)
    {
        return false;
    }
    for(int i = 1; i <= n; ++i)
    {
        if(a[i] == 0)
        {
            return false;
        }
    }
    //从v1开始搜索
    visited[1] = 1;
    dfs(1);
    for(int i = 1; i <= n; ++i)
    {
        if(visited[i] == 0)                  //有顶点没有访问到
        {
            return false;
        }
    }
```

```
        return true;
}
bool EulerCircuit(int v)                         //返回值代表能否走通
{
        //先计算边数,用栈存储已经经过的顶点
        //如果没有走完就无路可走,或者回不到起点了,就弹出栈顶的顶点
        //对于每一个顶点,利用邻接矩阵尝试每个邻接的顶点
        int flag=false;                          //能否走通的标志
        for(int i = 1; i <= n && !flag; ++i)
        {
            if(graph[v][i] == 1 && used[v][i] == 0)   //没走过的路
            {
                used[v][i] = 1;                  //标记已经走过了
                used[i][v] = 1;
                path.push(i);
                curEdge++;
                flag = true;
                if(!EulerCircuit(i))             //不能继续走下去
                {
                    flag = false;
                    used[v][i] = 0;              //标记已经走过了
                    used[i][v] = 0;
                    path.pop();
                    curEdge--;
                }
            }
        }
        if(!flag)                                //已经无路可走了
        {
            if(v == 1 && curEdge == m)           //回到了起点并且边都走遍了
            {
                return true;
            }
            else                                 //上次走得不对
            {
                return false;
            }
        }
        else
        {
            return true;
        }
}

int main()
{
    while(true)
    {
        memset(graph, 0, sizeof(graph));
        memset(a, 0, sizeof(a));
```

```
memset(visited, 0, sizeof(visited));
memset(used, 0, sizeof(used));
m = 0;
curEdge = 0;
cout << "请输入顶点个数:" << endl;
cin >> n;
cout << "请输入度序列,降序输入,以空格作为间隔:" << endl;
for(int i=1; i<=n; ++i)
{
    cin >> a[i];                        //输入度序列,降序输入,第一个位置不存放数据
}
int t1 = isGraphic();
if(t1 == 0)
{
    cout << "不可图化" << endl;
}
else if(t1 == 1)
{
    cout << "可图化" << endl;
}
else
{
    cout << "可简单图化" << endl;
    isGraphicHavel(a, n);               //根据 Havel 定理求简单图的邻接矩阵
    cout << "邻接矩阵:" << endl;
    for(int i = 1; i <= n; ++i)
    {
        for(int j = 1; j <= n; ++j)
        {
            cout << graph[i][j] << " ";
        }
        cout << endl;
    }

    if(isConnected())                   //判断是否连通
    {
        cout << "连通图" << endl;
        if(isEuler())
        {
            cout << "欧拉图" << endl;
            for(int i = 1; i <= n; ++i)
            {
                m += a[i];
            }
            m = m/2;                     //利用握手定理求边数
            path.push(1);                //先从 v1 开始
            EulerCircuit(1);
            cout << path.top();
            path.pop();
            while(!path.empty())
```

```
            {
                cout << "->" << path.top();
                path.pop();
            }
            cout << endl;
        }
        else
        {
            cout << "非欧拉图" << endl;
        }
    }
    else
    {
        cout << "非连通图" << endl;
    }
    }
    }
    return 0;
}
```

◆ 实验 5　哈密顿图的判断

【实验目的】

(1) 理解哈密顿图的概念,能够判断、找出哈密顿回路。

(2) 提高编程能力。

【实验内容】

判断一个图是否为哈密顿图,即能找出哈密顿回路。

【实验原理】

哈密顿图就是从一个顶点出发,经过所有的顶点且只能经过一次,最终回到起点的路径。图中有的边可以不经过,但是不会有边被经过两次。

(1) 任意找两个相邻的顶点 s 和 t,在它们的基础上扩展出一条尽量长且没有重复顶点的路径。也就是说,如果 s 与顶点 v 相邻,而且 v 不在路径 $s{\rightarrow}t$ 上,则可以把该路径变成 $v{\rightarrow}s{\rightarrow}t$,然后让 v 成为新的 s。从 s 和 t 分别向两头扩展,直到无法扩为止,即所有与 s 或 t 相邻的顶点都在路径 $s{\rightarrow}t$ 上。

(2) 若 s 与 t 相邻,则路径 $s{\rightarrow}t$ 形成了一个回路。

(3) 若 s 与 t 不相邻,可以构造出一个回路。设路径 $s{\rightarrow}t$ 上有 $k+2$ 个顶点,依次为 s, $v_1,v_2,\cdots,v_k,t$。可以证明存在结点 $v_i,i\in[1,k]$,满足 v_i 与 t 相邻,且 v_{i+1} 与 s 相邻。证明方法也是根据鸽巢原理,既然与 s 和 t 相邻的顶点都在该路径上,它们分布的范围只有 $v_1{\sim}v_k$ 这 k 个顶点,$k{\leqslant}N-2$,而 $d(s)+d(t){\geqslant}N$,那么可以想象,肯定存在一个与 s 相邻的顶点 v_i 和一个与 t 相邻的顶点 v_j,满足 $j{<}i$。那么上面的命题也就显然成立了。找到了满足条件的顶点 v_i 以后,就可以把原路径变成 $s{\rightarrow}v_{i+1}{\rightarrow}t{\rightarrow}v_i{\rightarrow}s$,即形成了一个回路。

(4) 现在有了一个没有重复顶点的回路。如果它的长度为 N,则哈密顿回路就找到了。

如果回路的长度小于 N，由于整个图是连通的，所以在该回路上一定存在一个顶点与回路以外的顶点相邻。那么从该顶点处把回路断开，就变成了一条路径。再按照步骤(1)的方法尽量扩展路径，则一定有新的顶点被加进来。然后回到步骤(2)。

在整个构造过程中，如果每次到步骤(4)为一轮，那么由于每一轮当中至少有一个顶点被加入路径 $s \to t$ 中，所以总的轮数肯定不超过 N。实际上，不难看出该算法的复杂度就是 $O(N^2)$，因为总共扩展了 N 轮路径，每轮扩展最多枚举所有的结点。

【参考代码】

代码 1：

```cpp
#include <cstdio>
#include <cstring>
#include <iostream>
#include <algorithm>
using namespace std;
#define N 401
int n,m;
bool e[N][N];
int cnt,s,t;
bool vis[N];
int ans[N];
void read(int &x)
{
    x=0;
    char c=getchar();
    while(!isdigit(c))
        c=getchar();
    while(isdigit(c))
    { x=x*10+c-'0'; c=getchar(); }
}
void Reverse(int i,int j)
{
    while(i<j)
        swap(ans[i++],ans[j--]);
}
void expand()
{
    while(1)
    {
        int i;
        for(i=1;i<=n;++i)
            if(e[t][i] && !vis[i])
            {
                ans[++cnt]=t=i;
                vis[i]=true;
                break;
            }
        if(i>n)
            return;
```

```
        }
}
void Hamilton()
{
    memset(vis,false,sizeof(vis));
    cnt=0;
    s=1;
    for(t=1;t<=n;++t)
        if(e[s][t])
            break;
    vis[s]=vis[t]=true;
    cnt=2;
    ans[1]=s;
    ans[2]=t;
    while(1)
    {
        expand();
        Reverse(1,cnt);
        swap(s,t);
        expand();
        if(!e[s][t])
        {
            int i;
            for(i=2;i<cnt;++i)
                if(e[ans[i]][t] && e[s][ans[i+1]])
                    break;
            t=ans[i+1];
            Reverse(i+1,cnt);
        }
        if(cnt==n)
            break;
        int j,i;
        for(j=1;j<=n;++j)
            if(!vis[j])
            {
                for(i=2;i<cnt;++i)
                    if(e[ans[i]][j])
                        break;
                if(e[ans[i]][j])
                    break;
            }
        s=ans[i-1];
        Reverse(1,i-1);
        Reverse(i,cnt);
        ans[++cnt]=j;
        t=j;
        vis[j]=true;
    }
    for(int i=1;i<=cnt;++i)
```

```
            printf("%d ",ans[i]);
        printf("%d\n",ans[1]);
    }
    int main()
    {
        int u,v;
        while(1)
        {
            read(n);
            read(m);
            if(!n)
                return 0;
            memset(e,false,sizeof(e));
            while(m--)
            {
                read(u);
                read(v);
                e[u][v]=e[v][u]=true;
            }
            Hamilton();
        }
    }
```

代码 2：

```
#include <stdio.h>
#include <malloc.h>
#define max_v 20                       //最大顶点数
typedef struct Node                    //顶点
{
    int v;
    Node * next;
}Node;
int n;                                 //实际顶点数
Node * a[max_v];                       //邻接链表头指针
void creat()                           //创建邻接链表
{
    printf("请输入顶点个数:");
    scanf("%d",&n);
    for(int i=0;i<n;i++)
    {
        a[i]=(Node *)malloc(sizeof(Node));
        a[i]->v=i;
        a[i]->next=NULL;
    }
    int num;
    for(int i=0;i<n;i++)
    {
        printf("请输入与顶点%d相连的顶点个数:",i+1);
```

```
        scanf("%d",&num);
        printf("请输入与顶点%d相连的顶点,格式为1 2 3:",i+1);
        for(int j=0;j<num;j++)
        {
            Node * node;
            node=(Node *)malloc(sizeof(Node));
            int x;
            scanf("%d",&x);
            node->v=x-1;
            node->next=a[i]->next;
            a[i]->next=node;
        }
    }
}
void hc()
{
    creat();
    int result[n];                      //存放路径的数组
    bool visited[n];                    //对在路径上的顶点进行标记
    for(int i=0;i<n;i++)
        visited[i]=false;
    result[0]=0;
    int k=0;
    Node * tmp[n];
    //避免回溯时每次都从头节点开始遍历,定义一个新的头指针指向上一次遍历到的顶点
    for(int i=0;i<n;i++)
        tmp[i]=a[i];
    while(k>-1)
    {
        Node * p=tmp[result[k]]->next;
        while(p!=NULL)
        {
            if(!visited[p->v])
            {
                tmp[result[k]]=p;
                result[++k]=p->v;         //相连顶点不在路径上,将其加入路径中
                visited[p->v]=true;       //标记已在路径上
                break;
            }
            else
                p=p->next;
        }
        if(pNULL)                         //与剩余顶点不相连,回溯
        {
            visited[result[k]]=false;
            tmp[result[k]]=a[result[k]];
            k-;
        }
        else
        {
```

```
            if(kn-1)                  //对最后一个顶点进行验证,判断是否可以和起点形成回路
            {
                Node *q=tmp[result[k]]->next;
                while(q!=NULL)
                {
                    if(q->v0)
                        break;
                    q=q->next;
                }
                if(q!=NULL)
                    break;
                else                              //不能形成回路,回溯
                {
                    visited[result[k]]=false;
                    tmp[result[k]]=a[result[k]];
                    k-;
                }
            }
        }
    }
    if(k-1)
        printf("无解");
    else
    {
        printf("满足条件的一个解路径为:");
        for(int i=0;i<n;i++)
            printf("%d ",result[i]+1);
    }
}
main()
{
    hc();
}
```

◇ 实验 6　图中两个顶点间通路数计算

【实验目的】

（1）理解图中两个顶点之间的通路的概念。

（2）提高编程能力。

【实验内容】

从键盘输入图的邻接矩阵和一个正整数 m，计算顶点两两之间长度为 m 的通路的数目。

【实验原理】

一个图中长度为 k 的通路的数目等于该图所代表的邻接矩阵 k 次相乘后对应位置的值。

【参考代码】

```cpp
#include <iostream>
#include <stdio.h>
using namespace std;
int main()
{
    int n;
    int num1[10][10]={0};
    int num[10][10];
    cin>>n;                          //输入顶点数
    for(int i=0;i<n;i++)
    {
        for(int j=0;j<n;j++)
        {
            cin>>num[i][j];          //输入邻接矩阵
        }
    }

    //矩阵乘法
    int temp=0;
    for(int k=0;k<n-1;k++)           //k 阶
    {
        for(int i=0;i<n;i++)
        {
            for(int j=0;j<n;j++)
            {
                temp=0;
                for(int m=0;m<n;m++)
                    temp+=num[i][m] * num[m][j];
                num1[i][j]=temp;
            }
        }
    }

    printf("-----------------------\n");
    int sum=0;
    int x,y;
    for(int i=0;i<n;i++)
    {
        for(int j=0;j<n;j++)
        {
            cout<<num1[i][j]<<" ";   //输出顶点 i 到顶点 j 长度为 k 的通路数目
        }
        printf("\n");
    }
    cout<<"输入起始点:";
    cin>>x>>y;
    cout<<num1[x-1][y-1];
}
```

◇ 实验 7　利用迪杰斯特拉算法求最短路径

【实验目的】

（1）理解迪杰斯特拉算法的原理。

（2）提高编程能力。

【实验内容】

利用迪杰斯特拉算法获得一个顶点到其余各顶点之间的最短路径。

【实验原理】

作为典型最短路径算法之一，迪杰斯特拉算法用于计算一个顶点到其他顶点的最短路径。迪杰斯特拉算法采用广度优先搜索及贪心策略，以起点为中心向外层层扩展，每次遍历距离起点最近且未访问过的顶点的邻接顶点，一直扩展到终点为止。利用迪杰斯特拉算法计算图 G 中的最短路径时，需要指定起点 s（即从顶点 s 开始计算），并引进两个集合 S 和 U。S 的作用是记录已求出最短路径的顶点（以及相应的最短路径长度），而 U 的作用是记录还未求出最短路径的顶点（以及该顶点到起点 s 的距离）。操作步骤如下：

（1）开始时，S 只包含起点 s，U 包含除 s 外的其他顶点，且 U 中顶点的距离为起点 s 到该顶点的距离。例如，U 中顶点 v 与 s 的距离为 (s, v) 的长度。若 s 和 v 不相邻，则 v 的距离为 $+\infty$。

（2）从 U 中选出与 s 距离最小的顶点 k，并将顶点 k 加入 S 中，同时从 U 中移除顶点 k。

（3）更新 U 中各个顶点到起点 s 的距离。由于上一步中确定了 k 是最短路径中的顶点，从而可以利用 k 更新其他顶点的距离。例如，假设 (s, k) 的长度加上 (k, v) 的长度小于原来 (s, v) 的长度，则要更新 v 到 s 的距离。

（4）重复步骤（2）和（3），直到遍历所有顶点。

【参考代码】

```cpp
#include <cstdio>
#include <cstring>
#include <algorithm>
#include <iostream>
#define Inf 0x3f3f3f3f
using namespace std;
int map[1005][1005];
int vis[1005],dis[1005];
int n,m;                              //n个点,m条边
void Init()
{
    memset(map,Inf,sizeof(map));
    for(int i=1;i<=n;i++)
    {
        map[i][i]=0;
    }
}
```

```
void Getmap()
{
    int u,v,w;
    for(int t=1;t<=m;t++)
    {
        scanf("%d%d%d",&u,&v,&w);
        if(map[u][v]>w)
        {
            map[u][v]=w;
            map[v][u]=w;
        }
    }
}
void Dijkstra(int u)
{
    memset(vis,0,sizeof(vis));
    for(int t=1;t<=n;t++)
    {
        dis[t]=map[u][t];
    }
    vis[u]=1;
    for(int t=1;t<n;t++)
    {
        int minn=Inf,temp;
        for(int i=1;i<=n;i++)
        {
            if(!vis[i]&&dis[i]<minn)
            {
                minn=dis[i];
                temp=i;
            }
        }
        vis[temp]=1;
        for(int i=1;i<=n;i++)
        {
            if(map[temp][i]+dis[temp]<dis[i])
            {
                dis[i]=map[temp][i]+dis[temp];
            }
        }
    }
}
int main()
{
    scanf("%d%d",&m,&n);
    Init();
    Getmap();
    Dijkstra(n);
    printf("%d\n",dis[1]);
    return 0;
}
```

◇ 实验 8 利用弗洛伊德算法求最短路径

【实验目的】

（1）理解弗洛伊德算法的原理。

（2）提高编程能力。

【实验内容】

利用弗洛伊德算法获得各个城市（顶点）到其余各城市（顶点）之间的最短路径。

【实验原理】

弗洛伊德算法利用动态规划的知识求图中所有城市（顶点）两两之间的最短路径，对于任何一个城市而言，i 到 j 的最短距离不外乎经过 k 和不经过 k 两种可能，所以令 $k=1,2,\cdots,$ n（n 是城市的数目），再检查 $d(ij)$ 与 $d(ik)+d(kj)$ 的值（在此 $d(ik)$ 与 $d(kj)$ 分别是目前为止所知道的 i 到 k 与 k 到 j 的最短距离，$d(ik)+d(kj)$ 就是 i 到 j 经过 k 的最短距离）。若 $d(ij)>d(ik)+d(kj)$，就表示从 i 出发经过 k 再到 j 的距离要比原来 i 到 j 的距离短，自然把 i 到 j 的 $d(ij)$ 更新为 $d(ij)=d(ik)+d(kj)$，每当一个 k 查完了，$d(ij)$ 就是目前 i 到 j 的最短距离。重复这一过程，当查完所有的 k 时，$d(ij)$ 就是 i 到 j 的最短距离。

【参考代码】

```cpp
#include <bits/stdc++.h>
using namespace std;
const int INF=99999999;
int main()
{
    int e[10][10], n, m, t1, t2, t3;
    cin>>n>>m;                              //n 表示顶点个数,m 表示边的条数
    for(int i=1; i<=n; i++)
    {
        for(int j=1; j<=n; j++)
        {
            if(i==j)
                e[i][j]=0;
            else
                e[i][j]=INF;
        }
    }
    for(int i=1; i<=m; i++)
    {
        cin>>t1>>t2>>t3;
        e[t1][t2] = t3;
    }
    //核心代码
    for(int k=1; k<=n; k++)
    {
        for(int i=1; i<=n; i++)
        {
```

```
        for(int j=1; j<= n; j++)
        {
            if(e[i][j]>e[i][k]+e[k][j])
                e[i][j]=e[i][k]+e[k][j];
        }
    }
}
for(int i=1; i<=n; i++)
{
    for(int j=1; j<=n; j++)
    {
        printf("%3d",e[i][j]);
    }
    cout<<endl;
}
return 0 ;
}
```

◆ 实验 9　图是否为树的判断

【实验目的】

(1) 理解树的定义,即图为树应满足的条件。

(2) 提高编程能力。

【实验内容】

确定一个图是否是树。

【实验原理】

(1) 判断图是否连通。

(2) 判断含有 n 个顶点的图是否只有 $n-1$ 条边。

【参考代码】

```
#include <stdio.h>
#include <stdlib.h>
int main()
{
    int n; int **p; int * q; int i,j; int flag=1; int count=0;
    void space(int** &p,int n);
    void freespace(int** &p,int n);
    void dfs(int** &p,int * &q,int n,int m,int num);
    printf("请输入顶点数:\n");
    scanf("%d",&n);
    space(p,n);
    printf("请输入关联矩阵:\n");
    q=(int *)malloc(sizeof(int) * n);
    for(i=0;i<n;i++)
    {
```

```
        q[i]=0;
        for(j=0;j<n;j++)
        {
            scanf("%d",&p[i][j]);
            if(p[i][j]!=0)
                count++;
        }
    }
    dfs(p,q,n,0,1);
    for(i=0;i<n;i++)
    {
        if(q[i]==0)                              //判断是否连通
            flag=0;
    }
    if(count/2!=(n-1))                           //判断是否有 n-1 条边
        flag=0;
    if(flag==0)
        printf("这不是树!\n");
    else
        printf("这是树!\n");
    free(q);
    freespace(p,n);
    return 0;
}
void space(int** &p,int n)
{
    int i;
    p=(int**)malloc(sizeof(int * ) * n);
    if(p==NULL)
        exit(0);
    for(i=0;i<n;i++)
    {
        p[i]=(int * )malloc(sizeof(int) * n);
        if(p[i]==NULL)
            exit(0);
    }
}
void dfs(int** &p,int * &q,int n,int m,int num)     //搜索
{
    int i;
    q[m]=num;
    for(i=0;i<n;i++)
    {
        if(p[m][i]==0)
            continue;
        else
        {
            if(!q[i])
            {
                dfs(p,q,n,i,num);
```

```
            }
        }
    }
}
void freespace(int** &p,int n)
{
    int i;
    for(i=0;i<n;i++)
        free(p[i]);
    free(p);
}
```

◆ 实验 10　利用普里姆算法构造最小生成树

【实验目的】

（1）掌握最小生成树的定义。

（2）理解普里姆算法的原理。

（3）提高编程能力。

【实验内容】

利用最小生成树思想和最小生成树程序解决油管铺设问题。实际问题描述如下：8 口海上油井间的距离如表 8.1 所示，其中 1 号井离海岸最近，为 5km。从海岸经 1 号油井铺设油管把各油井连接起来，怎样连接油管长度最短？为便于检修，油管只准在油井处分叉。

表 8.1　8 口海上油井间的距离　　　　　　　　　　　　　　　　　单位：km

油井	2	3	4	5	6	7	8
1	1.3	2.1	0.9	0.7	1.8	2.0	1.8
2		0.9	1.8	1.2	2.8	2.3	1.1
3			2.6	1.7	2.5	1.9	1.0
4				0.7	1.6	1.5	0.9
5					0.9	1.1	0.8
6						0.6	1.0
7							0.5

【实验原理】

普里姆算法使用了贪心策略，具体思想是：从图中任意取出一个顶点，把它当成一棵树。再从与这棵树相连接的边中选择一条最短（权值最小）的边，并将这条边及其所连接的顶点一起并入这棵树中，此时得到的是一棵有两个顶点的树。再从与这棵树相连接的边中选取一条最短的边，并将这条边及其所连接的顶点一起并入当前的树中，得到一棵具有 3 个顶点的树。以此类推，直到所有的顶点被并入树中为止，此时得到的树就是最小生成树。普里姆算法描述如下：

（1）在一个加权连通图中，顶点集合为 V，边集合为 E。

（2）任意选出一个顶点作为初始顶点，标记为 visit，计算所有与之相连接的顶点到它的距离，选择距离最短的顶点标记为 visit。

（3）在剩下的顶点中，计算与已标记为 visit 的顶点距离最小的顶点，标记为 visit，表示其已并入了最小生成树。

（4）重复以上操作，直到所有顶点都被标记为 visit。

【参考代码】

```cpp
#include <iostream>
#include <iomanip>
using namespace std;
#define MAXV 10
#define INF 32767                         //INF 表示∞
typedef int InfoType;
typedef struct
{
    int no;                               //顶点编号
    InfoType info;                        //顶点其他信息
} VertexType;                             //顶点类型
typedef struct                            //图的定义
{
    float edges[MAXV][MAXV];              //邻接矩阵
    int vexnum;                           //顶点数
    VertexType vexs[MAXV];                //存放顶点信息
} MGraph;                                 //图的邻接矩阵类型
//输出邻接矩阵 g
void DispMat(MGraph g)
{
    int i,j;
    for(i=0; i<g.vexnum;i++)
    {
        for(j=0;j<g.vexnum;j++)
        if(g.edges[i][j]==INF)
            cout<<setw(6)<<"∞";
        else
            cout<<setw(6)<<g.edges[i][j];
        cout<<endl;
    }
}
void prim(MGraph g,int v)
{   //从编号为 0 的顶点出发,按普里姆算法构造最小生成树
    float Vlength[MAXV];
    int i, j, k;
    int cloest[MAXV];
    float min;
    float sum = 0.0;
    for(i=0;i<g.vexnum;i++)
    {
```

```
            Vlength[i]=g.edges[v][i];
            cloest[i]=v;
        }
    for(i=1;i<g.vexnum;i++)
    {
        min=INF;                        //min 为其中最大的一条边=MAXV
        for(j=0;j<g.vexnum;j++)
        {                               //找 n-1 条边
            if(Vlength[j]!=0&&Vlength[j]<min)
            {
                min=Vlength[j];
                k=j;
            }
        }
        cout<<"连接油井<"<<cloest[k]+1<<","<<k+1<<">"<<"长度为:"<<min<<
endl;
        sum+=min;
        Vlength[k]=0;
        Vlength[cloest[k]]=0;
        for(j=0;j<g.vexnum;j++)          //选择当前代价最小的边
        {
            if(g.edges[k][j]!=0&&g.edges[k][j]<Vlength[j])
            {
                Vlength[j]=g.edges[k][j];
                cloest[j]=k;
            }
        }
    }
    cout<<"管道总长度为:"<<sum<<endl;
}
int main()
{
    int i,j,u=3;
    MGraph g;
    float A[MAXV][10];
    g.vexnum=8;
    for(i=0;i<g.vexnum;i++)
        for(j=0;j<g.vexnum;j++)
            A[i][j]=INF;
    A[0][1]=1.3;  A[0][2]=2.1;  A[0][3]=0.9;  A[0][4]=0.7;  A[0][5]=1.8;
    A[0][6]=2.0;  A[0][7]=1.8;  A[1][2]=0.9;  A[1][3]=1.8;  A[1][4]=1.2;
    A[1][5]=2.8;  A[1][6]=2.3;  A[1][7]=1.1;  A[2][3]=2.6;  A[2][4]=1.7;
    A[2][5]=2.5;  A[2][6]=1.9;  A[2][7]=1.0;  A[3][4]=0.7;  A[3][5]=1.6;
    A[3][6]=1.5;  A[3][7]=0.9;  A[4][5]=0.9;  A[4][6]=1.1;  A[4][7]=0.8;
    A[5][6]=0.6;  A[5][7]=1.0;  A[6][7]=0.5;
    for(i=0;i<g.vexnum;i++)
        for(j=0;j<g.vexnum;j++)
            A[j][i]=A[i][j];
    for(i=0;i<g.vexnum;i++)              //建立图的邻接矩阵
        for(j=0;j<g.vexnum;j++)
```

```
        g.edges[i][j]=A[i][j];
        cout<<endl;
        cout<<"各油井间距离:\n";
        DispMat(g);
        cout<<endl;
        cout<<"最优铺设方案:\n";
        prim(g,0);
        cout<<endl;
        return 0;
}
```

◇ 实验 11   利用克鲁斯卡尔算法构造最小生成树

【实验目的】

(1) 理解最小生成树的定义。

(2) 掌握克鲁斯卡尔算法的原理。

(3) 提高编程能力。

【实验内容】

利用克鲁斯卡尔算法获得最小生成树。

【实验原理】

克鲁斯卡尔算法查找最小生成树的方法:将连通图中所有的边按照权值由小到大排序,从权值最小的边开始选择,只要此边不和已选择的边一起构成环路,就可以选择它组成最小生成树。对于 N 个顶点的连通网,挑选出 $N-1$ 条符合条件的边,这些边组成的生成树就是最小生成树。判断图是否产生闭环,可以采用并查集的方式。如果这个边的顶点在并查集中,则说明添加这条边就构成环。克鲁斯卡尔算法具体流程如下:

(1) 将图 G 看作一个森林,每个顶点为一棵独立的树。

(2) 将所有的边加入集合 S,即一开始 $S=E$。

(3) 从 S 中拿出一条最短的边 (u,v)。如果 (u,v) 不在同一棵树内,则连接 u、v,合并这两棵树,同时将 (u,v) 加入生成树的边集 E'。

(4) 重复(3)直到所有顶点属于同一棵树,边集 E' 就是一棵最小生成树。

算法输入:图 G。

算法输出:图 G 的最小生成树。

【参考代码】

```
#克鲁斯卡尔算法
#include <stdio.h>
#include <string.h>
#include <algorithm>
#define MAXN 11                      //顶点个数的最大值
#define MAXM 20                      //边的个数的最大值
using namespace std;
struct edge
```

```
{
    int u, v, w;                        //边的顶点、权值
} edges[MAXM];                          //边的数组
//parent[i]为顶点 i 所在集合对应的树中的根结点
int parent[MAXN];
int n, m;                               //顶点个数、边的个数
int i, j;                               //循环变量
void UFset()
{
    for(i = 1; i <= n; i++)
    {
        parent[i] = -1;                 //初始化
    }
}
//查找并返回结点 x 所属集合的根结点
int Find(int x)
{
    int s;                              //查找位置
    for(s = x; parent[s] >= 0; s = parent[s]);
    while(s!= x)
    {
        int tmp = parent[x];
        parent[x] = s;
        x = tmp;
    }
    return s;
}
//将两个不同集合的元素进行合并,使两个集合中任两个元素都连通
void Union(int R1, int R2)
{
    int r1=Find(R1), r2=Find(R2);       //r1 为 R1 的根结点,r2 为 R2 的根结点
    int tmp = parent[r1] + parent[r2];  //两个集合结点个数之和(负数)
    //如果 R2 所在树结点个数大于 R1 所在树结点个数(注意,parent[r1]是负数)
    if (parent[r1] > parent[r2])
    {
        parent[r1] = r2;
        parent[r2] = tmp;
    }
    else
    {
        parent[r2] = r1;
        parent[r1] = tmp;
    }
}
//实现从小到大排序的比较函数
bool cmp(edge a, edge b)
{
    return a.w <= b.w;
}
void Kruskal()
```

```
{
    int weight = 0;                        //最小生成树的权值
    int num = 0;                           //已选用的边的数目
    int u, v;                              //选用边的两个顶点
    //初始化 parent[]数组
    UFset();
    for(i=0; i<m; i++)
    {
        u=edges[i].u;
        v=edges[i].v;
            if (Find(u)!= Find(v))
            {
                printf("%d %d %d\n", u, v, edges[i].w);
                weight += edges[i].w;
                num++;
                Union(u, v);
            }
            if(num >= n-1)
            { break; }
    }
    printf("weight of MST is %d\n", weight);
}
int main()
{
    int u, v, w;                           //边的起点和终点及权值
    scanf("%d%d", &n, &m);                 //读入顶点个数 n 和边数 m
    for(int i=0; i<m; i++)
    {
        scanf("%d%d%d", &u, &v, &w);       //读入边的起点和终点及权值
        edges[i].u = u; edges[i].v = v;  edges[i].w = w;
    }
    sort(edges, edges + m, cmp);
    Kruskal();
    return 0;
}
```

◆ 实验 12　哈夫曼编码与解码

【实验目的】

（1）理解哈夫曼树的构造原理及其编码与解码思想。

（2）提高编程能力。

【实验内容】

计算字符串中每个字符的频率，根据给定的字符频度构造哈夫曼树。利用它进行哈夫曼编码，使得总的字符串在编码后生成尽可能短的二进制位。给定一串二进制位，通过哈夫曼树正确（无二义性）地解码。

【实验原理】

哈夫曼编码是一种以哈夫曼树(最优二叉树,即带权路径长度最小的二叉树)为基础的变长编码方法。其基本思想是:出现次数多的字符采用较短的编码,而出现次数少的字符采用较长的编码,并且保持编码的唯一可解性。首先程序根据用户输入的字符串确定哈夫曼树的总结点数,然后为每个结点赋予权值并存入对应的数组中,最后对哈夫曼树进行构造。哈夫曼树构造成功后,进行哈夫曼编码和解码。

(1) 哈夫曼树的构造。

① 初始状态下,n 个不同字符对应 n 个结点,将它们视作 n 棵只有根结点的树,n 个结点的权值与字符出现频率对应。

② 合并其中根结点权值最小的两棵树,生成这两棵树的父结点,权值为这两个根结点的权值之和,这样树的数量就减少了一个。

③ 重复上一操作,直到剩下一棵树为止,这棵树就是哈夫曼树。

(2) 哈夫曼编码。

哈夫曼树构造完成后,就对各个字母进行编码。为了保证在解码时不出现歧义,采取如下编码方式:设定哈夫曼树的左孩子为 0,右孩子为 1,从根结点开始遍历,遍历到叶子结点,从根结点到该叶子结点的路径上的 0、1 序列组合为该叶子结点(字符)的哈夫曼编码。同理从根结点开始遍历,得到其他叶子结点(字符)的哈夫曼编码。

(3) 哈夫曼解码。

从哈夫曼树的根结点开始,读入待解码字符串,为 0 则向左树读,为 1 则向右树读,读到叶结点,则输出这个结点的值(这是哈夫曼树的特性)。然后再从哈夫曼树的根结点开始继续读,直到字符串结尾。

【参考代码】

```
#include <bits/stdc++.h>
using namespace std;
#define MAXV 10000
#define N 10000
typedef struct
{
    char ch;
    int weight;
    int lchild, rchild, parent;
}HfmTree;
typedef struct
{
    char data;
    char code[100];
}HCode;
void Great_hfmtree(HfmTree ht[], int n)    //构造哈夫曼树,n 个结点
{
    int m1, m2, x1, x2;
    int i, j;
    for(i = 0; i<2 * n - 1; i++)           //初始化
    {
```

```
            ht[i].weight = 0;
            ht[i].parent = -1;
            ht[i].lchild = -1;
            ht[i].rchild = -1;
        }
        char x,y;
        cout<<"<>输入各字符结点:";
        for(int i = 0; i<n; i++)
            cin >> ht[i].ch;
        cout<<"<>输入各字符对应的权值:";
        for(i = 0; i<n; i++)
            cin >> ht[i].weight;
        for(i = 0; i<n - 1; i++)
        {
            x1 = x2 = MAXV;
            m1 = m2 = 0;
            for (j = 0; j<n + i; j++){
                if (ht[j].parent == -1 && ht[j].weight<x1)
                {                                 //找权值最小的结点
                    x2 = x1;                       //记录 x1
                    x1 = ht[j].weight;
                    m1 = j;                        //记录权值最小的结点位置
                }
                else if(ht[j].parent == -1 && ht[j].weight<x2)
                {                                 //找权值次最小的结点
                    x2 = ht[j].weight;
                    m2 = j;                        //记录权值次最小的结点位置
                }
            }
            ht[m1].parent = n + i;
            ht[m2].parent = n + i;
            ht[n+i].weight =ht[m1].weight+ ht[m2].weight;
            //权值最小结点和权值次最小结点之和
            ht[n + i].lchild = m1;
            ht[n + i].rchild = m2;
        }
}
void Reverse(char c[])                            //将字符串倒置
{
    int k = 0;
    char temp;
    while(c[k + 1] != '\0')
    {
        k++;
    }
    for(int i = 0; i <= k / 2; i++)
    {
        temp = c[i];
        c[i] = c[k - i];
        c[k - i] = temp;
```

```
    }
}
void HfmCode(HfmTree ht[],HCode hc[],int n)                        //输出哈夫曼编码
{
    hc = new HCode[n];
    for(int i = 0; i<n; i++)
    {
        hc[i].data = ht[i].ch;
        int ic = i;
        int ip = ht[i].parent;
        int k = 0;
        while(ip != -1)
        {
            if(ic == ht[ip].lchild)                               //左孩子标 0
                hc[i].code[k] = '0';
            else
                hc[i].code[k] = '1';                              //右孩子标 1
            k++;
            ic = ip;
            ip = ht[ic].parent;
        }
        hc[i].code[k] = '\0';
        Reverse(hc[i].code);
    }
    for(int i=0;i<n;i++)
        cout<<"结点"<<hc[i].data<<"的字符编码:"<<hc[i].code<<endl;
}
void TransCode(HfmTree ht[], HCode hc[], int n, char * s)    //哈夫曼解码
{
    cout << "解码数据为:";
    int i = 2 * (n - 1);                                      //根结点
    while( * s != '\0')
    {
        if ( * s == '0')
            i = ht[i].lchild;
        else
            i = ht[i].rchild;
        if(ht[i].lchild == -1)
        {
            cout << ht[i].ch;
            i = 2 * n - 2;
        }
        s++;
    }
    cout << endl;
}
void menu() {
    cout << "\t\t◆◆◆◆◆◆◆◆◆◆◆◆◆◆◆◆◆◆◆◆"<<endl;
    cout << "\t\t*********哈夫曼编码/解码器********" << endl;
    cout << "\t\t *        1.构造哈夫曼树;              * " << endl;
```

```cpp
        cout << "\t\t *        2.进行哈夫曼编码;         * " << endl;
        cout << "\t\t *        3.进行哈夫曼解码;         * " << endl;
        cout << "\t\t *        4.退出;                  * " << endl;
        cout << "\t\t◆◆◆◆◆◆◆◆◆◆◆◆◆◆◆◆◆◆◆◆" << endl;
        cout << "\t\t  <注意>'+'代表' ','-'代表'!'  " << endl;
        cout << endl;
}
int main()
{
    HfmTree ht[N]={};
    HCode hc[N];
    char s[N];
    int n;
    char x,y;
    menu();
    system("color b0");
    while(true)
    {
        int op;
        cout <<"请选择你要进行的操作<1.构造,2.编码,3.解码,4.退出>:";
        cin >> op;
        switch (op)
        {
            case 1:{
                cout<<"<>输入结点个数:";
                cin>>n;
                Great_hfmtree(ht,n);
                printf("构造哈夫曼树成功!\n\n");
                printf("结点 i\t 字符\t 权值\t 左孩子\t 右孩子\t 双亲结点 \n");
                for (int i = 0; i<2 * n - 1; i++)
                    cout<< i << "\t" << ht[i].ch << "\t" << ht[i].weight << "\t"
                    << ht[i].lchild << "\t" << ht[i].rchild << "\t" << ht[i].
                    parent << endl;
                puts("");
                break;
            }
            case 2:
            {
                HfmCode(ht,hc,n);
                puts("");
                break;
            }
            case 3:
            {
                cout << "输入要进行解码的字符串:";
                cin >> s;
                TransCode(ht, hc, n, s);
                cout<<"解码成功!";
                //cout << a << endl;
                cout << endl;
```

```
                    break;
                }
            case 4:
                {
                    cout << "退出成功!" << endl;
                    exit(0);
                    break;
                }
            default:
                break;
            }
        }
    }
}
```

◇ 实验 13　图的颜色分配方案判断

【实验目的】

(1) 理解图的点着色的定义。

(2) 提高编程能力。

【实验内容】

对于无向图 $G=(V,E)$,给定一种颜色分配方案,判断这个方案是否是图的点着色问题的一个解。

【实验原理】

用 K 种颜色为 V 中的每一个顶点分配一种颜色,使得任意两个相邻顶点的颜色都不同。

输入格式:在第一行给出 $V(0<V≤500)$、$E(E≥0)$ 和 $K(0<K≤V)$ 3 个整数,分别是无向图的顶点数、边数以及颜色数。顶点和颜色都从 1 开始编号。在随后的 E 行中,每行给出一条边的两个端点的编号。在给出图的信息之后,给出一个正整数 $N(N≤20)$,是待判断的颜色分配方案的种数。在随后的 N 行中,每行给出 V 个顶点的颜色分配方案(第 i 个数字表示第 i 个顶点的颜色)。数字间以空格分隔。题目保证给定的无向图是合法的(即不存在自回路和重边)。

输出格式:对每种颜色分配方案,如果是图的点着色问题的一个解,则输出 Yes;否则输出 No。每个判断结果占一行。

输入样例:

```
6 8 3
2 1
1 3
4 6
2 5
2 4
5 4
5 6
```

```
3 6
4
1 2 3 3 1 2
4 5 6 6 4 5
1 2 3 4 5 6
2 3 4 2 3 4
```

输出样例：

```
Yes
Yes
No
No
```

【参考代码】

```cpp
#include <bits/stdc++.h>
using namespace std;
const int N = 510;
int v,e,k;
int g[N][N],color[N];
bool st[N];
bool search()
{
    for(int i=1;i<=v;i++)
    {
        for(int j=1;j<=v;j++)
        {
            if(g[i][j])
            {
                if(color[i]==color[j])
                    return false;
            }
        }
    }
    return true;
}
int main()
{
    scanf("%d%d%d",&v,&e,&k);
    int a,b;
    while(e--)
    {
        scanf("%d%d",&a,&b);
        g[a][b]=g[b][a]=1;
    }
    scanf("%d",&e);
    while(e--)
    {
```

```
        int f=1;
        set<int> s;
        for(int i=1;i<=v;i++)
        {
            scanf("%d",&color[i]);
        }
        for(int i=1;i<=v;i++)
        {
            s.insert(color[i]);
        }
        if(s.size()!=k) f=0;
        if(search() && f)
            puts("Yes");
        else
            puts("No");
    }
    return 0;
}
```

◈ 实验 14 图的点着色

【实验目的】

(1) 理解并掌握图的点着色的求法。

(2) 提高编程能力。

【实验内容】

给定无向图 $G=(V,E)$,求最少需要多少种颜色才能完成图的点着色,即计算图的点色数。

【实验原理】

按照贪心策略给图的顶点着色。即,每次每个顶点都从颜色 1 开始遍历,并且判定顶点能否取得当前颜色。例如,第一个顶点如果涂了颜色 1,且第二个顶点与该顶点没有边相连,那么第二个顶点也能够涂颜色 1。按类似方式对其他顶点进行着色,最后使用的颜色数必然是最少的,即得到图的点色数。具体实现时,需要定义一个二维数组 graph[][]对应图 G 的邻接矩阵,graph[u][v]=1 表示顶点 u 和顶点 v 之间有边相连,graph[u][v]=0 表示顶点 u 和顶点 v 不相邻。同时,定义一个一维数组 color[]用于存储每个顶点的颜色,该数组大小为 n,下标代表顶点,元素值代表这个顶点着哪种颜色,可以选择(着色)的颜色为 1~m,m 为颜色数。着色时采用贪心策略对图 G 的顶点进行着色,读入颜色数 m,并从顶点 1 开始依次尝试给每个顶点涂上不同的颜色。当 $v=1$ 时,对顶点 v 开始着色。若 $v>n$,则已求得一个解,输出着色方案即可。否则,依次对顶点 v 涂颜色 1~m,若 v 与所有其他相邻顶点无颜色冲突,则继续为下一顶点着色;若冲突,回溯,测试下一颜色。此外,算法实现过程中需要定义函数 isRight()判断着色是否符合要求,对于每个顶点 u,如果它与另一个顶点 v 有边相连,且这两个顶点颜色相同,那么就不能把顶点 u 涂为该颜色。具体来说,isRight(u,c)函数返回值为 true 表示顶点 u 可以涂上颜色 c;否则,返回 false。

【参考代码】

代码1：

```cpp
#include <stdio.h>
#include <iostream>
#include <algorithm>
#include <string.h>
#include <cstring>
using namespace std;
void printSolution(int color[])                    //输出最小颜色数的着色方案
{
    printf("Following are the assigned colors\n");
    for(int i=0; i<n; i++)
        printf("%d", color[i]);
    printf("\n");
}
bool isRight(int v,bool graph[n][n],int color[],int c)
{
    for(int i=0; i<n; i++)                          //这里的顶点(变量取值)从 0 开始
    {
        if(graph[v][i] && c==color[i])
            return false;
    }
    return true;
}
void graphColor(bool graph[n][n],int m,int color[],int v)
//求解 m 着色问题的递推函数
{
    if(v==n)                          //如果所有顶点都指定了颜色,则返回真,并输出着色方案
    {
        printSolution(color);
        return;
    }
    for(int c = 1; c <= m; c++)                     //考虑顶点 v 并尝试不同的颜色
    {
        if(isRight(v, graph, color, c))            //检查颜色 c 分配给 v 是否正确
        {
            color[v]=c;
            graphColor(graph, m, color, v+1); //递归为其余顶点指定颜色
            color[v]=0;                        //如果指定颜色 c 不能得到解决方案,就删除它
        }
    }
}
int main()
{
    int i,j, n, m;
    printf("输入顶点数 n 和着色数 m:\n");
    scanf("%d %d", &n, &m);
    int color[n];
```

```
    memset(color,0,sizeof color);        //使用 memset 方法对 color 数组进行初始化
    int graph[n][n];                      //存储 n 个顶点的无向图的邻接矩阵
    printf("输入无向图的邻接矩阵: \n");
    for(i=1;i<=n;i++)
        for(j=1;j<=n;j++)
            scanf("%d",&graph[i][j]);
    printf("所有可能的着色方案:\n");
    graphColor(graph[n][n], m, color, 0);
    system("pause");
    return 0;
}
```

代码 2：

```
#include <stdio.h>
#include <iostream>
#include <algorithm>
#include <string.h>
#include <cstring>
bool isRight(int k,int graph[n][n])       //判断顶点 k 的着色是否发生冲突
{
    int i,j;
    for(i=1;i<k;i++)
    {
        if(graph[k][i]==1&&color[i]==color[k])
            return false;
    }
    return true;
}
void graphColor(int n,int m,int graph[n][n])
{
    int i,k;
    for(i=1;i<=n;i++)
        color[i]=0;
    k=1;
    while(k>=1)
    {
        color[k]=color[k]+1;
        while(color[k]<=m)
            if(isRight(k,c))
                break;
            else
                color[k]=color[k]+1;      //搜索下一个颜色
        if(color[k]<=m&&k==n)
        {
            for(i=1;i<=n;i++)
                printf("%d ",color[i]);
            printf("\n");
        }
```

```
            else
                if(color[k]<=m&&k<n)
                    k=k+1;                        //处理下一个顶点
                else
                {
                    color[k]=0;
                    k=k-1;                        //回溯
                }
        }
}
void main()
{
    int i,j, n, m;
    int graph[100][100];                        //存储 n 个顶点的无向图的数组
    printf("输入顶点数 n 和着色数 m:\n");
    scanf("%d %d", &n,&m);
    int color[n];
    memset(color,0,sizeof(color));
    printf("输入无向图的邻接矩阵：\n");
    for(i=1;i<=n;i++)
        for(j=1;j<=n;j++)
            scanf("%d",&graph[i][j]);
    printf("所有可能的着色方案:\n");
    graphColor(n,m, graph[n][n]);
}
```

◆ 实验 15　二部图判断

【实验目的】

（1）掌握二部图的定义，理解点着色。

（2）提高编程能力。

【实验内容】

利用点着色法判断二部图，即用两种颜色对一个图的顶点着色，使得任意相连的两个顶点颜色都不相同，且任意两个顶点之间最多有一条边。

【实验原理】

二部图的顶点集 V 可分割为两个互不相交的子集，且图中每条边的两个端点分属于这两个互不相交的子集，子集内的顶点不相邻。利用点着色法判断二部图，就是用两种颜色对图中的所有顶点逐个涂色，看能否实现相邻顶点颜色不同。如果发现相邻顶点涂了同一种颜色，就认为此图不是二部图；当所有顶点都被着色，且没有发现同色的相邻顶点时，此图就是二部图。算法的具体步骤如下：

（1）找到一个没有被涂色的顶点 u，把它涂上一种颜色。

（2）遍历所有与它相连的顶点 v，如果顶点 v 已被涂色且颜色和顶点 u 一样，那么该图就不是二部图。

（3）如果顶点 v 没有被涂色，先把它涂成与顶点 u 不同的颜色，然后遍历所有与顶点 v

相连的顶点,就这样循环下去,直到结束为止。

　　需要注意的是,如果图是连通的,那么从一个顶点开始就可以遍历整个图;如果图不连通,那么还需要对这个顶点额外添加遍历标记,这个顶点不会影响二部图的判断。

【参考代码】

```cpp
#include <iostream>
const int N = 50;
using namespace std;
void creat_matrix(int a[N][N], int n)
{
    for(int i = 0; i < n; i++)
        for(int j = 0; j < n; j++)
            cin >> a[i][j];
}
bool color_matrix (int color[N], int a[N][N],int n)
{
    for(int i = 0; i < n; i++)
    {
        if(color[i] == 0)
            color[i] = 1;
        for(int j = 0; j < n; j++)
        {
            if(a[i][j] && i!=j)                 //如果 i、j 相邻且不是同一个点
            {
                if(color[j] == 0)               //如果 j 未着色
                {
                    color[j] = -color[i];       //j 涂相反颜色
                }
                else                            //如果 j 已着色
                {
                    if(color[i] == color[j])    //颜色相同
                        return 0;
                    else                        //颜色不同
                        continue;
                }
            }
        }
    }
    return 1;
}
int main()
{
    int n;
    cout << "请输入顶点个数:" << endl;
    cin >> n;
    cout << "请输入邻接矩阵:" << endl;
    int a[N][N];
    int flag = -1;
    int color[N]={ 0 };                         //红 1,黑-1
```

```
    creat_matrix(a, n);                    //输入邻接矩阵
    flag=color_matrix(color,a, n);         //着色并判断
    if(flag)
        cout << "yes" << endl;             //是二部图
    else
        cout << "no" << endl;              //不是二部图
    return 0;
}
```

◆ 实验 16   二部图的最大匹配

【实验目的】

（1）掌握二部图增广路、最大匹配的获取方法。

（2）提高编程能力。

【实验内容】

利用匈牙利算法、增广路计算实现二部图的最大匹配。

【实验原理】

将二部图顶点分为 V_1、V_2 两个顶点集。从 V_1 中选择顶点与 V_2 中的顶点匹配（有边相连则匹配）。若为初次匹配，则直接匹配；若 V_2 中的点已被匹配，则先将原来的顶点取消匹配并为其寻找新匹配点，若寻找成功，则更新匹配状态。

【参考代码】

```cpp
#include <iostream>
#include <vector>
bool Search(int a[][100],int n, int m);     //判断顶点 i 是否能够匹配
int Find(int b[], int n,int val);           //寻找已经被匹配的点;
bool Full(int c[], int n);                  //判断是否所有顶点都已匹配
using namespace std;
int main()
{
    int num1, num2;                         //声明两个顶点集中顶点的个数
    int Graph[100][100] = { 0 };            //邻接矩阵
    int Judge[101] = { 0 };                 //记录顶点的匹配状态
    int Revelant_node[100]={ 0 };           //记录顶点的匹配点
    int judge = 0;                          //判断顶点是否能找到额外的匹配点
    int Attr = 1;                           //默认二部图能够匹配
    cout << "请输入顶点个数 num1 和 num2:" << endl;
    cin >> num1 >> num2;
    if(num1 > num2)
    {
        cout << "该二部图没有最大匹配。" << endl;
    }
    cout << "请输入邻接矩阵(匹配则输入 1,反之输入 0):" << endl;
    for(int i = 1; i <= num1; i++)
    {
```

```
    for(int j = 1; j <=num2; j++)
    {
        cin >> Graph[i][j];
    }
    cout << endl;
}
//开始匹配
for(int i = 1; i <= num1; i++)
{
    for(int j = 1; j <= num2; j++)
    {
        if(Graph[i][j] == 1 && Judge[i]==0)       //如果顶点 i 可以匹配且尚未匹配
        {
            Judge[i]=1;                           //记录顶点 i 的匹配状态
            Revelant_node[i]=j;                   //顶点 i、j 成功匹配
            break;                                //结束此次循环
        }
        else
            if (Graph[i][j]==1 && Judge[j]==1)    //如果顶点能匹配但已被匹配过
            {
                int temp = Find(Revelant_node, num2, j);
                for(int k = 1; k <= num2; k++)
                {
                    //寻找原有匹配点的新顶点
                    if (Graph[temp][k] == 1 && j != k) //找到异于 j 的匹配点
                    {
                    Revelant_node[temp] = k;      //将原位置的匹配点改为 k;
                    Revelant_node[i] = j;         //将新的顶点 i 与 j 进行匹配;
                    judge = 1;                    //重新匹配成功!
                    break;                        //结束该循环
                    }
                    else
                    {
                        continue;
                    }
                }
                if(judge == 0)                    //无法找到新的匹配点
                {
                    continue;                     //继续寻找其余的匹配点
                }
            }
            else
            {
                Attr=0;
                cout << "该图没有最大匹配图!" << endl;
                break;
            }
    }
    if(Attr == 0)
    {
        break;                                    //提前结束循环
```

```
        }
    }
    if(Attr == 1)
    {                                          //如果能匹配,则输出匹配信息
        for(int i = 1; i <= num1; i++)
        {
            int temp = Revelant_node[i];
            cout << "顶点" << i << "对应匹配的顶点为"<<temp;
        }
    }
    return 0;
}
bool Search(int a[][100], int n, int m)
{
    int judge = 0;
    for(int i = 1; i <= n; i++)
    {                                          //判断顶点 m 能否匹配
        if(a[m][i] == 1)
        {
            judge = 1;
        }
        else
        {
            continue;
        }
    }
    if(judge == 1)
    {
        return true;
    }
    return false;
}
int Find(int b[], int n, int val)
{                                              //寻找已被匹配的点
    int res = 0;
    for(int i = 1; i <=n; i++)
    {
        if(b[i] == val)
        {
            res = i;                           //找到该顶点
        }
        continue;
    }
    return res;
}
bool Full(int c[], int n)
{
    for(int i = 1; i <= n; i++)
    {
        if(c[i] == 0)
```

```
                                            //没有全部匹配成功
        {
            return false;
        }
        else
        {
            continue;
        }
    }
    return true;
}
```

◈ 参 考 文 献

[1]　耿素云，屈婉玲，张立昂. 离散数学[M]. 5 版. 北京：清华大学出版社，2013.

[2]　蔡之华，薛思清，吴亦奇，等. 离散数学[M]. 武汉：中国地质大学出版社，2023.

[3]　张小峰，赵永升，杨洪勇，等. 离散数学[M]. 北京：清华大学出版社，2016.

[4]　孙海洋. C 语言程序设计[M]. 北京：清华大学出版社，2022.

[5]　谭浩强. C++ 面向对象程序设计[M]. 北京：清华大学出版社，2020.

[6]　R. 约翰逊鲍夫. 离散数学[M]. 黄林鹏，陈俊清，王德俊，等译. 7 版. 北京：电子工业出版社，2015.

[7]　K.H.罗森. 离散数学及其应用[M]. 袁崇义，屈婉玲，张桂芸，等译. 6 版. 北京：机械工业出版社，2011.

[8]　S. 利普舒尔茨，M. 利普森. 离散数学[M]. 周兴和，孙志人，张学斌，译. 北京：科学出版社，2002.

[9]　冯伟森，栾新成，石兵. 离散数学[M]. 北京：机械工业出版社，2011.

[10]　左孝凌. 离散数学[M]. 上海：上海科学技术文献出版社，2018.

[11]　贾可荣，袁景凌，谢茜. 离散数学[M]. 北京：清华大学出版社，2021.

[12]　王强，武建春，王海龙. 离散数学[M]. 北京：科学出版社，2021.

[13]　傅彦，顾小丰，王庆先，等. 离散数学及其应用[M]. 北京：高等教育出版社，2020.

[14]　K. 罗森. 离散数学及其应用[M]. 徐六通，杨娟，吴斌，译. 8 版. 北京：机械工业出版社，2020.

[15]　陈莉，刘晓霞. 离散数学[M]. 北京：高等教育出版社，2019.

图书资源支持

感谢您一直以来对清华版图书的支持和爱护。为了配合本书的使用，本书提供配套的资源，有需求的读者请扫描下方的"书圈"微信公众号二维码，在图书专区下载，也可以拨打电话或发送电子邮件咨询。

如果您在使用本书的过程中遇到了什么问题，或者有相关图书出版计划，也请您发邮件告诉我们，以便我们更好地为您服务。

我们的联系方式：

清华大学出版社计算机与信息分社网站：https://www.shuimushuhui.com/

地　　址：北京市海淀区双清路学研大厦 A 座 714

邮　　编：100084

电　　话：010-83470236　010-83470237

客服邮箱：2301891038@qq.com

QQ：2301891038（请写明您的单位和姓名）

资源下载：关注公众号"书圈"下载配套资源。

资源下载、样书申请

书圈

图书案例

清华计算机学堂

观看课程直播